TURING 图灵新知

为什么是数学

关于数学建模和
科学思维的30次对话

朱浩楠——著

人民邮电出版社
北　京

图书在版编目（CIP）数据

为什么是数学 ： 关于数学建模和科学思维的30次对话 / 朱浩楠著. -- 北京 ： 人民邮电出版社， 2024.
(图灵新知). -- ISBN 978-7-115-65240-9

Ⅰ. N945.12

中国国家版本馆CIP数据核字第20241D7X54号

内 容 提 要

数学是理解和探索世界的工具，无论是学生、工程师还是科学家，都有能力也应该学会数学建模的方法和思想，学会如何用正确的思维方式搭建解答问题的阶梯。本书旨在将数学作为一门语言、一种方法来引领读者学习数学。读者也将看到如何理解、传承并调用现代科学的知识、传统和范式。数学建模不仅是数学学习和研究的过程，更是我们认识世界、理解生活的方法之一，而在实践数学建模的过程中，我们将深刻感受到数学的趣味性、严谨性和解决问题的无穷威力，正如亨利·庞加莱的名言，这将是一次“面向心智的雅致统一的追求”。

◆ 著　　　朱浩楠
责任编辑　戴　童
责任印制　胡　南

◆ 人民邮电出版社出版发行　　北京市丰台区成寿寺路11号
邮编　100164　　电子邮件　315@ptpress.com.cn
网址　https://www.ptpress.com.cn
雅迪云印（天津）科技有限公司印刷

◆ 开本：787×1092　1/16　　插页：1
印张：19.75　　2024年11月第1版
字数：407千字　　2024年11月天津第1次印刷

定价：129.80元

读者服务热线：(010)84084456-6009　印装质量热线：(010)81055316
反盗版热线：(010)81055315
广告经营许可证：京东市监广登字20170147号

献给我的妻子张玲和我的女儿思亭

序

数学是人的数学

如果说，我之前两本关于建模的书《面向建模的数学》和《数学建模33讲：数学与缤纷的世界》的内容侧重于建立数学建模的基本流程、方法和典型案例，那么，本书针对的则是数学建模过程中的一些关键问题，如“这里为什么这样思考”“在将这个问题数学化的过程中需要注意些什么”“这些数学结构难道不是拍脑门儿想到的吗”等。

打个比方，假如前两本书如同“招式解析”的话，那么本书更像是“内功心法”。

要想解构数学建模过程中到底经历了哪些思维过程，就不得不上升到方法论，甚至哲学的高度，尤其要借鉴科学史和科学哲学中的优秀理念。但是，这样一来就往往会让内容枯燥、晦涩。为了改善这类问题，更好地展现思维的发展过程（往往体现为思想的冲突过程），同时为了更好地帮助读者“带着问题阅读”（包括做一些必要的思维练习，但请大家放轻松，这些思维练习往往不需要大量的演算），本书采用了在数学科普书中并不常见的对话体形式。

本书有三位主人公，实际上代表了三个群体：王同学是一位新时代学生，她追求数学学习的价值和意义，不满足于将数学作为工具学习；孙老师虽然偶尔认知相对陈旧，但能够在实证的基础上接受新观念，是一位可敬、可爱的教育前辈；朱老师代表锐意创新，具有较扎实的哲学和科学积淀，拥有丰富实践经验的新时代数学教师。

当然，这三人无法代表所有人，但我认为，他们是未来的希望——新时代的教师需要尊重和继承前辈的传统，同时基于价值发展出新的观点；新时代的学生不会满足于通过考试，不会满足于找一份体面的工作，而要追求学习的人生意义和社会意义。现在，我们必须问问自己：学习的意义是什么？这样的自我考问有助于我们建设丰沛的“精神家园”。

有一点要明确：是人在学习，也是人在创造和发现数学，数学是“人的数学”。数学不是谁一定要完成的任务，也不能作为评判智力水平的依据，更不是具有无上能力的近乎完美的学科。人有局限性，数学也有。人将人的局限性传递给数学，数学也将数学的局限性传递给人，双方都在被对方局限性的“驯化”过程中不断演化和反抗，进而形成了一个关于理性的张力系统。

这就直接引出了三个问题：数学的局限性是什么？数学的局限性源自哪里？数学既然

有这么大的局限性，为何能在文明和科技发展中起到这么强有力的关键作用？

这三个问题的回答见仁见智。下面，我结合自己认同的观点谈一谈自己的认识。

吴军在《脉络：小我与大势》一书中提出，“历史实际上是我们了解现实的训练数据”。同样，数学的强大之处在于，无论面对理论问题还是实际问题，一旦按照“基本假设（或公理）→符号约定→模型建立和求解→模型检验”的过程形成一个数学模型，这个数学模型就能被无偏地继承和发展。一方面，基本假设类似于数学里的公理系统，数学模型从中演绎出来，基本假设不变，模型就不会变；另一方面，在不同时代和背景下，用来求解和检验模型的数据可能不同，这样一来，数学模型的结果和评价就暗含了在实证主义下与时俱进的可能。于是，数学成为历史材料的一分子，而作为“我们了解现实的训练数据”之一，数学具有一般历史材料所不具备的优良特性：遵循逻辑、实证可靠、与时俱进。

数学十分强大，但这和数学的局限性有什么关系呢？

别忘了，数学是一门“语言”，我们不要被它高度形式化和抽象化的外表所蒙蔽。

语言的作用毋庸多说，即使说，人类文明的诞生和发展依赖于语言的发明和传播，也不为过吧？我们耳熟能详的科学技术革命深度依赖于印刷术、造纸术和出版业的发展。语言自身可以通过结构的演化涌现新的理念和张力。这一点对于我们中国人来说十分容易理解，只要想一想瑰丽无比的唐诗、宋词，和各种诗歌中对语言结构的巧妙编排，及其所营造的各种意象就可以了。

数学作为语言，其公理化体系让不同观点之间的交流最终变为在不同公理（或基本假设）之间的选择，这大大降低了讨论和协调的成本，甚至不同观点可以同时在同一个人的脑子里共存，并互相增强。关于这一点，只需要想一下你在上学时经常做的“分类讨论”题目就可以了。分类讨论就是在不同的基本假设下讨论，每一类演绎出一个毋庸置疑的结果，不同类的结果之间互为补充，各自成为更大的系统的一部分。在这个过程中，数学逐渐赋予了人们联系微观和宏观、过去和未来、局部和整体的可靠办法，大大拓展了人类探索能力的边界。可以说，这都来自数学作为公理化语言的特性。

但危机也蕴含于此。只要是语言，无论基于公理系统还是别的什么，就一定逃不出一个重大的“缺陷”——自指性。

根据罗素悖论，对于任意的语言，我们总可以构造出“这是错的”这样一句话，而这句话是不能被判断对错的。你可能在小说里见过这样的对白：“死鬼，你怎么还不去死？”任何情商正常的读者都应该能根据上下文理解这句话的内涵，并领会这句内在逻辑完全错误的对白对于剧情发展和人物性格塑造的作用。

是的，也许你已经猜到我要说什么了：数学是一门语言，但语言不一定是理性的。

从某个角度来说，数学里的“三次危机”——无理数的发现、无穷小的模糊、罗素悖论——其实都可以被视作语言自指性的危机。当然，在危机产生后，通过改变或创造新的语法，危机得以消除或缓解。无理数的危机通过引入新的更大的数系而消除，无穷小的模糊通过引入极限的 $\varepsilon-\delta$ 语言而消除，罗素悖论通过限制“集合的集合”的使用而缓解。但新的危机不见得不会在未来产生，别忘了，我们有著名的“哥德尔不完全性定理”——“在任何包含初等数论的形式系统中，都存在着一个命题，该命题和它的反面在该系统中都不可被证明”。图灵曾经尝试通过在系统中引入“神谕”来解决不完全性，但随着讨论的继续，他发现引入“神谕”的系统依然需要新的“神谕”，进而层层嵌套直至无穷，都无法消除不完全性。

这样一来无异于指出：语言的边界大于理性的边界。

我认为，数学作为一门形式化、公理化的语言，其局限性就根源于此。我们的生活充斥着非理性，数学作为承载人类纯粹理性的语言，无法处理生活中的许多事情。那些为了爱和正义而甘愿舍弃生命的人，如果将他们的行为化归为某种优化问题，视作某种利弊权衡下的最优解，这既是对人性的侮辱，也是对数学的滥用。

然而，具有局限性，是数学强大的开端。

数学的局限性是语言的局限性。数学既要逻辑，又作为语言，这本身就形成了一个潜在的张力——拉康有一句名言，“语言是缺席的在场”，而按照我的理解，逻辑是“确证的在场”。我们理解一句话，往往要体会说话人的“言外之意”，正如“办不了”不一定等于“无能为力”；而我们认同一个命题具有逻辑严谨性，却要清晰地看到其论证过程。一个缺席，一个在场，互相拉扯，但互相激发，所产生的张力给数学带来了强大的力量。这种力量总结为一句话，就是“数学承载了人类面向心智的雅致统一的追求”——从古希腊开始，数学的发展及其应用就具有高度的审美特性，古希腊毕达哥拉斯学派通过整数和音律的关系引入了“数学为自然之和谐”的理念，这个理念伴随着数学的发展历程，早已内化为一种人类文明共有的审美倾向。我不止一次听见我的学生在解释他为什么这样而不那样构建一个数学模型时说：“老师，因为我觉得这样很优雅。”但是，当你追问他为什么优雅时，他也说不清楚，即便在场的所有人对这份“优雅”都有共识。

每个数学领域的演化，都沿着“现象→理念→概念（结构）→计算→理论（对计算结果的整理和分类）”的路径循环展开，数学不会倾向于某个先验的、独断式的判断，而是通过现象（理论的或实际的）来构建理念和概念，进而发展出理论。这意味着现象（或称为例子、问题等）而非理论，才是数学蓬勃生机的源泉。

而在从现象到理论的过程中，人的自由意志就体现在选择何种结构和路径上。“朝那里构建和发展理论”，与其说是一种技术性的思考，不如说是一种审美性的考虑。

有审美的地方就一定有传统，因为审美是对传统的实践表达。

按照吴国盛的说法，近代科学有三大传统，分别是“数学传统”“实验传统”和“自然志传统”（natural history，常被说成“博物志传统”，吴先生认为这于传播有利，但于含义有偏差）。并不是说，数学里只有数学传统，实际上，数学从“古典数学”演化为“现代数学”的标志，即实验传统和自然志传统的融入，例如著名的泰勒展开就是实验传统中的测量术在数学里的形式化表达。本书中还将提到其他一些例子。

假如这些科学传统及其对数学的影响不被关注，甚至在被有意忽视，那么，这将严重阻碍学生理解数学结构的本质。学习数学，不能仅仅停留在“阅读说明书”的水平，而要上升到素养层面。

如何落实数学素养的提升，避免学生“出了教室就想不起来用数学”呢？我想，一个有效的办法就是让数学走出数学课堂，走入生活，建立用数学来描述、研究、解决现实问题的平台和路径，帮助学生将数学变为自己观察和认识世界的一种方式。这也就是数学建模教育在做的事情。

数学建模是对当前数学教育，尤其是中小学数学教育的一种重要补充，因为数学建模能让学生真正体会用数学的思想方法研究一个问题的“真实且自然的过程”。从科学哲学角度来说，数学的研究思维和应试思维，一个是升维过程，另一个是降维过程，“味道”大不一样。如果缺失了数学建模教育这一环，学生就可能无法体会数学与一般系统论，尤其是与复杂开放系统之间的深刻联系，而后者是科学界公认的未来的科学革命的方向（这种革命也许正在发生）。

许多人认为，科学革命会导致现有体系的崩溃，其实并非如此，因为科学革命的发生和发展是基于传统的，不是凭空完成的。这就意味着，继承当前数学和科学的传统会帮助我们在新的科学革命的浪潮中保留自我、发展自我并创造价值。在本书中，我讨论了许多现代科学范式和科学传统，目的就在于：我不是要给读者一个完备的科学方法库以备调用（以我的知识水平也不可能办到），而是尽我所能帮助大家体会科学范式和科学传统的内涵，做好应对变革的准备，甚至尝试在变革中做出自己独特的贡献。

提到继承和发展，本书中的一个核心观点就是：在继承科学传统时，继承抽象，抛弃具体；在解决科学问题时，发展抽象，面向具体。一旦弄反了抽象和具体的顺序，往往会造成很大的麻烦。关于这一点，书中会有较为详尽的论述。

本书想解决的另一个问题是学生在建立数学模型时的错误迁移问题。尤其是数学建模的初学者总喜欢将问题“套入”某个现成的数学模型，却忽视了模型的基本假设和适用条件，只关注部分现象的“类似”，仿佛“只能看到自己想看到的”，这样做往往会得到荒谬结论。本书将这个错误归源为对“同一”和“同源”，以及“类比”和“隐喻”的混淆和误认。尤其，隐喻只具有启发性，不具有证明性——“太阳公公对我笑”是一个典型的隐喻，但不能因此推导出太阳耀斑是“太阳公公在发火”。隐喻的启发性是科学灵感的重要来源，但不能夸大其逻辑性，得到错误的类比。

最后，我想给出一些阅读本书的建议。

第一，读者不妨将自己带入对话中，跟着人物思考和讨论，必要时动笔演算，不要放过任何一个例子（但必要时可放过其理论推导）。

第二，我建议读者一边阅读，一边复习和补足缺失或遗忘的数学知识。谈论某件事，做到某件事，做好某件事，这三者各不相同。数学模型的建立过程往往需要首先根据现象建立思想模型，再将思想模型形式化为数学模型，前者需要深刻的思想和传统作为基础，后者需要扎实的基本功。

为了方便读者，本书的插页还给出了两种视角下的阅读路线，大家可按需选择。

愿各位朋友在阅读本书的过程中能从数学中感受到震颤、神驰、愉悦和慰藉。

朱浩楠
2024 年 6 月于北京

目录

对话 1：

数学建模教育

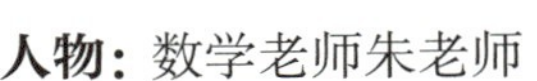
人物：数学老师朱老师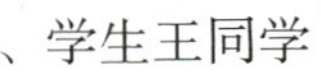、学生王同学

朱老师好，现在大家都在说“数学建模”是核心素养。可是，数学建模到底是什么呢？数学建模就是用数学解决实际问题，我能这么理解吗？

不尽然。数学建模从古希腊开始就出现了，一直伴随着数学的形成和发展。广义来说，整个数学都是数学建模的产物，例如整数、有理数、实数、方程、微积分、微分流形、拓扑、交换代数、复几何、组合数学，这些都是数学建模的产物。

如果非要一言以蔽之，我更喜欢这种说法：“数学建模是挖掘现象背后的数学结构，并利用这些结构来发展对该现象的认识。”这里所说的“现象”既可以来自现实，也可以来自抽象，还可以来自其他学科。例如，两家公司在某个领域竞争博弈，这是社会现象；某些曲面具有某种共性的结构和性质，这是数学现象；光在宇宙中并非总沿着欧氏几何直线传播，这是物理现象。从这些现象中，我们都能挖掘出许多套数学模型，每套模型都能帮我们从不同侧面去完善对这些现象的认识。

那为什么我们在高中课标里看到的数学建模，明确说针对“现实问题”？

那是因为，大多数高中生学术训练不足，尚不具备挖掘抽象现象背后规律的能力。而现实问题看得见、摸得着，学生能先获得感性驱动，后引发理性思维，思路的方向、结果的合理性、检验的方式都相对更加直观。

高中阶段的数学建模问题会不会就像我们中小学时做的应用题啊？但是，这类问题不像应用题那样，明确告诉我们已知什么、要求什么，反而需要我们自己来假设。

你所说的其实是那些具有“不良结构”的应用题。数学建模问题和这可不是一回事儿。对高中生而言，更多的情况是面向现实问题进行数学建模，绝非解决具有“不良结构”的应用题。实际上，一个现实问题并没有不良结构，它所有的条件、状态、因素都是客观摆着的。只不过，这些内容十分庞杂，可能具有无穷多个方面，我们不可能事无巨细地将它们全部考虑进来。但是无论多庞杂，它们也都是客观存在的，是确定的，是不以人的意志为转移的——这时候，建模者就需要首先分析这些因素和现象之间的逻辑关系，找到最核心的主要因素，抓住事物的主要矛盾。

但是，一件事物往往有很多主要矛盾，不同的人看到的侧面不同，认为的主要矛盾也不一样，这该怎么办呢？

这就涉及数学建模中十分关键的一步——“基本假设”。基本假设不是为了简化问题，而是根据自己所关心的方面，通过适当的假设，将主要矛盾抽象和剥离出来。

所以，不同的基本假设反映了建模者的不同视角和先验观点，这样说对吗？

这一点，我很赞同。

那么，在做出基本假设以后，数学建模问题就变成应用题了吗？

这样说也是不对的。首先，基本假设没有“做完”一说。数学建模过程一般包括：

- 发现和提出问题；
- 因素分析和基本假设；

- 建立数学模型；
- 求解数学模型；
- 模型的检验和应用。

但这个过程并非单向发展的“流程”。建模者提出初步的基本假设，然后开始建立数学模型，其间，他往往会发现之前的基本假设不合理或者不充分，他还可能在检验模型时发现模型结果无法通过现实检验。在这些时候，他都需要回过头检视“基本假设是否正确”。

可以说，这个过程就是科学研究的真实过程，是一个反复试错、不断重复、迭代改进的过程。在英文中，研究是“research”，“search”意为“寻找”，前缀“re”代表“重复”。“重复地寻找”不是原地踏步，而是在错误经验的基础上逐步接近真理。然而，应用题中的基本假设都是事先给定的，不需要这样试错和探索。

可我为什么要进行这些探索呢？这对我有什么帮助呢？我觉得，这些探索有些偏离数学课的主干了……我还要不要按老师的要求培养“学术功底”呢？

别担心。数学课要以培养“学术功底”为主，这没有错。但是，到底什么才是“学术功底”呢？是做题的技巧吗？是解题的套路吗？还是“面向心智的雅致统一的追求”？

在牛顿发明微积分之前，微积分是不存在的，所以严格来说，牛顿在发明微积分的时候也不是在“做数学问题”，但是我们能说他的工作是“偏离数学主干”和“远离学术功底”的吗？要知道，飞机在被发明出来之前，世界上是没有飞机这件事物的，但这并不影响后来发明飞机的莱特兄弟的探索和尝试。

如果把课堂时间都拿来做这些探索，我会不会就变得不会解题了？如果解题素养不牢靠，我也没法做出数学发现吧？

说得太对了，数学建模需要学生具有扎实的解题素养，这是十分关键的。但是，对于解题素养，我们是不是强调得太多了？我觉得，你对其重要性的认识已经足够了，目前缺少的是“发现和提出问题”“因素分析和基本假设”和“迭代提升的试错”这种更深层次的“核心素养”。而且，根据课标要求，

我们并不需要每个章节都按照数学建模的方式去讲授。在整个高中阶段，课内只需设置 8 ～ 12 课时，学生就可以获得必要的数学建模学术体验。从人才培养的角度来说，这种体验虽然不见得每天都要有，但是一定不能缺少。

为什么一定不能缺少呢？

这是人类文明前进的内在需求，也和我们国家目前的发展密切相关，尤其在科教领域，我们必须认识到差距，这个差距不是掩耳盗铃就能轻易掩盖的，更不是能被自动填补的，而是需要各个行业领域内有一批能够解决新问题、创造新方法、绕过专利壁垒的创新人才，才能逐步缩小。

得益于国家的宣传，大家现在都清楚数学创新是科学创新的基础。培养创新人才，只教会他“知其所以然”是完全不够的，还要创造机会，让他思考和体验“知其若不然”：这套数学模型如果不这样建立，还能怎样建立？有没有更好的办法？为什么别人是那样建立的？和我的数学模型有什么差别？有没有可能结合这两种办法，获得更好的数学模型？新的数学模型的局限性和适用性又如何？这些问题恰恰是一定要在数学建模过程中思考的。数学建模教育是对之前数学教育的一个针对“知其若不然”的必要补充。

但我和同学们并不是人人都想做科学家啊……像您这么说，数学建模的要求可太高了，一般水平的学生达不到吧？我们今后大概率只是普通人，那我们也需要学习和体验老师说的这些问题吗？

这里有个误区。我认为，老师要尽力给学生最好的——这是对我们老师的要求，并不是对你们学生的要求啊。我们希望给学生最好的教育，让每个学生都有机会向他所能达到的最高水平去发展，而非区别对待，还美其名曰“因材施教”。真正的因材施教不是“你不配学”，而是“我根据你的情况选择你能接受的学习方式”。我们给学生最好的教育，但不强求学生一定要达到什么水平，每个人的兴趣、经历、心理、生理状况都不同，在某个学科对某些内容的理解上形成水平差异，这是十分正常和真实的。但是，学生至少应当体验过 8 到 12 课时的数学建模的真实过程，在将来走入社会之后，面对着满地的真假“数学建模”，才不会被虚假的东西所骗。我一向认为，我们教

育的底线是——教会孩子们在正确的地方与正确的人做正确的事，不骗人，也不被人骗。

依靠数学建模，就能够达成您所说的育人愿景吗？

我们举个具体的例子，图 1-1 是我国从 1949 到 2015 年的人口历史数据散点图，因为有的年份没有统计，数据缺失，所以只有 52 组数据。图中的曲线是一个 51 次多项式函数，它可以被唯一确定，且完美地经过每个数据点。现在我告诉你，这个 51 次多项式就是我们国家人口发展所遵循的规律，因为它完美地吻合了历史数据，用术语来说，就是“拟合优度为 100%”。你觉得我说得对吗？

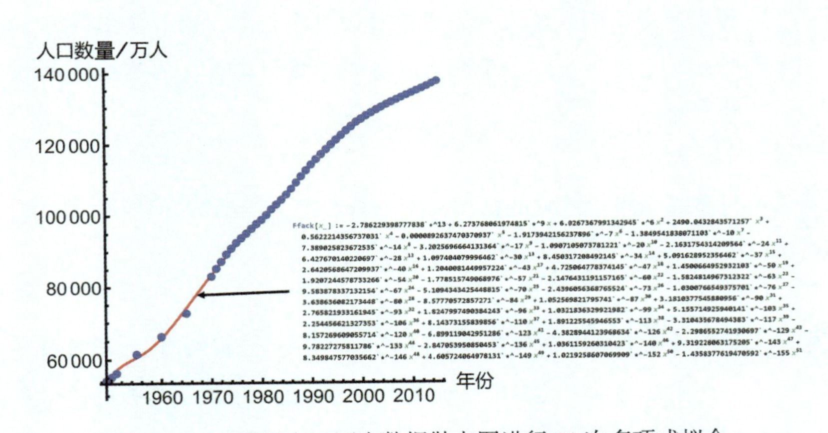

图 1-1 对我国人口历史数据散点图进行 51 次多项式拟合

我觉得可能不太对，但我又说不出为什么不对。

有人可能说，51 次多项式函数太复杂了，你看图中多项式的系数就像乱码一样，人口规律不可能这么复杂！为什么不用三次函数或四次函数试一试？

然而，凭什么因为 51 次多项式复杂，就认为它不对呢？现在，任何一个人工智能产品中就实时有数百万个变量在参与运算，它们可比这个 51 次多项式复杂多了，那它们也都错了吗？为什么三次函数好呢？四次函数和三次函数谁又更好呢？如果再多出 5 年的数据，是不是就要靠 56 次多项式才能反映规律了呢？是人口规律因数据而变化，还是数据因人口规律而变化？规律有没有可能是指数的、对数的或者其他类型的呢？用什么运算？是加法还是乘法？是除法还是减法？这些问题都是需要考虑的，也都会影响模型的质量。并不是只要看上去用到了一些数学，数学模型就是好的。一个好的数学模型，不仅要科学地反映规律，其参数也要具有可解释性，即具有一定的现实意义。刚才那个 51 次多项式函数模型，连同三次、四次多项式函数模型，都既无法科学地反映规律，也不具备可解释性。

这个问题可太复杂了！经济、政策、文化、教育都会影响人口变化，这可咋研究呢？实在不行，在以前已经建好的数学模型里找一个来套用吧？

如果我们面对的是一个以前没遇到过的新问题，或是一个发生在全新情境中的老问题，那么就没法套用以往的数学模型，因为基本假设不同，模型建立的基础也就变了。如果学生具备数学建模素养，他就能建立出更合理的数学模型。

可是每个学生建立的模型都不一样，怎么判断好坏呢？

这就涉及另一个误区。在平时做数学习题的时候，比如应用题，我们都习惯了一个问题有唯一的答案。但是想一想，走出教室，离开数学课本和试卷，你遇到的大部分问题好像都没有唯一答案，大到城市规划，小到午饭订餐，在不同视角下，不同方案不一定谁优谁劣，仿佛都是多目标、多限制的问题。

难道说，模型随便建立就行了？没有评判标准吗？那不成了大家一起瞎扯了？

所以啊，数学建模的过程中才有关键的一步，就是“模型的检验”——你需要将模型的结果“翻译”回现实世界中去，看问题是否得到了有效解决。好比针对某种疾病开发了一款药物，需要做临床试验一样。世界上没有哪种药物是客观上针对某种疾病最好的药物，但是，我们依然可以区分哪种药物是有效的、适用于何种情况。给一个对青霉素过敏的人大量注射青霉素，那是害命，不是治疗。

就算我对刚才的人口问题建立了很好的数学模型，高考也不见得就考这个模型。未来，我也未必会从事和人口统计相关的行业……

我们进行数学建模教育，并不是为了教会大家一些针对某些具体问题的模型，而是以这些问题的数学建模过程和体验为载体，提升孩子们“发现问题”“提出问题”“分析问题”和“解决问题”的能力和经验，这也是目前高中数学课标中明确提出的“四能”。

这“四能”会对你们的未来发展起到巨大的推动作用，帮助你们成为自己想成为的人，一个对社会和国家有价值的人。一个人一旦对社会和国家做出贡献，体现一定的价值，就会相应地获得社会的认可和需要。未来的中国一定是价值引领的中国，能创造价值的人是不会被埋没的。然而，有些人只创造了一点点价值，就希望获得巨大的认可，这简直是天方夜谭。如果一个人每做一百件事，有十件事成功了，其中只要有一件事获得了认可，那这个人就可以说是世界上几乎最幸运的人了。

我来总结一下您说的，您看我说得对不对：

- 数学建模就是“挖掘现象背后的数学结构，并利用这些结构来发展对该现象的认识”的过程，之所以高中课标要求面向实际问题，是因为大多数高中生尚不具备针对抽象现象建立数学模型的能力；
- 数学建模过程是一个追求“知其若不然”的过程，是一个反复试错、不断重复、迭代改进的“research”的过程，并非一蹴而就的过程；
- 数学建模没有唯一答案，好的模型需要具有参数可解释性，并通过现实检验，而且没有最好的数学模型，一切模型都可以继续完善迭代；
- 并非只有出色的学生才能学习数学建模，所有学生都应该体验数学建模的过程，通过这个过程，了解研究问题的真实过程，形成一定的科学品格、审美和素养，将来在正确的地方与正确的人做正确的事，不骗人，也不被人骗。

你总结得很对啊，这就是我希望表达的。

谢谢老师，我觉得自己在系统学习数学建模之前，确实应该先补上这一课。

对话 2：

如何选题（1）

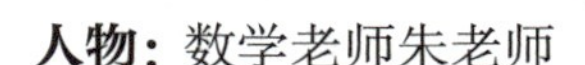

人物： 数学老师朱老师、学生王同学 

朱老师，您说过数学建模有几个步骤，首先就是发现问题。但是，单就这一步，我就觉得自己做不到。
平时在学校，老师让我们课后就不懂的地方提问，我总觉得，没什么可问的啊……做错的题目，有一些是我本来就会的，可以自己改正，我觉得不用问；还有一些问题，虽然我不会，但书后都有答案，我觉得看过之后能看懂，也用不着问。
我觉得，我就是一个不会发现问题的人。

我倒是持乐观态度，王同学，你在学校不爱问老师问题，不见得就无法发现生活中身边的问题。

比如呢？

比如，我这里有一堆苹果，这堆苹果的表皮一部分是红色的，另一部分是黄色的。你能想到什么问题呢？

我能想到的可多了……为什么这些苹果有的红有的黄呢？不同红、黄比例对应的苹果口味如何呢？与苹果的品种和产地又有什么关系呢？

你看，你这不是能够发现问题吗？这些问题来自一个人面对现象时出于本能的好奇心。

可我不可能拿着这些问题去问数学老师啊！我估计大多数数学老师也回答不上来，去问生物老师还差不多……

但是，这些问题确实是你从生活中发现的问题啊。发现了问题，为什么一定要去问老师呢？即使问老师，为什么问生物老师就比问数学老师更有效呢？

有问题不问老师，那问谁啊？而且这些问题和数学有什么关系呢？我觉得研究水果的形貌、口味、产地和品种，和生物学可能更接近一些。

也不尽然，只要有数据，利用数学方法，我们可以获得一些从生物学角度很难获得的变量之间的相关关系。即使是在生物学中，要得到这些相关关系，也需要借助数学的力量。也就是说，我们可以针对这个问题建立数学模型。

但是，如果老师以前也没有研究过这个问题，他拿什么讲给我听呢？

那就回到刚才的另一个问题：发现了问题，为什么一定要去问老师呢？

那难道问家长吗？问我爸妈，他们可能更不知道了。

问题是你发现的，为什么不能问你自己呢？

问题还能问自己吗？那有什么用呢？又没有人能给我解答。

你发现了一个问题，不知道如何解答，是因为你之前没有想到过这个问题。你可以上网或去图书馆查找一些资料，也许能找到针对这个问题的部分解答，也许什么都找不到。就算找到了部分解答，你也可能会产生疑惑，无法看懂这些解答所使用的方法，或者对此不满意。这时候，你完全可以自己建立数学模型来寻求问题的答案，不一定非要由“权威”来告诉你结果。

是自己给自己出题吗？这样好累啊！平时在学校就是老师给我出题，现在回到家还要自己给自己出题，这样一来，我连休息的时间都没有了！我爸妈连家务都舍不得让我干，我哪里还有时间再想这些啊？

那你觉得干什么有意思呢？

玩电子游戏啊！

为什么呢？

因为游戏里有同伴啊，同伴互相帮衬"打副本"的感觉别提多爽了！而且能探索很多未知的领域，比如新技能的组合、新地图的开荒、新"BOSS"的攻略，等等，这些都超有趣。

那你平时就在一直给自己出题，只是你不知道罢了。

是吗？

你和同伴"打副本"、互相掩护，需要考虑复杂地图下的排兵布阵、技能组合与分工协作；每次获得新技能或新装备时，需要考虑如何与原有技能或装备创造最优搭配；你们平时每玩完一场游戏，是不是会对类似问题讨论很久？

确实，游戏后的分析和讨论也是一大乐趣。

你这不就是在自己发现问题后展开研究了吗？只不过你们的讨论可能大多停留在比较肤浅的水平。

那不一定！这个您不懂，我跟您讲，现在有很多技术型分析网站，会给出不同角色、不同装备和技能的属性数据，我们经常结合这些数据来研究战术，这里面的说道多着去呢！

哦？那你们不就是在建立某种基于数据的模型来解决问题吗？

您要是这么说……还真是这样。我下了数学课，走出数学考场，就再也想不起来数学，或者再也不想想起数学了。我们在分析游戏数据的时候，居然都没有想到过利用学过的数学知识。

如果我告诉你，利用你所学习的数学知识，完全可以建立一个数学模型，计算出的战术比你们平时纯靠试验或拍脑门想到的战术更科学、高效，你会愿意找小伙伴一起研究吗？

那肯定愿意啊！毕竟我们要是能先研究出来，就能在服务器里占据先机了，嘿嘿！但是，我对课内数学都提不起兴趣，哪知道用什么数学知识研究这个问题啊？

每个角色的属性只有一个方面吗？

肯定不是啊！每个角色都有很多属性，而且这些属性的数值大小不等。

如果我们将每一个属性都看作一个独立的方向，将不同属性的数值大小视为在这个方向走了多远，那么这个角色的最终属性就类似于什么呢？

不同方向的位移统一在一起……这和我们在物理中学过的位移分量的合并好像有关系！

数学上用什么方法来承载这种结构和合并法则呢？

用向量！我记得老师讲过，向量是既有方向又有大小的量。向量的合并……用向量的加法，也就是平行四边形法则！我们还学过向量的坐标运算，还能计算它们之间的夹角，还能……

你看，你这不是什么都能想到吗？

这样一来，就用向量承载了其中的数学结构，这个问题就变成一个几何问题了。我还头一次听说玩游戏也能和数学挂上钩。

数学从诞生开始就是为了解释世界的运行法则的，游戏世界也是客观世界的一部分，游戏是由一行行切实的代码实现的，背后都是数学的算法，所以我们自然也可以用数学去研究它们，正如古希腊的柏拉图用几何去描述他的世界观一样。

那我觉得还挺有趣的！

但是考试肯定不会考，起码你上学的这些年还考不到这种程度。

就算考试不考，我也觉得研究这些内容超酷、超有趣，研究清楚以后，我们的战力又能上一个台阶！别人问起来，我们就说是用数学算出来的，一听就神气！而且是我们自己研究出来的，别人想偷都偷不走！

你不是平时在学校学习数学都学烦了吗？这会儿应该休息才对啊。

您可不知道，我们平时为了弄清楚一种战术的有效性，往往需要对一个地图、一个副本重复试验好多次，玩到最后，我们都觉得“肝”[1]得挺累的……现在能通过分析省去“肝”的麻烦，我觉得太酷了！

① “肝”的意思就是靠不断简单重复来获取经验，用来升级或探索战术。

其实让你喜欢上研究这个问题的，既不是数学本身，也不是考试，而是因为你对这件事情感兴趣，好奇背后的规律，且憧憬挖掘出背后规律后所获得的便利。

对，就是这样！

你喜欢玩游戏，游戏里的问题可以依靠建立数学模型来解决。别的同学喜欢郊游，郊游也有郊游中的问题，例如游览路线、午餐点位和交通工具等，这些问题也可以依靠建立数学模型来解决。还有同学喜欢美食，在一定的预算下，时间、距离、花销、口味、环境等方面之间的平衡问题，依然能靠建立数学模型来解决。甚至一家三口谁来刷碗的最优分工策略，都能依靠建立数学模型来制定。我在《数学建模 33 讲：数学与缤纷的世界》一书中就提到了其中的一些问题。

原来生活中这么多问题都能依靠建立数学模型来解决啊，真是大开眼界！怪不得人家说“万物皆数”，自然和社会中的一切现象都由数学法则支撑，所以都能用数学来解决。

我其实不赞同这个说法。一方面，“自然和社会中的一切现象都由数学法则支撑”这句话缺乏依据，因为我们不可能真的考察清楚自然和社会中的一切现象，也就无从得知是否都由数学法则支撑；另一方面，即使有些现象真的由数学法则支撑，这些法则也不见得是我们现在所建立的数学体系。

我也觉得数学不是万能的，虽然数学好的人让我觉得好厉害，但是数学没法解决我对数学提不起兴趣这件事。不过，如果数学都像刚才您所说的那样，我就觉得很有趣。

数学有数学的局限性，并非所有的问题都适合用数学来解决。有的问题用数学解决会显得很麻烦，没有必要；还有一些问题，到目前为止似乎还无法用数学解决，比如你对数学学习缺乏兴趣……当然，随着数学的发展，其疆域也在不断扩大，数学能发挥的作用也在不断增强，但我们绝不能因此就说，未来某个“终极”的数学能解决所有问题，这种说法本身就是不科学的。

我觉得有道理。有时我爸妈在家吵架，大多数时候，确实犯不上用数学去解决他们的问题。

但这样一来，有的问题适合用数学解决，有的不适合。数学建模要发现的问题，肯定是那些适合用数学解决的问题，在解决之前，我怎么知道能不能解决呢？我又该如何寻找这些问题呢？我怎么知道是自己的能力不够，解决不了它们，还是问题本身就不适合用数学解决呢？

这个问题问得很好，触及了核心。

我认为，什么问题适合用数学建模解决不是一个绝对的问题，而是一个相对的问题。这里面有一个重要的参数，就是人——不同的人所掌握的数学不同，人生经历不同，兴趣点和学术风格也不同，对待同样的问题所能建立的数学模型就不一定相同。对于一个人来说容易建立的数学模型，对于另一个人来说可能就是十分困难的；面对同样的问题如何转化为数学模型，不同人的感觉大相径庭。就像我本人是学习代数几何出身的，所以习惯于将一个问题首先转化为一个几何问题，然后构建一套代数的方法，再去解决这个几何问题，但其他人可能没有这个习惯。因此我所关注的，都是比较容易转化为几何问题的现象。当然，这些现象本身看起来可能和几何没有什么关系，但可以转化成几何问题，我个人就很喜欢这种方法。我之前在《数学建模教学与评估指南》一书的附录中写过一个男士追求女士的案例，这个问题看起来不是几何问题，但最后能转化为几何问题。对于选题来说，不同的人有不同的风格，但都需要建立在实践中不断增强的数学建模素养的基础上。

哇，真的太神奇了！我喜欢的问题就是和游戏相关的问题，但是我如何像您一样挖掘出游戏中的其他问题呢？

问题来自痛点，所谓痛点就是选择的困扰。遇到一些事，选择哪一个？这样做还是那样做？总要有一个判断。有时候，这种选择不好做，因为目标不一定单一，限制条件也可能很苛刻。例如：学生中午在食堂吃饭，味道好和花销少都是目标，但二者往往不能兼顾，再加上午休时间有限，不同窗口的排队人数和等待时长也不同，这就为菜品的选择增添了更多的约束。在这个问题中，味道可以通过评级间接量化，花销和等待时长本身就可以直接量化，甚至营养也可以被考虑进来，这就是一个很好的适合用数学建模解决的问题了。我平时不喜欢玩游戏，但是我相信游戏中可能也有大量类似的问题。

对，对！游戏之所以好玩，一个原因就是具有很多限制和诱惑，让人产生挑战的欲望。有时候，数学老师真该借鉴一下游戏开发商的做法。我们在数学课上，大多时候可没有这种挑战的欲望。

好奇心的产生不在于问题来自游戏、现实生活、数学内部，还是其他学科，好奇心是人类面对未知事物或未知规律时，刻在基因里的“本性”，我们应该保护好学生的这种“好奇本性”。我们教授知识，是为了他们能够用科学的方法、以道德的方式去探索这些好奇心背后的世界，从而达成对自我心智的追求，并为社会创造价值。这是科学发展的动力之一。

现在，这方面的引领还有所欠缺，老师和家长应该在平时多给孩子们一些空间，让他们走进自然和社会，走进生活，去体验和发现问题。

对啊，我花了很多时间去上补习班，要么就是“刷题”，学了一堆乱七八糟的“野路子”应试技巧，虽然题目能做对，但原理还是没搞懂；要么就是超前学，学得半生不熟，却以为自己已经会了。回到学校，老师教的时候反倒不好好听，一到做题就傻眼——我爸妈说了，补了还不如不补。

新的高考发展方向就是要逐步让那些只会“刷题”、只会照着“解题步骤说明书”做题的学生不再能获得高分，选拔出那些真正理解数学知识背后的原理、方法，且能够将它们创造性地组合并应用在实际中，从而支撑国家未来创新发展的新型人才。数学建模作为日常训练，就很好地满足了这种新型人才培养的需求。

拿刚才游戏那个问题来说，我就对向量有了不同以往的认识。以后，当我遇到其他问题的时候，如果涉及很多方面的不同数量间的合成，那我肯定就会联想到向量这个数学结构了，自然也就明白为啥高中要学习向量，并且学习那些处理向量的方法了！

是的，这就是磨刀不误砍柴工。这种方法看上去并不是在“刷题”练习，却事半功倍地加强了对知识本质的理解。将来无论如何变化，你都能抓住事物的本质，满怀信心和期待地开启探索之旅了。

我以前没觉得“发现问题”里面有这么多说道。我一直以为，“发现问题比解决问题更重要”是一句空口号，原来这句话是有道理的。感谢您的指点！

没有好的问题作为启发和驱动，研究往往就会陷入僵局，或者迷失方向。好好体会发现问题的乐趣吧，祝你在探索好奇心的旅途上玩得愉快！

对话 3：

如何选题（2）

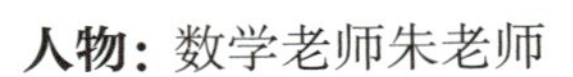

人物：数学老师朱老师  、学生王同学

我现在明白了，学会提出问题是十分关键的，并非所有的问题都适合用数学解决，不同的人会选择不同风格的问题；我也理解了问题来自痛点，而痛点就是选择的困扰。

如果我想要提高发现和提出问题的能力，除了要怀抱好奇心多观察和体验生活，还有什么其他要点呢？除了“好奇心”，发现和提出问题之前还必须具备哪些前提呢？

还真有这样的前提。光有好奇心实际上不足以发现和提出问题，我们还需要一个前提，那就是“具备某些已有的知识”。

具备某些已有的知识？这是什么意思？

你看前面有棵树，你会想到什么问题？

我会想到这棵树是什么品种？年龄多大？直径和高度分别为多少？结的果实是否有食用或药用价值？等等。

你想问“品种”，是因为你知道树木有很多品种，大概你还能说出一些常见的品种；你想问“年龄”，是因为你知道有的树木可以存活很久，也许你还见过上百年的树木；你想问“直径”和“高度”，是因为你的脑海里具有直径和高度的概念，甚至你在问这个问题时，脑海中还会浮现出一个抽象的三维空

间结构；你想问“果实的食用和药用价值”，是因为你知道有些树木的果实可以食用或药用，或许你家里还有长辈用这类药材治过病。

我明白了！我之所以看到眼前的树木会想到去问品种、年龄、直径、高度和果实效用，是因为我事先具备了关于这些方面的一些已有的知识。

是啊。现在假设你眼前有一个人类从未见过，也从未被任何文献记载过的物体，你会针对它提出什么问题呢？

我会问“这是什么”？

对，你只能问“这是什么”。那么这个问题可以怎样解答呢？

我会给它起个名字，例如叫“东西 A”。

那为什么不能叫“东西 B”呢？

因为我是第一个看见它的人啊，原则上，我想叫它什么都行！

你说得太对了，所以形如“这是什么”的“问题”并不是前面所谓的问题——我们希望问题的解答是可以用逻辑判断优劣的，这样我们才能进行检验和改进，进而逐步加深对其的认识。对应地，起一个新名字并不能被视为对问题的解答，这仅仅是一种博物学的命名而已。

那假如人们给它起了一个名字，产生了形如“这个东西叫这个名字”的一条知识，这就保证人们能够提出问题了吗？

是的，至少当我们再看到另一个相似的物体时，就能问“这个东西是不是也能叫刚才那个名字”——因为刚才的物体有了名字，哪怕就叫“刚才那个物

体”，也等于我们在逻辑上知晓并认同了它的存在，再遇到其他物体时，我们至少就能够提出分类方面的问题。

这就好像我看到一个东西，它的形状是圆柱形，表面具有不规则的木纹，横截面有一圈圈圆环，我就会问：“这是一段木桩吗？”这是因为我已有了“什么样的东西叫作木桩”的概念，从而问出了关于分类的问题：“这个圆柱形、表面具有不规则木纹、横截面有一圈圈圆环的东西能不能归为木桩这类实物？”您看是这个意思吗？

你这个例子举得很正确。

但是，如果我对某个事物已经了解得足够透彻，对它的一切属性都了如指掌，那还怎么提出问题呢？

首先，自然界和社会中的任何事物都具有无穷多的方面，很多方面甚至可能具有不止一种存在，我们不可能已经掌握所有这些方面。例如，你可能对某个人的脾气秉性、为人处世、家庭背景、社交关系、事业工作、生活履历，甚至解剖学意义上的所有细胞和器官都有着充分了解，即使这样，你也无法提前预知他的死亡时间（就算你是一名顶级刺客，也可能受到未知的干扰而行动失败，仍然不能确定此人的死亡时间）。因此，如果你对其追问死亡时间，就是一个新的问题。

确实是这样。

其次，就算你对某个事物所有无穷多的方面都了如指掌，你也可以将这些方面放到一起，将它们看成一个“特征集合”，不同事物可能具有不同的“特征集合”，是什么造成了不同事物“特征集合”的不同之处？这又是一个新问题。就算这个问题解决了，还可以继续追问：“这些不同之处之间又有哪些不同之处？”

这样就可以无休止地追问下去了。

没错，所以问题是无法穷尽的——当我们研究清楚了一件事物，就可以研究这件事物和其他事物之间的关系；研究清楚了某些事物之间的关系，就可以研究不同关系之间的关系；如此继续，逐步跨越到更高的抽象层面。

这一切居然仅仅源于对一件事物的命名！

是的，所以文字和语言的发明是伟大的，命名是一切问题的开端，是潘多拉的魔盒——一旦打开之后，人类就被放到永恒的疑虑之海中，再也无法无视“尚有未知”的诱惑；但在解答这些问题的过程中，也带来了自身心智的满足、社会制度的改善和生产生活的便利。

那么我如何知道，人们针对某个事物掌握了哪些知识呢？

所以当我们确定选题的大方向后，往往需要查阅文献，做好文献综述，尽可能了解这个方向上前人已有的成果，然后站在巨人的肩膀上，提出新的问题。

您能举一个例子吗？

当然。屠呦呦女士发现了青蒿素，接下来的问题就是如何提取和提纯；解决了这个问题之后，下一个问题就是如何降低提取和提纯的成本，进一步还有如何储存和运输的问题、药物的临床检验的问题、青蒿素和其他药物之间相互作用的问题，以及规模生产和产品营销的问题；就算这些问题都解决了，还有物流和配送的问题，以及是否存在其他更加有效的治疗疟疾的药物的问题，进而进入下一轮研发的循环中。

这个例子太宏大了，有没有离我们高中生日常生活更近一些的例子呀？

你平时使用键盘吗？

用啊，我天天用键盘打字……玩游戏的时候也用。

你觉得你的键盘好用吗？

我觉得不好用，我的键盘没有数字键专区，输入数字时只能靠键盘上面的一排多功能键。但是，因为这一排按键上的数字是横向排列的，所以输入电话号码这样的一大串数字时就很不方便。

那为什么你的键盘没有数字键呢？

因为我在买电脑的时候，希望买轻薄笔记本电脑，这样方便携带。而这类电脑为了减少键盘的大小和笔记本的整体重量普遍都不设数字键专区。

那有没有什么办法，能够让轻薄笔记本电脑在现有的按键布局上也能集成数字键专区呢？

我见过一种轻薄笔记本电脑，它在触摸板上集成了触摸式的数字按键，当需要输入长串数字的时候，就将触摸板切换到数字模式，需要常规使用触摸板的时候再切换回来，这样就一举两得了。

你觉得这样一来又会产生什么问题？

嗯……这样切换可能会带来误触的风险，并且没法同时输入数字和使用触摸板了。

说得对，那还有什么其他办法能够解决这个问题呢？

我觉得可以缩小键盘键帽并改变按键布局，空出一块地方，专门作为数字键专区。

那你想一下，为什么厂商没有这样做呢？

嗯……我觉得是因为如果缩小了键盘键帽，大家打字时就会更容易按错；并且按键布局改变以后，原来养成的打字习惯就会改变，凭空增加了学习成本。

所以你看，你提出的方案并不能解决这个问题。

老师，我咋觉得您是在抬杠呢？

对，就是抬杠，有时候，提出问题就是抬杠，自己抬自己的杠。

有道理！那要是抬不起来了呢？

面对一个问题的解决方案，什么时候抬杠会失败呢？就是在解决方案能够通过现实检验，并且指明其使用条件和适用范围时，这不就意味着，这个问题已经在当前阶段比较圆满地解决了吗？这时就应该基于这个解决方案去研究进一步的问题了。

我明白了，是不是可以这么说：一个规律如果经得起抬杠，就可以被视为有效的知识，并加以利用；如果经不起抬杠，我们就可以挖掘出新的问题？

我觉得这个总结很有道理，但是还少了一些考虑——时空上的考虑。

这和时空又有什么关系呢？

正如上次讨论中说到的选题好坏因人而异一样，一个选题是不是好问题还和它所处的时代和地点有关。

比如呢？

比如在过去的奴隶制时代，势必有如何买卖和管理奴隶的问题，但是，这对于大多数现代国家而言就是一个非法问题。然而，我们不能否认，直到现代还有少数国家保留着奴隶制度，相关的问题在这些国家依然是“合理”的。

我明白了，一个问题是否有意义，和人们所处的时代与面临的困扰有关。社会是不断发展的，当一个困扰不再存在，相关的问题也就失去了优先研究的意义。但是，数学中的某些理论问题看上去和社会生活一直没有什么关系，例如哥德巴赫猜想，为什么还有那么多数学家受到鼓励，夜以继日地研究它们呢？

问得好！我的理解是这样的，首先，在人类文明发展的长河中，许多看上去远离现实生活的抽象和纯粹的理论问题先后被应用于现实生活中，这里面最典型的就是对数论的研究，它在密码学和通信领域发挥了巨大作用，甚至椭圆曲线密码学已成为一个较为成熟的学科分支。其次，对这些纯粹理论问题的研究拓展了人类认知的边界，也提升了人类解决问题的能力，甚至改变了人们思考的方式。例如相对论的发现和科普，就使得大家不再认为宇宙是一个平坦的三维空间，而是一个时空相互纠缠下崎岖不平的高维流形，进而发明出了“引力弹弓”来节省宇宙飞行器的燃料。不仅如此，对这些问题的思考给研究人员带来了十分丰厚的回报——这里说的并不是金钱和地位上的回报，而是心智层面的愉悦和满足。毕竟数学家在发现一个具有某种对称性的奇妙数学结构时，都会心生惊喜与叹服。

所以，好的问题除了能够给人类带来更好的生活，也能促进文明进步，甚至带来快乐。

没错。好的问题对上能带来知识的发展，对下能带来生活的便利，对内能带来心智的满足，对外能带来共享的价值。

难怪爱因斯坦说：“提出问题往往比解决问题更重要。”

是的。严格来讲，世界上没有哪个问题被真正地解决了，最多仅是从某个角度、在某个层面、以某种程度得到了解决。

例如，我们计算 3+2 得到 5，觉得这是亘古不变的答案，但这是有前提的，那就是“+”运算要按照实数的加法来计算。如果将 3 和 2 放到一个有限特征的椭圆曲线加法群中，那甚至可以得到 3+2=−1 的结果。我们认为 3+2=5 更常用，但对大自然来说，这两种加法运算并没有谁比谁更好，只是二者存在和使用的背景不一样。

老师，能不能说，科学研究严格来说并不是从问题到解答，而是从问题到问题？

我很赞赏你的这个说法。实际上，只有认为科学是从问题到问题，才能在逻辑上给人类文明的迭代嵌入一个代际相传的接口，才能认识到为何科学延绵不绝、不断迭代，才能理解为何无数先贤前赴后继，哪怕献出自己的生命也要捍卫科学精神——这种精神来自对已知的尊重和对未知的敬畏、对已知的疑虑和对未知的探索、对已知的感动和对未知的好奇。

对话 4：
因素分析

人物： 数学老师朱老师  、学生王同学 

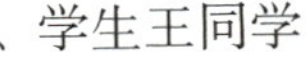

通过前两次向您请教，我有点儿明白该如何选题了。但我在确定选题后，又遇到了新的问题，不知道从哪里切入研究。我觉得头绪千丝万缕，无从下手，就像没头苍蝇一样乱撞，虽然产生了一堆想法，但这些想法既不能相互整合，又缺乏深入分析，也没有什么逻辑性，更得不到什么有价值的结果。您能不能指导我一下，提出问题后该如何着手分析？

你有这种千丝万缕的感觉，不仅不是坏事，反而说明你具有很强的观察力，因为你能发现许多影响结果的因素，又能感觉到这些因素之间具有一定的逻辑关联和相互影响——这种感觉正是展开真正有价值的因素分析的前提。我们接下来要做的事情，就是将你的这种朴素的感觉通过科学的思想方法理清楚、明晰化。

我要从哪里开始做起呢？您有没有什么科学思想方法？

我在讲授数学建模课程的时候，喜欢用“人口模型”作为例子来阐述因素分析的过程。这个模型关注的是人口数量的变化规律及对未来人口数量的预测，但是，影响人口数量的因素有很多，你能想到哪些？

那可多了，出生率和死亡率、受教育程度、国家政策、家庭收入、气候变化、国民生育意愿、医疗条件、就业率和失业率、社会养老保障体系、银行利率、消费水平，甚至和菜市场的猪肉价格都能扯上关系。

你说得太对了！这些因素肯定都会多多少少或间接、或直接地影响人口数量变化。但是我们要建立数学模型，就需要选出其中起到主要作用的因素。

关键是，什么样的因素才算是“主要因素”呢？

你这个问题算问到点子上了。实际上，这是许多数学建模的初学者不会因素分析的核心原因之一——不清楚什么样的因素才能算是“主要的”。

想解释清楚这个问题，就要有一些哲学的思考。大约在14世纪，英国方济各会的一位修士及神学家奥卡姆的威廉①提出了一个分析和解决问题的原则，即“简单有效原则”，后世称之为“奥卡姆剃刀原则”。

简单有效原则？那是不是越简单越好啊？

这种理解不完整。简单有效原则的关键词有两个：一个是“简单”，一个是“有效”。所谓“简单”，指的是尽可能使用最简单的方法；所谓“有效”，意指使用该方法的目标是解决问题。在一种方法虽然很简单但是不足以解决问题的情况下，就需要考虑更多的因素，使用更复杂的方法。

那不就违背“简单有效原则”中“简单”的要求了吗？

并没有违背，因为“有效”的限制，所以“简单有效”指的是采用能够解决问题的最简单的方法——如果简单方法解决不了问题，就要使用稍微复杂一些的方法，但这依然是试图解决问题的最简方法。

我明白了！“简单有效原则”讲了两方面的事：一方面，在同样能解决问题的情况下，更简单的方法更好；另一方面，当简单的方法不足以解决问题时，就要适当将其复杂化，但最好控制在刚好能解决问题的复杂程度。

你的理解很正确。

① 奥卡姆是一个地名，意为生活在奥卡姆这个地方的威廉这个人。

那“奥卡姆剃刀”对于理解什么才是“主要因素”有什么帮助呢？

我们刚才针对人口问题想到很多因素，这些因素当然不可能全部被考虑进去。考虑的因素越少，建立的模型一般来说就会越简单；考虑的因素越多，模型一般来说就会越复杂。所以我们需要先考虑最少的因素，看能不能解决问题，如果能解决，这些因素就是最主要因素；如果不能解决，就需要考虑更多的因素，再看能不能解决问题。直到我们使用恰好足够的因素解决问题，那么解决问题所需的最少因素，就是这个问题的主要因素，其余因素就是次要因素。所以在“奥卡姆剃刀”的指导下，寻找主要因素的过程就类似于一个迭代过程。在这个迭代过程中，每一步都要进行检验，看能否解决问题，如果不能，就将更多的因素加入主要因素中。

那一开始尝试讨论的最少因素应该怎么找呢？如果用简单方法没法解决问题，又该如何选取更多因素呢？总不能一个一个乱试吧？

是的，所以在开始这个迭代过程之前，需要首先挖掘出众多因素之间的“结构关系”。

“结构关系”是什么呢？

我们在中小学的数学课程中学习过很多关系，包括但不限于：因果关系、序关系（也就是大小关系）、空间位置关系、时间先后关系、运算关系、隶属和包含关系等。

但是，我们刚才提到的影响人口数量变化的那些因素并不是数字、代数式、方程或几何体啊，那也能使用这些数学关系来分析吗？

当然可以，实际上，上面那些数学关系就是从自然界事物之间的关系中提炼和抽象出来的。放到刚才考虑的人口问题中来，我们想到了“出生率和死亡率、受教育程度、国家政策、家庭收入、气候变化、国民生育意愿、医疗条件、就业率和失业率、社会养老保障体系、银行利率、消费水平、菜市场的猪肉价格”这些因素，它们虽然不是数学对象，而是自然对象，但它们之间

具有一些逻辑关系，有些因素会通过其他因素间接发挥作用，你能不能举出一些这样的例子？

嗯……我觉得医疗条件是通过出生率和死亡率来间接发挥作用的，社会养老保障体系是通过影响国民生育意愿来发挥作用的，国民生育意愿又是通过影响出生率和死亡率来发挥作用的。

你说得对。根据这种“谁通过谁发挥作用”的分析，我们就能在脑海中构建一个逻辑关系网络。如果我们采用带方向的箭头，就能将这种抽象的逻辑关系网络直观地描绘成一张平面有向网络图——把每个因素看成网络中的一个节点，用箭头反映因素之间“谁通过谁发挥作用”的逻辑关系，其实，这就是一种序关系。当然，其中一些箭头是双向的，这是因为一些因素是双向影响的。好了，你能画出来这张图吗？

……画好了，您看是不是这样的（图 4-1）？

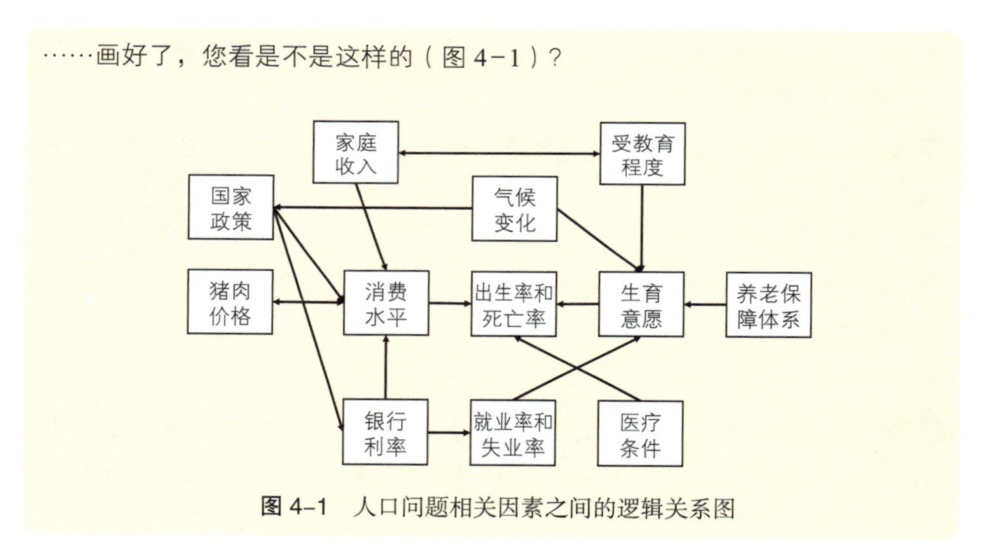

图 4-1 人口问题相关因素之间的逻辑关系图

这张图没有对错之分。不同的人描绘的图很可能不同，这依赖于分析者对该问题的背景知识的掌握程度。比如，你觉得银行利率影响了就业率和失业率，可能是因为你具有一些经济学方面的知识，或是你通过看书、看报知道了这个关系。这张图本身反映的是分析者的世界观，至于这个世界观是好是坏，不是由它自己来判定的，而是取决于它能否解决问题。所以，要等到模型经过建立、求解并检验之后，我们才能判断这张图是否有问题。如果图中确实存在问题的话，那么我们就需要回过头来重新修订。

这就好像，我们小时候的世界观和成年后的世界观会有所不同。

对，这个类比很恰当。在成长的过程中，我们获得了很多问题的解决经验，会不断迭代自己的世界观和方法论，让我们能够随着成长更好地适应社会。然而，有些人一直在尝试做不正确的事情，所以，就得到了错误方向的经验迭代。

有了上面这张图之后，怎么就能确定一开始要考虑的最简单因素呢？

你看图中的箭头，把它们想象成水流的方向，这些水流最后汇聚到哪里呢？

顺着箭头的方向，最后汇聚到“出生率和死亡率”。

没错。这个因素就是需要考虑的最基本因素，因为它是最直接影响人口数量变化的因素，其他因素都需要通过它才能发挥作用。

可是，如果只考虑“出生率和死亡率”没法解决问题呢？

根据奥卡姆剃刀原则，这时就需要考虑更多因素了。但我们不能考虑太多的因素，需要逐渐添加，不断尝试和检验，这样才能迭代出解决问题所需的最少因素。你想想，利用刚才描绘的这张逻辑关系图，除了“出生率和死亡率”，该首先选择哪些因素呢？

既然因素要尽可能少，那么可以考虑与“出生率和死亡率”直接关联的那些因素，比如“消费水平”“生育意愿”“医疗条件”，因为这些因素只通过“一层转移”就能影响到人口数量变化。

你这个思路很对。

那如何分析“消费水平”“生育意愿”“医疗条件”是怎样影响“出生率和死亡率”的呢？我觉得这些数据都很难获得，尤其是生育意愿，要建立定量的关系好难啊！

你说得对，所以才需要数学思想方法作为辅助。

这也能用数学？

当然。谁影响谁，反映了一种对应关系，这种关系可以是多对一的，而不是一对多的——由于我们通过逻辑的方式分析问题，因此当然认为相同的条件不会引发不同的结果。我们在高中就学习过一个承载这种对应关系的数学结构。

您说的是函数吗？

就是函数。当我们考虑“消费水平”“生育意愿”“医疗条件”如何影响“出生率和死亡率”时，实际上就是将“出生率和死亡率”看成关于“消费水平”“生育意愿”“医疗条件”的函数。分析一个函数时，我们都会分析哪些方面呢？

我们老师讲过，函数有八大基本性质——定义域、值域、单调性、对称性、周期性、极值、最值、特殊点与特殊区域。

我们可以从这八大性质去考察“出生率和死亡率”是如何分别受到“消费水平”“生育意愿”“医疗条件”影响的。例如，我们可以分析消费水平的提升对出生率和死亡率的影响的单调性是什么样的？如果是单调的影响，是否存在渐近线？如果不存在渐近线，是否存在极值或最值？这些因素是否存在范围界定？等等。这些方面的分析不见得都从数据出发，但我们也可以首先通过定性的理解提炼出一定的初步数学关系。

那比如我想要表达“随着人口越来越多，剩余社会资源越来越少”，在缺少数据的情况下，该如何得到相关的数学关系呢？

可以初步表达为

剩余社会资源 = 总社会资源 − 当前人口数量 × 人均占有社会资源

这个关系式无须数据就可以列出。缺少数据，不该成为无法展开分析的借口。

这样一来，分析的思路就打开了！无论是否有数据，我们都可以凭借对问题本身及其所处背景的观察和理解，去建立“因素如何影响结果”的数学模型并分析它们。这里起到引领作用的并不是数据，而是数学思想方法和对数学结构的认识，对吧？

没错。因素分析看起来只是从一堆因素中筛选出主要因素，但无论是对主要因素的迭代梳理，还是寻找主要因素和结果之间的关联，都需要相应的数学思想方法和数学结构作为支撑。

早在古希腊时期，人们就认为自然界的各种现象均服从于亘古不变的数学规则，这正是数学在西方文明中占据特殊核心位置的原因。这种哲学观点指引人们利用数学的思想方法剖析和挖掘世间万物的运行法则，刚才说的因素分析过程，其实就是一个典型的例子。

我以前一直觉得，数学就是一堆抽象的式子或数字的计算，没想到还能帮助我们对现实问题进行因素分析，背后还蕴含着这么多深刻的哲理！

哲学并非从科学中总结而来的，正相反，科学是哲学思想的实现方式。牛顿的那本旷世奇作《自然哲学的数学原理》就体现了“哲思为本，数学为形”的思想。

这下我明白了！

对话 5：

基本假设（1）

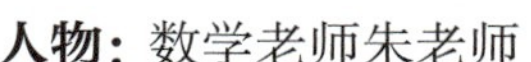

人物：数学老师朱老师、学生王同学

朱老师，前面我们讨论了如何进行因素分析，通过因素分析可以挖掘问题的主要因素，还能得到各因素之间的相关关系，现在，我们可以着手建立形式化的数学模型了吧？

恐怕还不行。

为什么啊？我觉得通过因素分析，我已经对要研究的问题有很多思考和准备了。

确实啊，但是这些思考和准备更多的是一种粗糙的定性分析结果，我们需要建立的是科学的、定量的、更加精确的数学模型，而科学与非科学的区别就在于“是否可证伪”。也就是说，如果一个模型不能被说明在某些条件下是正确的，在另一些条件下是错误的，那么这个模型就不能被认为是“科学的”。现在，你觉得我们在建立数学模型之前还需要什么准备呢？

嗯……还需要列出构建模型需要依赖哪些条件？

是的，这些条件被称为“基本假设”。我们需要根据所研究的问题背景，界定讨论和分析问题的范围及环境，提出类似于《几何原本》中“公理系统”的若干基础规则。在随后建立数学模型时，我们应按照这些规则来演绎和分析。只要模型的建立和分析是科学的，那么所得结论就将依赖于这些“公

理”；一旦遇到不符合这些“公理”的情况，之前建立的模型及其结论的正确性就无法得到保证，这样就确保了可证伪性。这种“公理系统”，就是我们所说的“基本假设”。

我有点儿听不懂了，您能举一些例子吗？

伽利略有个著名的思想实验——“斜面实验”。他假设，在 U 型轨道的一端释放一个小球，并假设没有摩擦力。小球从左侧斜面滚下后，再滚上右侧斜面，最终回到与左侧初始位置相同的高度。如果不断减小右侧斜面的倾斜角，因为没有摩擦力，小球依然会爬升到原来的高度，只不过在爬升的过程中，它将经过比原来更长的路程。如果右侧斜面已经到了水平的极限状态，而因为小球还是有达到原来高度的“趋势”，那么小球为了达到原来的高度，就只能永远运动下去（图 5-1）。

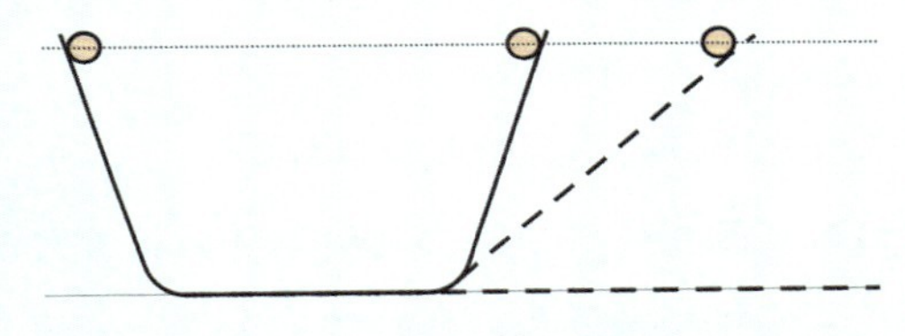

图 5–1 伽利略的斜面实验

这个思想实验在科学史上有着崇高的地位，爱因斯坦曾评价说：“伽利略的发现以及他所用的科学推理方法，是人类思想史上最伟大的成就之一，标志着物理学的真正开端。”

你觉得伽利略在做这个思想实验时，都做了哪些基本假设呢？

我觉得有两条基本假设：第一，没有摩擦力；第二，小球有回到原来高度的趋势。

没错。你觉得伽利略是如何想到这两条基本假设的呢？

老师在物理课上讲过，他先是在现实中做了一些斜面的实验，发现当摩擦力小到可以忽略不计的时候，小球几乎可以回到原来的高度，所以，他就假设当摩擦力不存在时，小球一定能够回到原来的高度。

照你这样说，小球在没有摩擦力时能回到原来的高度，这一结论是基于实验观察得到的现实经验。然而，现实中几乎处处都有摩擦力，人们不可能获得现实中符合“没有摩擦力”假设的经验。

但是，我们有时会在现实中体会到摩擦力很小的情况，那我们的思维也就能扩展到没有摩擦力的情况啊。

是啊。虽然，伽利略的基本假设在现实中确实没有任何对应的实例，然而“没有摩擦力”这条假设让“斜面实验”完全发生在他的思想世界中，成了一种思维的推理模式。也就是说，在任何现实情况下，他的模型和结论都是错误的，从而保证了可证伪性。

啊？一个在现实中不可能正确的模型，为什么会被誉为伟大的成就啊？而且，牛顿后来还通过这个实验发展、确定了他的三大运动定律中的惯性定律呢。

这没有什么可奇怪的，科学就是这样。

虽然我们不可能在现实世界中找到与斜面实验对应的情况，但正因如此，它才具有科学价值——如果它真的对应于现实中的某种具体情况，由于现实千差万别，因此每换一种摩擦系数，就需要换一个模型；虽然现实中的情况一定含有摩擦力，却都可以被视为伽利略斜面实验的一种“退化状态”，由此，人们可以做出更多科学的推理。例如，如果存在摩擦力，小球就不会一直水平滚动；摩擦力越大，小球就会越早停下来。

那我们为什么不直接假设“在没有摩擦力的情况下，具有初速度的小球会在水平轨道上一直匀速直线运动”呢？这样不是也能推出相应的推论吗？

这就是数学建模初学者经常会犯的一个错误——将结论当作假设。

我再举个例子来帮助你理解。当研究开水在室温中降温的问题时，如果假设“开水在室温中沿着指数型函数下降”，我们可以建立数学模型，甚至可以准确预测水温何时达到室温，从形式上甚至就是牛顿的“冷却定律”。但是，这个数学模型并不科学，因为它成立的条件就是模型本身，所以无法被证伪——你总不能说“当开水在室温中不沿着指数型函数下降时，开水在室温中不沿着指数型函数下降”吧？——这种废话是没有价值的。

那在开水降温这个问题中，基本假设应该怎么设置呢？

结合问题的背景，我们可以假设室温不变，并假设水温的初始温度为 100℃，然后，忽略水的体积变化，也忽略水面可能受到的气流影响。在这些基本假设的基础上，我们会注意到水的降温是热的辐射过程。因此，根据热力学定律，水温与室温的差距越大，水温的瞬时下降速率就会越快。

在这些基本假设下，通过数学演绎，便可以建立如下的数学模型。

$T(t)$：t 时刻的水温（单位：℃）

C_0：室温常数

k：热扩散系数

$$T'(t) = -k \cdot (T(t) - C_0)$$

$$T(0) = 100$$

$$T(t) = (T(0) - C_0) \cdot \mathrm{e}^{-kt} + C_0$$

但是，现实不一定符合这些基本假设啊。比如在秋天，有时候一两小时内的室温变化还是比较明显的。

正因如此，这个模型才具备可证伪性——如果在此过程中室温明显变化，或者水的体积发生了变化，或者水面受到不稳定且不可忽略的气流影响，那么结论就不再正确了。

您刚才是如何想到忽略气流的呢？

我把自己置身于水所处的环境，想象它的遭遇，结合我的生活和科研经验，所以我认为气流会加速温度的消散。

那您忽略气流的存在及变化，是不是类似于伽利略在斜面实验中忽略摩擦力啊？

也可以这样认为。因为在现实中，我们很难想象完全没有气流的地点，甚至连气流微弱的地点也很难找到。王维在诗里描述了“大漠孤烟直”这个现

象，那是因为他距离“孤烟”比较远，所以从远处看去，“烟”（其实是唐代边防用的一种平安火）是竖直上升的（图 5-2）。

图 5-2 大漠孤烟直

然而，一旦考虑水面气流变化和气流对热扩散的影响，数学模型就会相当复杂，很难用初等办法建立了。如果再涉及可能出现的湍流，那在数学上除了使用数值模拟之外，我们几乎就无法进行分析了。

这么说来，您忽略这个气流，是因为它不容易分析，还是因为它不是主要因素呢？

基于这个问题的背景，二者兼有吧。研究水温下降一般不需要很高的精度，而且，即使室内有气流，它的持续时间不会很长，强度也不会很高，因此在我们所需要的精度下，对热扩散的影响可以忽略不计。这时，如果再考虑气流的影响，花费大量的精力建立更精确但烦琐得多的数学模型，从结果上看，和原来不考虑气流时的简洁的数学模型的精度相差无几，那这样做就事倍功半、得不偿失了。毕竟，解决问题还要考虑时间、机会和精力成本。

这让我想起上次您讲的“奥卡姆剃刀”。所以，在提出基本假设时，我们还应当注意讨论问题所需的精度，在适当的精度范围内，选择既能解决问题又令模型最简洁的基本假设。

你说得很对。

但是，如果基本假设不同，会不会带来不同的结果呢？

好问题！不同的基本假设往往会带来结果的变化。这主要体现在两个方面。一方面是参数的取值。以刚才的水温下降模型为例，假设初始温度不是100℃，而是99.9℃，结果会不会发生很大变化呢？要知道，著名的“蝴蝶效应”可是说“一只南美洲亚马孙河流域热带雨林中的蝴蝶偶尔扇动几下翅膀，可能在两周后引起美国得克萨斯的一场龙卷风”！

我听说过这个故事，它是美国气象学家洛伦兹在 1963 年首先提出来的。他用这个生动的故事来说明，在某些系统中，事物的发展强烈依赖于初始条件，以至于初始条件的微小偏差就会引起结果的巨大差异。
但是，像初始室温这种参数，取值肯定是测量出来的，物理课上老师讲过，只要是测量，就难免会有误差。如果这个微小的误差会带来结果的巨大变化，那刚才的模型就失去意义了啊！

没错，这是个大问题，所以在数学建模的诸多步骤中，我们才需要在模型求解后的模型检验过程中进行关键参数的“灵敏性分析”（也叫鲁棒性分析）——观察当关键参数上下波动时，结果的变化幅度有多大。关于灵敏性分析，我们将会在后面专门讨论。

明白了！您刚才说，不同的基本假设带来的结果变化体现在两个方面，那另一方面又是什么呢？

另一方面在于，对系统结构的不同假设也会带来模型和结果的变化。我们举一个简单的例子，一个机器中有三个零部件，每个零部件的失灵概率为 p。假设这三个零部件是串联关系，并且它们是否失灵是相互独立的，那么只有当每个零件都不失灵时，整个机器才能正常运行。根据高中概率知识计算可得，机器在这种情况下正常运行的概率为：

$$P_{串}=(1-p)^3$$

假设这三个零部件是并联关系，并且它们是否失灵是相互独立的，那么只要有一个零部件没有失灵，整个机器就不会失灵，计算可得，机器在这种情况下正常运行的概率为：

$$P_{并} = 1 - p^3$$

假设这三个零部件是否失灵不是相互独立的，而是只要有一个零部件损坏，其他两个零部件就一定会损坏，那么计算可得，机器在这种情况下正常运行的概率为：

$$P_{相关} = 1 - p$$

由此可见，对于系统结构的不同假设，可能会引起模型的明显变化。

那应该如何确定基于系统结构的基本假设呢?

当然，我们需要深入问题所处的环境，去了解一些背景知识。这就像现代生理学要建立在哈维的解剖学方法基础上——不解剖，只靠想象，是无法获得关于生理系统结构的科学认知的。

但这种观察的结论恐怕会因不同的时期、观测手段和观测者水平而有所不同，这么一来，如何确保自己的观察结论是科学的呢?

只要经过"解剖式"的深入了解，尽最大努力得到自己认为最合理的观察结论，那么这个结论就可以被认为是科学的，因为科学的特征不是"没有错误"和"完美无瑕"，而是"可证伪"。事实上，历史上所有的理论都只是渐近真理，我们没有资格也没有理由说它们"不科学"。

您从一开始就在强调，"可证伪"的模型才具有科学性，那我岂不是乱说点什么都可以作为基本假设建立模型了?

有点儿道理，只要是可证伪的，就能被视为科学的。

可证伪性是著名科学哲学家卡尔·波普尔在其著作《猜想与反驳：科学知识的增长》中提出的概念，完整叙述起来是："从一个理论推导出来的结论（解释、预见）在逻辑上或原则上要有与一个或一组观察陈述发生冲突或抵触的可能。"多年来，"可证伪性"早已成为科学共同体对于科学的共识。

但"科学的"不见得是"有用的"，也不见得是能解决现实问题的。科学的传统并不是解决现实问题，但是，我们建立数学模型的很大一部分动力在于解决现实问题，或者挖掘自然界或社会的本质规律。也就是说，你随便提了几条基本假设，然后基于这些基本假设建立一个数学模型，这是科学——毋庸置疑，但它不见得能够解决现实问题，或揭示自然和社会规律。

啊？那数学建模岂不就能“胡说”了？

那倒不是。数学建模在建立和求解模型之后，迫切需要另一个步骤——“模型检验”。如果你建立数学模型是为了解决现实问题，那就需要将其放回现实情境中检验，能经过检验才是好的模型；如果你建立模型是为了挖掘自然或社会规律，那就需要通过进一步实验来检验，能通过检验才算是揭示了自然或社会规律。所以，“基本假设”和“模型检验”天生就是一对孪生兄弟——没有基本假设，模型检验就失去了必要性；没有模型检验，基本假设就可能导致“科学地胡说八道”的模型。

噢，原来如此。我想起一个例子，似乎和您刚才说的有一定联系。以前，人们认为地球是平的，从这条基本假设引申出很多“平地球地理学”，但经过航海检验后，大家发现地球是球形的，所以“地球是平的”就不能被视作很好的“基本假设”。

你的思路是对的，但这个例子不好。实际上，古希腊人就已经认为地球是球形的了，只是古代东方文明和基督教创立初期的一些地区觉得地球是平的。比如，中国有句古话：“以天为盖地为庐。”即使如此，我们也不能责怪古人，因为按照当时的哲学观点和观测技术，“地球是平的”是一个符合生活经验的结论，在当时具有一定科学价值，能指导人们在一定精度下解决问题。我们不能简单地以现代人的视角看待古人的事迹，否则就会觉得古人爱“说胡话”，这样一来，人类文明波澜壮阔的历程中无数学者、先贤不断迭代思想、孕育科学的过程，就成了“对显而易见的错误的纠正”，这是对其伟大思想的贬低。实际上，在古代，无论是古希腊文明认为地球是球形的，还是古代东方文明认为地球是平的，都是基于当时相应区域人们的哲学观点及现实经验所得到的结论，都“显而易见是正确的事情”，也都具有在一定精度内解决问题的非凡潜力，所以这些观点都是伟大的思想。

您是说，基本假设还可能包含着人们的世界观和哲学观?

是的。天文学的发展历程中有一个更恰当的例子。古希腊人觉得地球是球形的，认为漫天繁星按其等级镶嵌在与地球同球心的半径不同的若干球面上，并随着天球运动而运动。这条基本假设十分精妙，根据它构建的“天球运动模型”能解释一些当时的天文学观测。直到后来，随着观测数据越来越多，一些天文现象已经不能通过天球说来解释，这时候又出现了流行了一千五百多年的“本轮－均轮系统”。托勒密的《天文学大成》描述了这一理论，随后它被传入阿拉伯地区，后来又传回欧洲。再后来，开普勒基于第谷留存下来的庞大天文学观测数据，天才地引入了椭圆轨道。牛顿又在《自然哲学的数学原理》中给出了数学证明，从而奠定了现代天文学的基本构架。

在这个过程中，无论是天球运动模型、本轮－均轮系统，还是椭圆轨道模型，都是伟大的科学进步。这些模型都基于不同的哲学观点，并依赖于相应时期人类社会的哲思环境。虽然其中一些理论被迭代、更新，甚至被尘封，但它们所展现的人类追求真理的智慧、勇气、思辨力与创造力，将永远被镌刻在人类文明的丰碑上，激励着后人在科学探索的路上前仆后继。

我明白啦！我总结一下今天的收获。

首先，基本假设对于数学模型而言起到“公理系统”的作用，模型的建立和求解基于基本假设。基本假设是数学模型“可证伪性”的保证。基本假设可以来自对问题解剖式的实验观察或现实经验，也可以来自合理假想的理想情况，还可以来自系统结构。

其次，我们在提出基本假设时，还应当注意讨论问题所需的精度，在适当的精度范围内选择能解决问题的、使模型最简洁的基本假设。不仅如此，基本假设中还蕴含着建模者看待问题的哲学视角，而后者以科学共同体中的哲思环境为基础。

最后，提出基本假设时不能把结论当成假设，这样就丧失了可证伪性。不同基本假设可能导致不同的模型，所以。我们需要配合模型检验及灵敏性分析，反过来审视基本假设的合理性。

我觉得你总结得很好，加油！

对话 6：

基本假设（2）

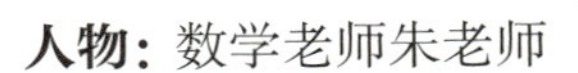

人物： 数学老师朱老师 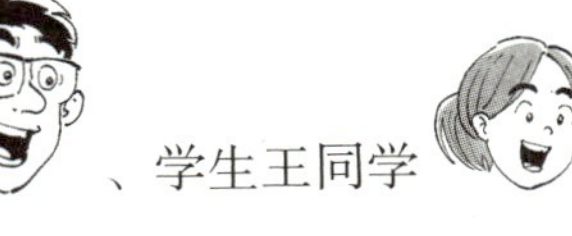 、学生王同学

朱老师，经过上次的讨论，我理解了基本假设的必要性及其内涵。那么，您有什么实操性的办法？有没有能让我参考的流程？在实际建立基本假设的时候，我还需要注意些什么？

有很多学生甚至老师，一接触到数学建模，就恨不得马上讨来一个“万能列表”，希望照着这个列表，机械性地逐条去做，他们以为，这样就能做好数学建模的每一步，但这是完全不可能的。

问题是复杂的，人也是复杂的，数学建模是复杂的人去解决复杂的问题，所以，这样的列表并不存在。当我们理解了基本假设的内涵之后，需要主动地思考如何达成它的内在要求。你还记得上次我们提到基本假设要根植于什么吗？

根植于所研究的问题背景，界定讨论和分析问题的范围及环境。

对。针对这一条要求，不同的人在面对不同的课题时，就需要做不同的准备。如果一位植物学家想要建立一个数学模型去分析某种植物的某种属性，由于他对该植物的生长特性十分熟悉，可能仅需要调用以往的知识和经验，就足以将问题界定在一个明确且适合的范围内。但如果一个高中生要针对同一个问题建立数学模型，由于缺乏相应的专业知识和研究经验，他就必须查阅文献，如书籍、论文、杂志……

那我该如何获取这些文献呢？

你可以在互联网上寻找一些合法资源。但有时候，我们在搜索引擎的检索栏内输入关键词、查找相关的文献和知识时，搜索结果“前排”显示的大多是没什么价值的信息，甚至可能还有一堆广告。但是，你可以通过增加检索关键词的方法，改善搜索结果。假如你想查找关于“无土栽培”的文献和知识，你就可以加上 PDF、WORD、PPT 等关键词，比如输入“无土栽培 PDF”。很多文献和资料是以这三种格式制作并公开的，这样更容易找到详细的技术文档、课件、专著或论文。

查找文献是第一步，拿到文献后，你要做什么呢？

当然是阅读文献啦！

文献浩如烟海，不少文献之间的观点还不尽相同，甚至会出现观点相悖的情况。你该怎么办？

这……

对于中学生而言，阅读文献不是目的而是途径。阅读文献的目的有三个：

(1) 了解课题的相关专业背景及其研究的问题内涵，尤其是明确主要因素和次要因素；

(2) 了解相关课题的研究进展和前人的主流研究方法；

(3) 了解该课题当前的基本困境，以及大家所采取的突破的尝试。

了解了这三点，阅读文献的目的就达到了。在此基础上进行基本假设，就不再是闭门造车、凭空捏造，而是有理有据、方向明确了，这对于后面的模型建立有举足轻重、事半功倍的作用。

明白了，通过检索文献，结合生活经验及研究目标，我们能够更好地确定主要因素，了解相关的研究方法和研究现状。但是，如何处理那些次要因素呢？需要在基本假设中明确指出忽略它们吗？

如果你确实要忽略一些因素，但无法根据生活常识判断它们是次要因素，那么，你不仅需要在基本假设中分条目特别指出这些因素，还需要充分解释它

们为什么是次要的。但是，那些明显和所研究问题关系不大的因素，你就无须事无巨细地列在基本假设中了。比如，如果你要研究生长素浓度和植物发芽率的关系，而某条基本假设却是“不考虑今天早上我吃了包子”，那就完全没有必要了。

无论何时都要忽略次要因素吗？

不一定。有时候，次要因素并不一定不起作用，只是我们选择不去关注它。例如，在研究生长素浓度和植物发芽率关系的问题时，一般做实验时会秉承控制变量的思想，即实验组和对照组都保持同样的环境条件（温度、湿度、光照和养分等）。反映在基本假设中，我们就不一定选择忽略它们，而是将其假设为常数或常量。

再比如，在马尔萨斯建立的指数型函数人口模型中，人类的净增长率（出生率减去死亡率）就被看作常数。当然，这个模型不适合人口众多的情况，却能在人口发展的初期做出很好的解释和预测。如果你观察我国在1949 ~ 1970 年前 7 次人口户籍统计数据，就会明显看到它们分布在一个指数型函数的周围（图 6-1）。

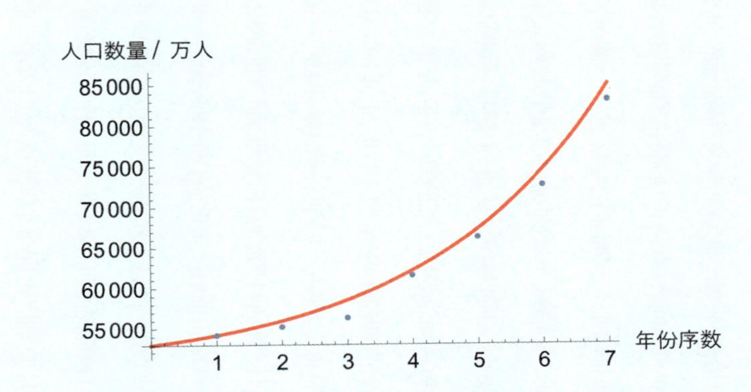

图 6-1 1949 ~ 1970 年前 7 次人口户籍统计数据呈现指数型函数特征，其中“年份序数”指人口户籍统计次序

这么说来，同样的因素被看成常量还是变量，还需要结合研究的范围、精度和目标来判断吗？

是的，我们在上次对话中也提到过这一点。

做基本假设主要就是区分主要和次要因素吗？

不完全是。其实还需要结合对问题背景的了解，和想要采取的方法，对所要建立模型的范式做出假设。

对范式做出假设？

是的。范式包括但不限于：哪些主要因素是自变量？哪些是因变量？哪些是参数？它们的变化是连续的还是离散的？如果涉及概率问题或者规则问题，是否可以通过对数据的观察或对文献的梳理，总结出其服从的分布特征或运行法则？

一旦确定这些因素，就要把它们都列在基本假设中，作为支撑后续数学模型建立的“公理体系”。

您能举一个具体例子吗？

还是以人口模型为例，当我们尝试用数学关系式表达某个时刻的人口数量对当前时刻人口变化速度的影响时，就是将人口变化速度看成因变量，将人口数量看成自变量，将人口的净增长率看成参数。人口虽然是离散变化的，但是相对于我们研究问题所需要的精度（万人），其变化的最小单位（1人）近似于可忽略的“无穷小量”，所以我们可以假设，人口数量是随时间变化的连续函数；又由于可导函数类在连续函数类中具有稠密性，因此我们可以假设这个连续函数是可导的。这样一来，我们就可以使用微分方程的方法来构建数学模型。然而，如果我们不做这个假设，就不能使用微分方程的方法来构建模型，但使用数列递推的方法来构建递推模型也能达到很好的效果。另外，如果我们仅研究人口发展初期的人口变化规律，由于此时资源相对充裕，就可以假设净增长率为定值（不考虑资源限制的影响，仅由人口作为生物的自然增长率决定），此时就会构建出“当前人口增加数量 = 人口净增长率常数 × 当前人口数量”的正比例关系式，进而推导出指数增长模型。但是，如果考虑长期情况下资源对人口数量的限制，就需要假设净增长率随着人口数量增加而逐渐减少（因为随着人口的增加，资源对人口的反向限制开

始凸显），此时建立的就不再是指数增长模型，而是 S 型增长模型。这里关于净增长率是否是定值的假设，就属于对事物发展规律的假设。

明白啦！针对范式的假设就是厘定因变量、自变量及其关系，以及事物发展规律的假设。

不仅如此，尤其是在现实世界事物发展的过程中，即使某个量是变量，例如小区水管道中的实时水流速度、商场实时用电功率，等等，人们往往也需要对其界定一个合理的范围。

界定范围的目的是什么呢？

许多数学模型是优化模型，或者可以转化为优化模型。当我们优化一个事物时，如果不对变量加以限制，就很容易得到一些没有意义的结果。例如：怎样才能让小孩子尽快长高呢？如果不加限制，那么无限制地摄入食物和营养素就可以了。但这显然是不可能的，就算不考虑健康隐患，光是孩子的胃就承受不了这么大的负荷。因此，我们需要查找相关资料，确定相应年龄段的儿童平均每天的正常饮食量的范围，并将其作为约束条件，这也应该反映在基本假设中。

听您这么一说，我咋感觉基本假设一旦做好，数学模型的框架就搭得差不多了？

就是这样！就像《几何原本》中的公理体系，一旦搭建好，所有的定理无论是否已经被发现，它们在逻辑上都是客观存在的，只是还有一些等待着人们去发现和证明而已。类似地，基本假设一旦建立得足够充分和恰当，那么数学模型就只差将你的想法表达成一些形式化的方程，并通过数学演绎推导出不能直接观察到的那些结论了。一套完善的基本假设能使数学建模过程变得十分优雅且高效，一套不完善的基本假设会使建模过程举步维艰，甚至导致模型自相矛盾。

为了防止模型自相矛盾，是不是需要首先保证基本假设就不能自相矛盾？

这是当然。如果学习过高中的简易逻辑，你就会知道，从一个假命题可以推出一切命题，无论真假。例如，从 1=0 可以推出 2022=1900，推导过程很简单：将 1=0 两边乘以 122，可推出 122=0；等式两边再同时加 1900，即可得到 2022=1900。但这个结论显然是荒谬的——本质上是因为空集能够推出全集，由逆否命题很容易看到这一点，因为空集为一切集合的子集。

原来，高中时学习的简易逻辑还能帮助我们这么看待问题，我还以为除了考试没啥用呢！

根据康德和庞加莱的观点，整个数学可以通过逻辑和先验综合判断（在不严格的情况下，可以简单理解为全归纳原理）这两个互相不包含的方面联合推出。所以，用好逻辑自然能够帮助我们在数学上少走弯路。

上次您也提到了，基本假设是否完全合理，有时候是无法在基本假设这个环节确知的，而是要等到模型建立和求解之后的检验环节才能确知。那是不是意味着，基本假设往往不是一蹴而就的，而是需要不断试错、反复修订呢?

特别对！数学建模的过程不是“流程”，哪怕每一步都很有道理，也不是“走一遍就一定能到达终点”。这是因为，数学建模研究的是新的问题和现象，里面总会含有我们尚不清楚的内容，所以我们很可能在自以为“很有道理”的地方犯下“自以为是”的错误。

大自然的规律不以人的意志而转移，我们的工作是通过数学模型去探索大自然的规律，而非将自己建立的数学模型强加给大自然，并说成是它的规律。人类历史上有很多次科学观念的改革，每一次都可以被看作科学研究范式的变化，而这些变化就是科学共同体秉承的基本假设的改变。

修订后的基本假设，人们在未来很可能还会发现其中的问题。

对，科学永无止境，因为人们对于真理的探索永无终点。我个人认为，真理只能被渐进地理解，但永远不可能达到彼岸。人类在现象之海中的自我觉醒和“摆渡”是一个永恒的过程，而这个永恒的过程本身，就具有不朽的意义。

对话7：
数据收集

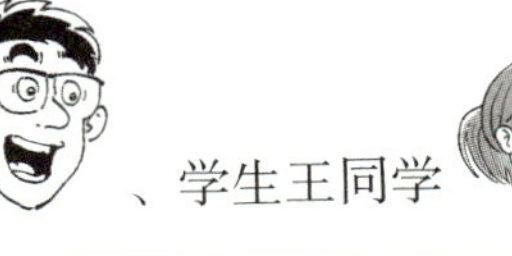

人物： 数学老师朱老师、学生王同学

朱老师，您之前说过，对于中学生而言，数学建模更多的是解决现实生活中的实际问题。那么在解决现实问题时，数据的收集是不是必需的呀？

确实是必需的。实际上，数据的收集过程不仅体现了因素分析和基本假设的阶段性成果，其合理性也是模型有效性的直接保障。

但是我觉得数据收集并不那么重要，既然叫“数学建模”，肯定是建立数学关系式模型更重要。

二者都很重要，并且很难说谁更重要。任何现象都有无穷多的方面，既然分析和解决问题需要建立数学模型，那么这个问题就一定是建模者遇到的新问题，一定含有以前没遇到过的新现象、新痛点或新规律，这些新方面不可能通过先验假设或以往经验完全确定，隐藏在定量的数据背后等待人们去挖掘。也就是说，如果不去收集数据，我们就往往难以发现这些新方面，或难以合理描述它们。

那什么时候收集数据？又该收集什么样的数据呢？

要解答这两个问题，就需要回到收集数据的目的上来。一般而言，收集数据有五个用处：（1）为已有研究策略和研究框架增添具体内容；（2）定量反映关键要素的数量变化规律，及要素之间的关系变化规律；（3）从数据所反映的模式中获得进一步完善研究策略和研究框架的启发；（4）为验证模型的有效性提供材料；（5）在没有思绪时提供启发式的观察素材。

您能展开解释一下吗？

可以。首先要明确的是，在收集数据之前，一定要首先建立一个哪怕粗糙的问题研究策略或研究框架，甚至做好部分机理的探查和试错工作。这就好像在为了做饭去菜市场买菜之前，首先得对要做什么菜、需要什么原料或配料、如何使用这些材料有一个大概的计划，否则就会在做饭过程中出现一会儿缺这个原料、一会儿少那个配料的尴尬情况。

但是我觉得，在研究人口问题时肯定要收集人口数据呀。那么在收集数据之前，是不是就没有必要建立这种策略或框架了啊？

完全不是！针对人口问题，有很多方面值得研究。即使是研究人口总数的数量变化，肯定要收集人口总量的数据，也需要在收集数据之前确定基本研究策略——如果研究策略是用离散的递推数列去研究人口，收集数据之后关注的就是前一年人口数量和后一年人口数量之间的递推关系，所以我们需要尽可能地收集连续年份的人口总量数据；如果每隔五年收集一次收据，就得不到对前一年人口数量和后一年人口数量的递推关系的观察。如果研究策略是用连续的微分方程模型去研究人口，那么我们依然需要在尽可能小的等时间间隔下获取人口数据，否则无法通过导数的定义获得对某一短期人口变化率和人口总数之间关系的观察。更不用说，如果研究的问题不是人口总数，而是人口在各年龄段的分布，或者人口在各地域之间的迁移，我们就更要事先明确数据到底需要具有什么结构特点，盲目地收集人口数据会导致所需观察的关键信息缺失，事倍功半，甚至得到的结果南辕北辙。

但是，在收集到数据之前，特别是当我们对问题本身没有任何经验时，凭空去想研究策略和研究框架是不是不科学啊？

没错！在具体考察问题本身之前，仅靠闭门造车是无法得到有效的研究策略和研究框架的。但是这和刚才所说的并不矛盾，其中有一个重要的认识：研究策略也好，数据收集也罢，往往不是一蹴而就的，而是需要不断完善和补充的——如果我们对一个问题没有任何经验，那就有必要通过观察数据来获得对规律的初步探查。即使这样，我们也需要在收集数据前思考“收集什么

样的数据才能更好地探查规律”，换句话说，我们需要提前制定一个“收集数据后如何探查规律”的计划。在利用数据探查到一些初步规律之后，我们可以进一步完善研究策略和框架，如有必要，还可以基于完善后的研究策略和框架，进一步收集新的数据。

这好像“鸡生蛋、蛋生鸡”的问题啊，到底是先有鸡还是先有蛋呢？

准确来说，这不是一个合理的问题，因为鸡和蛋都在这个过程中不断进化迭代。在数据收集中也一样，首先，一定是对问题的研究欲催生了对数据的需求，这个需求可能很粗糙，也可能很具体。无论如何，引起好奇心的绝对不是这些数据本身，而是这些数据背后的规律，所以我们在收集数据前就需要制定一个研究策略。如果按照该研究策略收集到的数据展示了我们未曾想到的新规律，这将促使我们改良已有的研究策略，得到更加符合现实的研究策略，也可能引导我们收集新的数据——这并非原地打转的过程，正相反，这才是研究的过程。在这样的过程中，我们不断获得更加重要的信息，改良研究策略，并深化对问题的认识。

那我可以说，收集数据过程的完善和问题研究策略的完善，是同步进行且相互促进的两条线路吗？

可以，你的这个总结很好。

您刚才还提到，收集数据有时是为了检验模型的有效性，您是不是指将某些数据代入模型中，检查模型的结果是否足够吻合？

要搞清楚这个问题，其实需要从哲学和科学史上寻求帮助。函数的概念产生于笛卡儿之后，这是为什么呢？在笛卡儿之前，在孕育现代数学体系的西方文明的哲学思想中，人们很排斥甚至鄙视定量研究。古典的看法讲究探求物质的“本性”。比如石头为什么向“下”掉？是因为石头是“土”性的，具有回归大地的欲望，进而要向“下”掉；气体为什么向“上”升？是因为气体是“气”性的，所以要回归天空，进而要向上“升”。在这种“物性自然”

的理论框架下，研究变化的定量规律意义不大，这是因为物体总要回到它本性所在的世界。因此，运动和变化既是物体的自发行为，却也会在物体回归本性的时刻终结。这种哲学范式自然有其不能解释之处，隐藏着危机，但总的来说仍能较为成功地解释人类在日常生活中观察到的大量现象，所以一直被视为主流意识。直到笛卡儿之后，机械论的哲学范式逐渐取代“物性自然”的哲学范式，得以确立，并在长达两个世纪中推动了人类工业文明迅猛增长，促进了科学、技术与社会财富的爆炸式积累。

但这和模型的检验有什么关系呢？

在机械论的哲学观点下，万物都被放置在统一的刻度纸上，以粒子的聚合体为表象相互作用，事物之间遵循确定的法则，从而产生可预期的相互关联和对应关系，函数的概念应运而生，用来承载数学上的定量演绎结构。一个函数能否准确反映现实中的对应关系，取决于现实数据被代入函数后是否在数值上吻合。

这就意味着，可以用“将数据代入模型来检查模型的结果是否吻合”的办法来检验模型的有效性。

这个说法还不完整。直到 19 世纪费尔巴哈的形而上学唯物主义，机械论一直展现着它的生命力。但接下来，哲学的范式又一次改变了，人们发现尽管世界是由微观粒子构成的，但由于微观世界被统计和概率的现象支配，微观规则引发的宏观现象又往往会涌现出高度复杂性，甚至变得不可计算和预测，所以机械论并不能很好地解释世界。

那样的话，用这个办法来检验模型的有效性就失去了稳固的哲学基础。

说得对！严格地将“模型能否很好地吻合数据”作为模型有效性的评判标准是不合理的，有时候会带来荒谬的结论——假如我们考察 2013 ~ 2022 年这 10 年全世界人口的数据，很容易构造一个 9 次多项式函数，它的函数图像能完美地经过每一个数据点，因为 9 次多项式有 10 个待定参数，而我们

恰好有 10 个数据点，每个点对应 1 个方程，10 个点对应 10 个方程，根据线性代数的相关理论，这个方程组一定有唯一解。但是，如果多考虑一年，即 2012 ~ 2022 年这 11 年间的人口数据，我们就需要用到 10 次多项式函数，才能使得它的函数图像完美通过这 11 个数据点。这是很荒谬的事情，仅仅多考虑了一年的数据，全世界人口数量的变化规律就从 9 次多项式函数提升为 10 次多项式函数了，而对于人类来说，这段时间内并没有发生实质性的变化。

那既然以“模型能否很好地吻合数据”作为模型有效性的评判标准不合理，您说收集数据的一个用处是验证模型有效性，不就没有道理了吗？

验证模型的有效性，并不见得一定以“模型能否很好地吻合数据”作为唯一的判断标准。

但是这似乎是最有说服力的标准啊！

我们说一个模型有效，并不只是说它能很好地吻合我们所获得的数据。因为数据中一定含有误差和环境的随机影响（也被称为随机噪声），所以我们不能将数据看成单一规律的绝对反映，收集数据本身也是一种对真理的近似观察。既然数据并不是客观真理，那么我们的模型反映数据越精确，有时候反而就越远离要探查的规律本身，引入了数据中的误差和随机噪声。正因如此，利用数据去验证模型的有效性，主要是关注模型所提出的“范式”是否合理，而非“规则”是否精确。也就是说，数据的吻合程度最多只能作为一个参考方面，且往往不必过于精确（那些需要探测微观世界的实验检测除外）。

这里您说的“范式”和“规则”又有什么区别呢？

这两个词语是科学哲学用语，我在此进行了借用。所谓的“合理的范式”，指的是那些能够在很大程度上解释现实现象、参数具有明确的现实意义、不拘泥于细节差异、简洁高效的科学共同体的共识。而“精确的规则”指的是那些因过分苛求数量上的精确吻合而丧失了参数现实意义和可解释性的死板

法则。我认为好的模型是"合理的范式"，即它能在一定程度上反映数据的变化趋势，同时必须具有机理上的可解释性，具体表现为：量纲不会出现混乱，运算对应现实过程，参数具有现实意义等。

我明白了，通过数学模型对数据的拟合效果来评估模型的有效性，只能算作一个方面，不能以偏概全、吹毛求疵，否则会将数据中必然存在的误差和随机噪声带入模型中。

你总结得很好。

刚才您提到，数据收集过程中往往带有误差，会不会有人出于某种目的故意篡改数据呢？我们又该如何分辨这种经过恶意篡改的数据呢？

这很有可能。但真正危险的并不是这些被"恶意篡改"的数据，因为它们早晚会被拆穿，被发现与现实规律相悖。真正危害较大的反而是那些"好心办坏事"收集来的真实数据——出于某些原因，收集到的数据只能反映现实的某个侧面，而忽略了其他方面。数据收集者可能根本没有意识到收集数据的方法是错误的，又由于收集来的数据都是真实数据，所以往往从道德和技术两方面都不忍指责其错误，甚至被继承下来。这种错误被称为"统计偏差"。

我以前看过一本书，叫《赤裸裸的统计学》[①]，里面就描述了统计偏差。

不错，同样参考这本书，我将统计偏差归为五类，分别是"选择偏差""发表偏差""记忆偏差""幸存者偏差"和"健康用户偏差"。我们分别举例来说明它们。比如某个音乐论坛发起了一个投票，问题是"工作时听音乐是否对工作有积极影响"，这个投票的结果就具有选择偏差——有的人喜欢听音乐，有的人不喜欢听音乐，登录音乐论坛的人大多数是喜欢听音乐的用户，所以这个投票在开始前就进行了一次用户的筛选，这就会导致投票结果的偏差，即选择偏差。

① 《赤裸裸的统计学：除去大数据的枯燥外衣，呈现真实的数字之美》，查尔斯·惠伦著，曹槟译，中信出版集团，2013。

那“发表偏差”呢？

比如，社会上总有些人持一种论调，即“学习好的人将来要给学习不好的人打工，因为后者都成为企业家了”，这就是典型的“发表偏差”和“幸存者偏差”——媒体喜欢报道那些学习很差但是“逆袭”成为企业家的故事，因为这些故事往往迎合了大众的猎奇心态，更能吸引人们的眼球。长此以往，人们就只关注到那些当了企业家且学习很差的人，却忽略了还有很多当了企业家且学习很好的人。然而，大多数人无论学习好不好，都很难成为企业家。

那“记忆偏差”呢？

记忆偏差往往发生在用从前的经历解释特别好或特别坏的当前结果时。如果有人夸赞你：你的数学成绩真好，你是不是以前上小学时喜欢思考和问问题？这时候，即便你已经忘记自己小学时的确切行为，大概率也会“赞同”自己曾经具有这些“习惯”，因为这些习惯符合人们的传统认识，反过来影响了你对记忆的提取和处理。再比如你在期末考试中成绩不理想，当被问起是否考前没有好好复习时，你会倾向于回忆自己没有好好复习的时刻，而刻意忽略自己认真复习的时刻。这些都是当前结果对记忆产生了反向影响而造成的偏差。

那“健康用户偏差”又是什么呢？

“健康用户偏差”可能更加隐蔽。例如，我们很容易得到这样的结论：“饭前便后洗手的人更不容易迟到。”误将“饭前便后洗手”作为不会迟到的原因，但二者并没有直接的因果关系——饭前便后洗手的人往往具有更好的生活习惯，而生活习惯更好的人往往不爱迟到。

那这些偏差该如何避免呢？

这就不得不提到“大数据”的“3V 特征”——“大量性”（volume）、“多样性”（variety）和“高速性”（velocity）。我们可以将三个特征迁移过来，作为对于收集数据的要求。“大量性”是指数据量相对于讨论问题所需的数据量而言要充分、足够；“多样性”是指收集数据时要尽可能照顾到每个可能的侧面，不能以偏概全；“高速性”是指数据相对于所讨论的问题不能过于陈旧，需要与时俱进，面对具有时间属性的问题时更是如此。一般而言，收集具有 3V 特征的数据比较不容易出现上述统计偏差。

原来如此！看来收集数据的时候还真得小心一些，不然自己都不知道犯了错误！我还有一个问题：您刚才提到收集数据的五个用处中包括“在没有思绪时提供启发式的观察素材”，但是我们具体用什么方式从所收集的数据中获得这种素材呢？

对于这个问题，其实有一些中学生就可以使用的典型办法。例如，如果收集到的数据是一串具有时间先后顺序的数列（也叫时间序列），那么我们就可以尝试依次对相邻的几个数取平均数，这样做就可以过滤掉短期的数据波动，突出展现中长期的数据变化趋势。我们也可以对得到的时间序列进行差分（即顺次求前后两项之差），观察相邻两项的变化量序列和原序列的定性关系（正相关、负相关、成倍数关系，等等），为此，我们往往可以把差分数列和原数列放入同一个平面直角坐标系中，进行直观观察。如果收集到一堆没有时间先后顺序的数据，那么我们往往可以首先尝试将它们根据彼此之间的距离分类，适合中学生使用的无监督分类方法是 k 均值聚类（k-Means），这个方法的原理及其示例可在互联网上很容易检索到，这里不再赘述。如果看不出分类中有什么端倪，那么我们可以尝试寻找数据的“主方向”，直观上来说，就是旋转通过数据重心（即所有数据的坐标的平均坐标点）的直线，找到哪一条直线具有最好的数据分离性（即数据点垂直投影到该直线上的投影点尽可能地分散）。需要注意的是，这个结果不见得和线性回归的结果一致。我们还可以从量纲和数量级的角度去挖掘数据之间的关系，这方面在北京师范大学刘来福教授主编的《高中数学建模》中有比较详细的讲述。

原来还有这么多观察方法，我以前只知道把数据点画在平面直角坐标系中，然后去看散点图，或者做线性回归，看一下增减趋势。

历史上许多科学发现都源自对数据的合理使用，例如开普勒的老师——第谷就是伟大的观测大师，如果没有第谷留下来的大量天文观测数据，就不会有开普勒三大定律（椭圆定律、面积定律及调和定律）的发现，进而也就不会有牛顿基于开普勒三大定律对万有引力定律的证明。同时，数据在历史上还承担着“无声质疑者”的角色，亚里士多德“物性自然”的自然哲学无法解释抛体运动，后来，伽利略通过运动的分解和定量实验给出了抛体运动的合理解释，并最终推动牛顿惯性定律的发现。可以说，虽然数据是“没有生命的存在”，但它作为大自然的“代言人”，承担着在自然与人类之间传话的职责。虽然这位代言人有时候会说一点儿小谎（误差和随机噪声），人类有时候也会戴上“带有统计偏差的有色眼镜”，但数据依然留给人类机会，通过数据之言来探查自然的规律。这大约是大自然给予人类的最浪漫的“优待”。

对话 8:

关系本体论、假设与检验和多模型思维

人物: 数学老师朱老师  、学生王同学 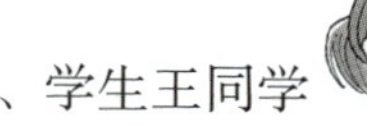

朱老师，您说的数学建模素养包括哪些具体的方法呢?

你能解释一下“具体的方法”指什么吗?

就像做数学习题一样，只要练习了相应的方法，就能解决相应的问题。比如，只要学会了错位相减法，就能解决所有等差乘等比型数列的前 n 项求和问题。

我认为数学建模中并不存在这种立竿见影的“具体方法”，因为数学建模和做数学习题不同，不能通过学习某个“方法集”，实现数学建模素养的提升。

……这让我觉得数学建模素养有点儿虚无缥缈，缺少具体的抓手。

并不是这样的。数学建模的目标是用数学的思想方法挖掘自然和社会的本质规律，一个有价值的数学建模课题，或多或少要面对新问题，或者，在新环境对旧问题进行重新解答。这些新问题、新环境往往与旧问题、旧环境存在不可公度性，也就是说，用已有的具体方法，不能完全覆盖新问题和新环境的某些方面。否则，这个问题就不是一个新问题，也并非处于新环境中，它仅仅是旧问题的一个变种而已。

您说得有道理。那当我们面对新问题和新环境的时候，有没有什么可以借鉴的思想方法啊？

可以借鉴的思想方法还是有的，但这些思想方法更像是我们当前的科学共同体所公认的那些看待问题的“视角”或“观点”，而非具体的“规则”或“模式”——就像我们现在公认光具有波粒二象性，我们就会同时用粒子说和波动说的观点去看待光；这并不意味着必须使用特定的实验装置或计算过程，它仅仅是一种科学共同体在现阶段讨论问题的共识，承载了大家暂时认为较为可信的一种世界观。

但正如同样的世界观也会孕育出不同秉性的人一样，在面对新问题、新环境时，我们必须接纳这种灵活性，否则，所有的新问题、新环境都会在旧有规则和模式的约束下，成为对旧问题、旧环境的拙劣模仿。在科学哲学中，这种界定了某个研究领域的合理问题和方法，足够开放以留有尚待解决的问题，且能够吸引一批坚定追随者的思想信念，被称为“范式”。

在数学建模的过程中，可以借鉴的“范式”都有哪些呢？

我认为，除了对通常的数学演绎体系的合理性的假设（即认为我们日常所用的数学具有牢不可破的“地基”，但人们对这一点现在还存在疑虑）之外，至少还可以借鉴如下的十个范式。

(1) 关系本体论。即认为事物之间的关系反映事物的本质。

(2) 先验综合判断与定量检验学说。即认为基本假设必须容纳先验综合判断，且必须用实证数据对模型进行检验，以验证假设和模型的合理性。

(3) 多模型思维。即认为单一模型无法解决复杂问题。

(4) 目标–约束对偶。即认为目标和约束具有相对性和对偶性，将目标看作约束的约束，将约束看作目标的目标。

(5) 数学的三对矛盾。即将数学现象归纳在几何与代数、连续与离散、统计与因果三对矛盾范畴中。这里的矛盾并不意味着对立，而是意味着选择。

(6) 对称守恒律。即认为对称性对应着守恒律，反之亦然。认为对称性意味着不可测量性，而对称性的破缺必须由可测量性印证。

(7) 测量近似与误差放大理论。即认为任何测量和统计都存在偏差；同时认为若不引入新的信息，则误差在信息处理的链条中会单调放大。

(8) 复杂系统的规律涌现性与重整化法则。即认为任何复杂系统都具有可以观察和描述的规律的截影，且认为部分复杂系统的规律（例如分形）会与尺度重整化后的约化系统规律相似。

(9) 最优作用量原理。即认为自然和社会现象总是沿着“耗费最小”或“最稳定”的方式进行，类似于几何中的“测地线”概念。

(10) 迭代进化和熵增原理。即通过迭代可使得某些系统逐渐优化，而一旦有随机性被引入迭代过程，就会导致统计量产生难以避免的发散趋势。

您能逐个展开具体解释一下吗?

我觉得可以多次展开讨论。这次先来讨论前三个范式，即“关系本体论”“先验综合判断与定量检验学说”和“多模型思维”。

“关系本体论”是什么啊?

关系本体论原本是犹太哲学家马丁·布贝尔在 20 世纪 20 年代提出的一种哲学观点。为了理解这种哲学观点，我们需要简要回顾一下西方哲学的变迁——西方古代哲学秉承宇宙本体论，在中世纪则转变为神学本体论，在近代发展为理性本体论。无论如何变迁，到了 20 世纪 20 年代，人们依然认为本体是某种实体。而关系本体论则脱离了“对象本体论”的范畴，认为“本体乃关系”，认为关系先于实体，实体可由关系推出。哲学上对于关系本体论还有争论，但它在自然科学领域和数学领域则已成为公认的范式之一。

对于自然科学和数学来说，“关系本体论”相较于“对象本体论”有什么优势呢?

无论将本体视为宇宙、神学还是理性，对象本体论都陷入了对事物本性的讨论，缺少适应条件及环境的“接口”，容易陷入形而上学或决定论的陷阱。而关系本体论则更关注事物的性质，尤其是与外部世界的交互性质，也就是事物能被外界感知存在的那些性质。这也使得关系本体论可以更方便地利用范畴论的优势，主动地从事物之间的关系网络中获得对事物更本质的理解。

您能举例说明吗？

例如，我们平时说认识一个人，可不是指去解剖这个人，观察他所有的细胞和组分，而是通过与这个人共事和交流，了解这个人的性格和习惯。如果我们解剖他，去观察他身体里不同部分之间的生理机能关系，那我们的目的就不是认识这个人，而是了解他的身体作为有机体的机能。而通过身体不同部分之间的交互来理解它们各自的机能，也是关系本体论在另一层面的认知过程。

如何借鉴关系本体论并将其应用在数学建模中呢？

我自己总结出关系本体论有三个特点：

(1) 成因和发展观，即更关注事物的动因和发展，而非事物的静态现状；

(2) 系统和动力观，即更关注事物间的动力学关系，而非事物各自的孤立状态方程；

(3) 环境和网络观，即更关注事物所处的环境结构，这样更容易观察到系统的特殊例外。

例如，当我们借鉴关系本体论的范式去建立舆论传播的数学模型时，我们不仅会关注单条舆论的状态，还会将舆论放到社会消息网络中，去挖掘这条舆论与其他舆论之间的关系——某条消息在热搜榜上停留的时间，有可能受到其他消息的传播情况的影响，于是这些消息就构成了一个（可能很复杂的）动力学系统。当我们研究清楚了它们是如何互相影响的，也就对它们的传播规律有了很完善的了解，就能明白为什么一条消息会成为头条，又经过多久才会从人们的视野中淡出，我们甚至可以借此调控消息的扩散和传播。同时，舆论显然是通过人的（无论线上还是线下的）社交网络传播的，不同的社交关系网络也会对其传播规律造成明显的影响——显然，在一个人人都认识我，但他们之间互不认识的网络中，我的意志将决定整个网络的消息类型；而在一个人人都互相认识的网络中，撒谎就很难得逞。

那当我面对一个新问题时，如何才能快速定位到有价值的关系上呢？

我认为没有一定之法，但我们可以从如下三个方面去梳理。

(1) 考察变化量和状态量之间的关系，这也可以理解为考察过去量和未来量之间的关系，数列递推模型和微分方程模型就是通过考虑这个方面建立起来的。例如连续版本的人口模型：

$$P'(t)=k\left(1-\frac{P(t)}{M}\right)P(t)$$

其中 $P(t)$ 表示 t 时刻的人口数量，$P'(t)$ 为 $P(t)$ 的导函数。上式通过考虑变化量 $P'(t)$ 和状态量 $P(t)$ 之间的关系，用两种不同方式表示 t 时刻的人口变化速率，得到了平衡方程。同样地，在离散版本的人口模型中

$$P(n+1)-P(n)=k\left(1-\frac{P(n)}{M}\right)P(n)$$

$P(n)$ 表示第 n 年的人口数量。上式也通过考虑变化量 $P(n+1)-P(n)$ 和状态量 $P(n)$ 之间的关系得到了平衡方程。实际上，通过源于导数定义的欧拉近似

$$P(n+1)-P(n)\approx P'(n)$$

可以实现连续版本模型和离散版本模型之间的转化。

(2) 考虑局部量和整体量之间的关系，也可以理解为考虑微观动机与宏观行为之间的关系。诺贝尔经济学奖得主托马斯·谢林的《微观动机与宏观行为》一书中收录了一个模型，用以解释同一间教室里的男、女生会自然分成若干区域就座，而每个区域中只有一种性别的学生的现象。在这个模型的建立过程中，首先关注每个学生个体对异性的“容忍度”，再通过建立男、女生个体行为之间互相影响的机制，得到对宏观现象的解释。类似的考虑微观动机与宏观行为之间关系的数学模型，在现代经济学中屡见不鲜。

(3) 考虑稳定量与波动量之间的关系，也可以理解为考虑中长期趋势与短期波动之间的关系。例如，我们想要研究猪肉价格的变化规律，它包括两个方面：一方面是猪肉价格的长期增长趋势，另一方面是猪肉价格在短期内带有周期特征的波动。要想研究猪肉的价格变化规律，就要搞清楚这两个方面之间的关系。一个可靠的办法是利用滑动窗口法，计算某个中长期时间窗口中的猪肉平均价格，再令时间窗口滑动，这样一来，相当于通过“取平均数”的方式显著消除价格中短期波动的影响，便可获得对中长期价格变化规律的观察。再通过从总价格序列中“减去”中长期规律，便可得到对于短期周期性波动规律的观察。最后，中长期价格增长规律与短期周期性波动叠加在一起，构成了猪肉价格波动规律。类似的思想在分析某些时间序列时很有效。

这三个例子很好地传达了“关系本体论”的思想方法。那么“先验综合判断与定量检验学说”又是什么呢？

“先验综合判断”是德国哲学家康德在他那本伟大的《纯粹理性批判》中提出的理念，可以被粗略认为是“先于经验存在的，不能由经验验证的，增加了新的知识和认识的命题”。我们熟知的那些数学公理都是典型的先验综合判断。再如，对反证法和因果律的承认，也属于先验综合判断的范畴。

先验综合判断既然不能由经验验证，不就是一种人为的主观臆断吗？

你说得没错，这就是主观臆断，而且在逻辑上没有对错之分。例如，我们认为宇宙是没有边界的，这就是先验综合判断，因为没有任何经验和理论能够证实宇宙真的是无界的；但如果我们认为宇宙是有边界的，也不是没有道理，因为同样没有理论去反驳它。认为宇宙无限，就可以推演出一套无限宇宙的世界观；反之，认为宇宙有限，则又可以推演出一套有限宇宙的世界观。

那不就是“公说公有理，婆说婆有理”？世界观就这么随意地产生了，岂不是很危险？

确实很危险，所以才需要约束，也就是“定量检验学说”，即用定量的实验去寻找先验综合判断的可能证据，以确定先验综合判断是否“容易崩塌”。那些经过一些尝试就很容易发现不合理或无法解决问题的先验综合判断，就会被抛弃；而那些能够很好地解释世界并解决问题（或做出一定预测）的先验综合判断，则会被保留一段时间，直到人们发现了新的、足够多的无法忍受的例外。

您能举一个例子吗？

就像在中世纪经院哲学之前，亚里士多德体系对于世界的认识就是“物性自然”——石头之所以会向下落，是因为石头具有“土”性，它有回归“土”性的欲望；水蒸气之所以会向上升，是因为水蒸气具有“气”性，它有回归

“气”性的欲望；物质的本性是不变的，是被神圣所赋予的。这套物性自然的理论可以很好地解释日常生活中大量的现象，所以在很长时间里作为西方共同的世界观基础存在着。但是它有一个重大的例外，就是“抛体运动”——一个物体一会儿向上升，一会儿向下落，其本性发生了变化，不再符合“物性自然”的理念。于是，经过经院哲学的质疑和修补“物性自然”理论的尝试，这一现象最终得以发展为伽利略和牛顿的加速度理论、牛顿的三大运动定律，以及万有引力体系。虽然牛顿的万有引力定律和三大运动定律能够比“物性自然”理念更好地解释现实世界，但它们本质上都含有先验综合判断的成分，不能由经验世界严格证明，其中也会含有例外。到了20世纪初，爱因斯坦相对论体系和量子力学体系则可以被视为对力学和运动学的又一次修补，同样，这次修补也包含了先验综合判断。

为什么一定要包含先验综合判断呢？不包含就不能修补吗？如果找到不包含先验综合判断的修补不是更好吗？

这种愿望是美好的，但在逻辑上并不可能实现。原因很简单，如果不包含任何先验综合判断，我们就只能严格地从经验世界中的实证例子出发，去构建我们对于世界的“博物志”式的描述——这虽然也很有必要，却无法带来新的知识，得到的无非是对已有事物的重新命名，或者对已知现象的同义转述。一旦我们考虑这些实证例子之间的关系，就会难以避免地引入先验综合判断——至少会引入“这两个事物之间是有关系的”这种先验综合判断。这一点在庞加莱的《科学与假设》中也给出了论述，只不过庞加莱将这种先验综合判断在形式上演化为（可能等价的）全归纳原理。庞加莱指出，即使在数学上，亦不能完全由纯粹逻辑搭建出所有的数学知识，数学的基础绕不开“全归纳原理”。

我理解“先验综合判断与定量检验学说”，有点儿像胡适说的“大胆假设，小心求证”。

二者是有共通之处的。胡适的导师是实用主义哲学家杜威，实用主义哲学可以被看作“先验综合判断与定量检验学说”的放大版本，不仅认为所有的假设都必须经过实践检验，而且认为“经验是本体”。所以实用主义和我们前面所说的“关系本体论”并不相容，不适用于现代数学建模过程。

“多模型思维”又指的是什么呢?

多模型思维指的是“单一模型无法解决复杂问题”。

之前讲过的人口模型不就是单一模型吗?为什么还说单一模型无法解决问题呢?

第一，不同的模型会提供不同的视角，刚才建立的人口模型其实假设了资源有限，且资源随人口的增加线性减少。如果换一个新的环境，例如一个资源对于人口来说十分充足的国家，则可以暂不考虑资源对人口的影响，我们就会得到另一个截然不同的数学模型。

第二，不同的模型承担着不同的分工。刚才的人口模型研究的是人口总数的变化规律，如果要研究不同年龄段人口数量的变化规律，就得重新建立另一个模型，以实现所需要的功能。

第三，不同的模型会启发不同的思考。如果我们建立一个引入了人群之间距离和社交网络结构的人口模型，那么就可以探索人口密度和人际关系网络对人口数量变化的影响，从而得到对新方面的观察。数学模型有时就像我们观察世界的眼镜，镜片变了颜色，看到的景象和内心的感受自然也会随之变化。

第四，不同模型串引不同结构。如果我们建立一个讨论不同年龄段人口数量分布的模型，就要考虑若干子模型——各个年龄段自身的人口数量变化特点。不仅如此，还要将这些子模型“黏合”为一个整体，而“黏合”往往不是简单的相加或堆叠，而是要建立一个能描述各个年龄段之间人口数量关系的子模型。这个“黏合”模型的目的和作用，就是将若干局部观察整合为对整体的观察。由于我们熟知的原因，“局部经过有机整合后所得的整体模型”往往会呈现出“简单地堆叠到一起的模型”所没有的性质，因此起到整合作用的“黏合”模型就变得举足轻重了。

如果我就是想看某个具体国家人口总数的变化规律呢?这个国家的情况完全确定下来了，这样一来，视角就完全确定了，无须让其他方面的模型来分工，也不想得到其他方面的思考，更用不着将子模型黏合起来。面对这样的问题，多模型思维是不是就失去价值了?

也不尽然。首先，如果将约束条件限制在一个狭窄的范围里，那么这个问题就不能再被称为“复杂问题”了。其次，即使是简单的问题，通过思考和对比不同类型的模型，往往能选择出最适合的那个，进而提升解决的精度和效率。这就好像数学习题中的一题多解情况——题目可能并不难，用很多方法都能一步到位地解决，即使如此，对比这些不同方法，也能为将来解决类似问题提供优化经验。

原来如此，看来多模型思维确实很有借鉴意义。

对话 9:

目标 – 约束对偶和数学的三对矛盾

人物: 数学老师朱老师  、学生王同学 

上次向您请教了三个范式——“关系本体论”“先验综合判断与定量检验学说”“多模型思维”。这次，我该向您请教“目标 – 约束对偶”和“数学的三对矛盾”了。
说实话，这些词我还是第一次听说。什么是“目标 – 约束对偶”呢?

在数学擅长解决的问题当中，有一类很典型的问题：最优化问题。例如，从城市里的一处到另一处的最短路线是什么？供水网络如何设计才能既符合供水总需求，又能充分考虑各户用水的公平性？这些都是典型的最优化问题。

最优化问题我知道，就是求某个目标函数的最大值或最小值。

是的。在解决问题时，首先需要用合理的数学结构承载现实情境，并确定其中可调的变量，以及变量调整的目标，将目标表达为变量的函数，通过求目标函数在变量取何值时达到最大值或最小值，我们就可以得到变量的最优取值。

有时候还会有约束条件。

没错。约束条件往往来自现实情境，是问题对变量的取值范围或取值方式的约束。有的时候，现实还会对变量之间的结构关系提出约束。例如，在“花销不超过 30 元的情况下，午饭怎么吃才最营养”这个问题中，显性的约束

条件是花销不超过 30 元，但其中还有一个隐性的约束条件——各类食物需要满足营养配比，这就为“各类食物的摄取量”这些变量做了比例的结构约束。失去约束的最优化问题往往是片面的。

可否认为目标函数和约束条件是最优化问题的两个要素？

我认为可以。

您所说的“目标–约束对偶”又是什么意思呢？难道目标和约束还能互换不成？

其实目标和约束很多时候可以在一定程度上互换。例如下面的最优化问题：

$$\max f(x,y)$$
$$\text{s.t.}\begin{cases} g(x,y)=0 \\ x\geqslant 0 \\ y\geqslant 0 \end{cases} \tag{1}$$

其中 f 和 g 分别为相对每个变量都可导的函数。用几何的观点来看问题（1），$g(x,y)=0$ 在通常情况下规定了平面直角坐标系下的一族曲线（例如 $(x^2+y^2-1)(y-1)=0$ 就规定了 $x^2+y^2=1$ 和 $y=1$ 这两条线），$x\geqslant 0$ 和 $y\geqslant 0$ 则将这族曲线限制在了横、纵坐标均非负的范围内。在这个范围内，这族曲线上一般会有很多点 (x,y)，每一个点 (x,y) 就对应着 $f(x,y)$ 的一个值。如果将 (x,y) 看成局部的经纬度坐标，将 $f(x,y)$ 看作随 (x,y) 位置变化而变化的“海拔”，沿着曲线移动就相当于沿着 $f(x,y)$ 这座山上的“规定游览路线”移动。我们的目标就是找到“规定游览路线”上哪个位置的“海拔”最高。

这个几何解释很直观，但是我没有看出目标和约束能互换啊。

约束给出了“规定游览路线”，而目标给出了“山的海拔地貌”。如果我们对山进行等高切片，就会得到一圈圈的“等高线”，就像我们曾在中小学地图册上看到的那样。等高线所对应的路径代表了“具有相同海拔的游览路线”。

我们可以在这里引入一个新的参数，即海拔h。于是海拔为h的等高线在俯视地图（即$x-o-y$平面）上的投影就可以表示为$f(x,y)=h$。接下来，我们假定可以达到h的高度，即存在等高线$f(x,y)=h$，我们在这条路线上走一圈，如果某个位置能够和“规定游览路线”上的对应位置重合，就说明沿着“规定游览路线”行走可以达到海拔h。

通过这个办法，我们就把原来的“海拔目标”变成“等高线”，将原来的“规定游览路线”变成“希望交汇的目标”了！

没错！实际上，我们可以将问题转化为如下形式：

$$\max h \quad \text{s.t.}\begin{cases} f(x,y)=h \\ g(x,y)=0 \\ x\geqslant 0,\ y\geqslant 0 \end{cases} \tag{2}$$

换句话说，就是寻找最高的高度h，使得等高线$f(x,y)=h$和“规定游览路线”$g(x,y)=0$有交点（解）。从数学上来讲，这种方式虽然没有什么本质的区别，却带来了视角的转化——将“求一个函数在受约束条件下的最值”的问题，转变为“求参数的最大值使得方程组有解”的问题。

您能举一个具体的计算例子吗？

例如下面的这个最优化问题：

$$\max x^2+y^2 \quad \text{s.t.}\begin{cases} x+y^2=2 \\ x\geqslant 0 \\ y\geqslant 0 \end{cases} \tag{3}$$

这个问题很简单，我们有两种方法来解决它。首先，将$y^2=2-x$代入第一个方程，可变为

$$\max x^2-x+2 \quad \text{s.t.}\ 0\leqslant x\leqslant 2 \tag{4}$$

由于函数$f(x)=x^2-x+2$是开口向上的二次函数，其对称轴为$x=\frac{1}{2}$，于是

最大值只可能在 $x=0$ 或 $x=2$ 处取到。经过计算，可得 $f(0)=2$、$f(2)=4$，于是最大值为 4，在 $x=2$ 处取到。

另一种方法是通过刚才的思想，将问题（3）等价地变为如下形式：

$$\max h$$
$$\text{s.t.}\begin{cases} x^2+y^2=h \\ x+y^2=2 \\ x\geqslant 0, y\geqslant 0 \end{cases} \tag{5}$$

用消元法将约束条件中的 y 消去，可得

$$\max h$$
$$\text{s.t.}\begin{cases} x^2-x+2=h \\ 0\leqslant x\leqslant 2 \end{cases} \tag{6}$$

h 需要使得方程 $x^2-x+2-h=0$ 在 $[0,2]$ 上有根，设 $f(x)=x^2-x+2-h$，由于它是对称轴为 $x=\frac{1}{2}$、开口向上的抛物线，只需保证

$$\begin{cases} f\left(\frac{1}{2}\right)\leqslant 0 \\ f(2)\geqslant 0 \end{cases} \tag{7}$$

即可满足要求。计算可得 $\frac{7}{4}\leqslant h\leqslant 4$，函数的最大值为 4。两种解法的结果一致。

特别是，如果我们仔细体会这两种方法就会发现，第一种方法是通过代数变换将约束条件中的条件代入目标函数中，而第二种方法则是将目标函数放到了约束条件中。这就是所谓的“目标－约束对偶”，其实它可以被看作一般的函数观点和方程观点之间的转化。

我还是不太理解您说的“目标是约束的约束，约束是目标的目标”。

回到“等高线”和“规定游览路线”的视角。当我们将问题（1）等价地变为问题（2），就相当于寻找这样的“等高线”，使得它是能够与“规定游览路线”有交点的“高度最高”的“等高线”。一方面，这时候原来的约束条件，即“规定游览路线”就成了由目标转化而来的“等高线”力求交汇的目标，这就是所谓“约束是目标的目标”的含义。另一方面，如果原来作为约束的“规定游览路线”和“等高线”没有交点，则问题无解；这意味着“与

从目标转化而来的‘等高线’有交点”变成了“规定游览路线”的约束，这就是所谓“目标是约束的约束”的含义。

我大致明白了。那数学的三对矛盾又指的是什么呢？

数学的三对矛盾，指的是几何与代数、连续与离散、统计与因果这三对矛盾。

我没觉得它们之间有矛盾。以几何与代数为例，平时我们经常使用数形结合方法，不就是要统一代数视角与几何视角吗？怎么能说它们之间存在矛盾呢？

我所指的“矛盾”并不取口语中“矛盾”的含义，而是取哲学上的含义，即表示“事物之间的对立统一关系”。我们考虑一个数学问题，要么用偏向几何的视角，要么用偏向代数的视角，二者在风格和审美上的差别是二者的“对立”——没有相对的代数视角，也就无所谓几何视角了。二者互为彼此解决问题的助力，甚至很多时候还能够互相翻译，这就体现了二者的“统一”。矛盾并不意味着你死我活的“对抗”；矛盾意味着“选择”，即在适当的时候选择适合的方面，而这个适合的方面又会随着问题的变化而不断变化。

您能分别举例来说明吗？

我最喜欢的用来讲述代数和几何矛盾的例子是二次数列递推。下面是一个数列递推关系：

$$a_{n+1} = -\frac{1}{3}a_n^{\ 2} + 1 \tag{8}$$

它并不是我们在中学课内学过的常见数列（等差数列、等比数列）的递推关系。如果我们用代数的方法从 a_1 开始一步步迭代，很快就会发现 a_n 的形式变得十分复杂，迭代难以继续。所以，试图通过列举的方式归纳出这个数列的规律似乎不太可行。另一个常见的办法是借助计算机，在数值上试验

不同的首项 a_1 所对应的不同趋势。表 9-1 中展示了当首项 a_1 取 $(0,1)$ 区间内不同数值时数列的行为。我们看到数列正在靠近 0.792，呈现比较明显的收敛态势。

表 9-1 不同首项对应的数列前 10 项

α	a_1	a_2	a_3	a_4	a_5	a_6	a_7	a_8	a_9	a_{10}
1/6	0.167	0.991	0.673	0.849	0.760	0.808	0.783	0.796	0.789	0.793
1/3	0.333	0.963	0.691	0.841	0.764	0.805	0.784	0.795	0.789	0.792
1/2	0.500	0.917	0.720	0.827	0.772	0.801	0.786	0.794	0.790	0.792
2/3	0.667	0.852	0.758	0.808	0.782	0.796	0.789	0.793	0.791	0.792
5/6	0.833	0.769	0.803	0.785	0.795	0.790	0.792	0.791	0.792	0.791

但是，当我们令 $a_1=\alpha=-4$ 时，则 $a_2=-4.333$，$a_3=-5.259$，$a_4=-8.220$，$a_5=-21.522$，$a_6=-153.405$，$a_7=-7843.39$，$a_8=-2.05\times10^7$，$a_9=-1.40\times10^{14}$，$a_{10}=-6.55\times10^{27}$。这说明，不同的首项取值对应数列不同的变化趋势，有时收敛，有时发散。我们希望得到什么时候发散、什么时候收敛的结果，但是仅仅通过代数迭代和数值试验行不通，有时我们甚至根本不知道朝哪个方向进行试验。这意味着代数的办法遇到了死胡同，是时候请几何出场了。

如图 9-1 所示，在平面直角坐标系上画出递推公式 $a_{n+1}=-\frac{1}{3}a_n{}^2+1$ 所对应的函数 $y=-\frac{1}{3}x^2+1$ 的图像，以及函数 $y=x$ 的图像。在 x 轴上取一点 $(a_1,0)$，过这个点作 x 轴的垂线，交 $y=-\frac{1}{3}x^2+1$ 的函数图像于点 P_1，则 P_1 的坐标为 (a_1,a_2)。再过 P_1 作 y 轴的垂线，交 $y=x$ 的函数图像于点 Q_1，则 Q_1 的坐标为 (a_2,a_2)。再过点 Q_1 作 x 轴的垂线，交 $y=-\frac{1}{3}x^2+1$ 的函数图像于点 P_2，其坐标为 (a_2,a_3)。再过 P_2 作 y 轴的垂线，交 $y=x$ 的函数图像于点 Q_2，则 Q_2 的坐标为 (a_3,a_3)。再过点 Q_2 作 x 轴的垂线，交 $y=-\frac{1}{3}x^2+1$ 的函数图像于点 P_3，其坐标为 (a_3,a_4)。如此往复，即可得到点列 $\{P_n\}$，其中 P_n 的横坐标即为 a_n。这个过程涉及 $y=-\frac{1}{3}x^2+1$ 和 $y=x$ 两个函数的图像，这两个函数有两个交点，其横坐标分别为 $x_1=\frac{-3-\sqrt{21}}{2}\approx-3.791$，$x_2=\frac{-3+\sqrt{21}}{2}\approx0.791$。

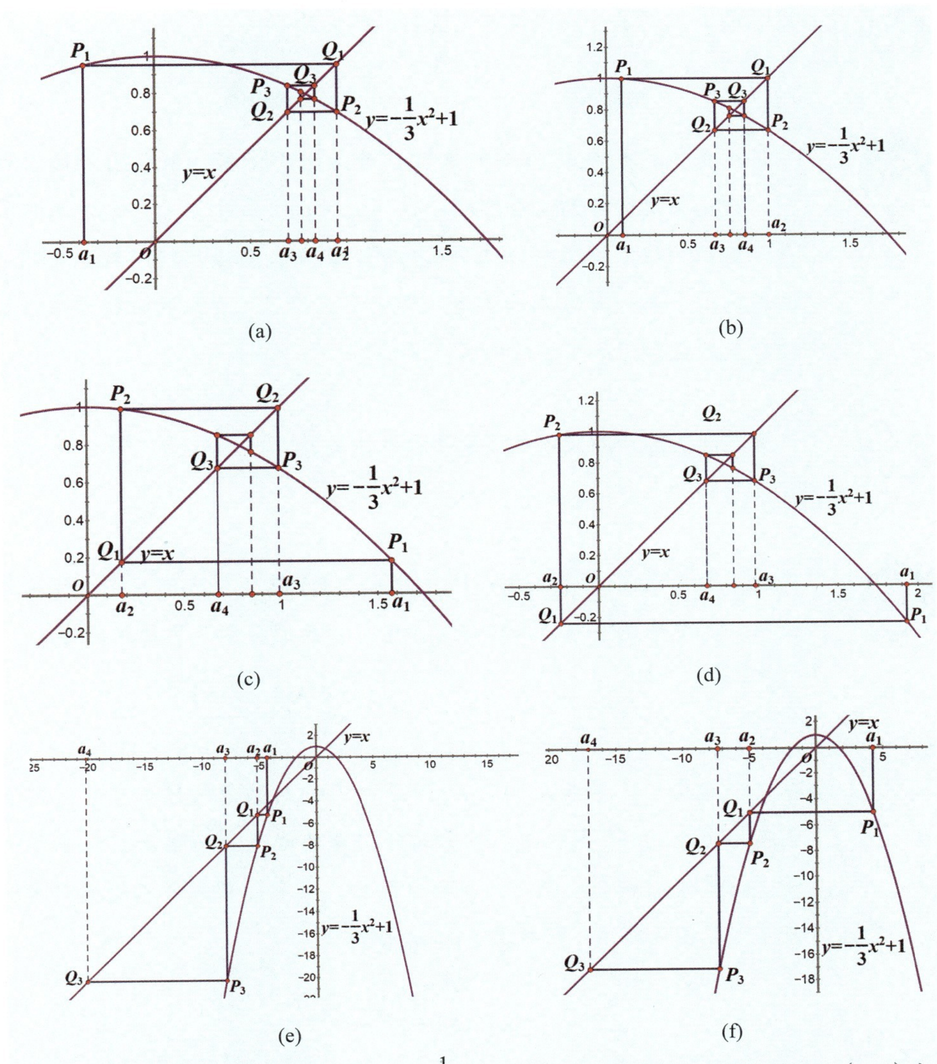

图 9–1 利用图形分析递推公式$a_{n+1}=-\frac{1}{3}a_n^{\ 2}+1, n\geqslant 1, n\in\mathbb{N}$的变化趋势：(a) $a_1\in(x_1,0)$时；(b) $a_1\in(0,x_2)$时；(c) $a_1\in(x_2,\sqrt{3})$时；(d) $a_1\in(\sqrt{3},-x_1)$时；(e) $a_1<x_1$时；(f) $a_1>-x_1$时

观察图 9–1，对于 $a_1\in(x_1,0)$、$a_1\in(0,x_2)$、$a_1\in(x_2,\sqrt{3})$ 和 $a_1\in(\sqrt{3},-x_1)$ 四种情况，P_n 均逐渐趋近于 $y=x$ 的图像与 $y=-\frac{1}{3}x^2+1$ 的图像在第一象限的交点。容易计算出此交点的坐标为 $\left(\frac{-3+\sqrt{21}}{2},\frac{-3+\sqrt{21}}{2}\right)$，它的横坐标的近似值为 0.7912。这和表 9–1 中的数据相吻合。用上述方式考察图 9–1 中的所有情况，可以得到如下结论：当 $a_1\in(x_1,-x_1)$ 时，$\{a_n\}$ 收敛到 x_2；当 $a_1>-x_1$ 或 $a_1<x_1$ 时，$\{a_n\}$ 发散；当 $a_1=x_1$ 或 $a_1=-x_1$ 时，$\{a_n\}$ 收敛到 x_1。

这个例子太妙了！几何发挥了强有力的作用。

不过，虽然几何视角为我们提供了对结论的猜测，但是尚不足以被称为证明。但是上页的观察至少指明了证明的方向，我们进而可以使用代数的办法去严格证明这些结果——证明虽然并不简单，但是目标明确，我们不会再像刚遇到这个数列时像无头苍蝇一样毫无头绪了。详细的证明可参看拙著《面向建模的数学》第 1 讲的内容。

连续与离散的矛盾又该如何解释和利用呢？

连续与离散之间的对立统一十分深刻，限于篇幅，我们用一个简单的例子来说明，高中生也可以轻松理解。高中时，我们会学习导数的定义：

$$f'(x)=\lim_{\Delta x\to 0}\frac{f(x+\Delta x)-f(x)}{\Delta x} \tag{9}$$

在这个定义中，等号左侧的$f'(x)$是对连续对象的描述（可导一定连续，反之不一定），但等号右侧是对平均变化率的描述，而平均变化率是一种离散量，就像我们取每年身高变化的平均值，就不能呈现连续性。二者通过一个极限过程相互联系，当步长 Δx 充分小时，有

$$f'(x)\approx\frac{f(x+\Delta x)-f(x)}{\Delta x} \tag{10}$$

这个式子是连续与离散之间矛盾的核心精要——平均变化率与瞬时变化率的近似性。数学里有一个著名的 SIR 模型来描述某种条件下的传染病传播规律，它是一个微分方程组：

$$\begin{cases} S'(t)=-\alpha S(t)I(t) \\ I'(t)=\alpha S(t)I(t)-\beta I(t) \\ R'(t)=\beta I(t) \end{cases} \tag{11}$$

其中$S(t)$、$I(t)$和$R(t)$分别表示“易感染者”“感染者”和“移出者”（包含痊愈者和死亡者），由于大型传染病往往受众基数较大，因此我们可以近似认为$S(t)$、$I(t)$和$R(t)$充分光滑（即导函数存在且导函数连续）。在一般

情况下，上页这个微分方程组是无法用初等基本函数表达其解的，也就意味着我们无法计算 $S(t)$、$I(t)$ 和 $R(t)$ 的解析式。此时，我们该用什么方式去观察解的性态并做出预测呢？我们可以使用一种名为“欧拉近似”的办法。具体而言，利用（10）式，方便起见，假设步长为 1，可将（11）式变为如下近似形式：

$$\begin{cases} S(t+1)-S(t)=-\alpha S(t)I(t) \\ I(t+1)-I(t)=\alpha S(t)I(t)-\beta I(t) \\ R(t+1)-R(t)=\beta I(t) \end{cases} \tag{12}$$

进而可得递推关系

$$\begin{cases} S(n+1)=S(n)-\alpha S(n)I(n) \\ I(n+1)=(1-\beta)I(n)+\alpha S(n)I(n) \\ R(n+1)=R(n)+\beta I(n) \end{cases} \tag{13}$$

有了这个递推关系，就能通过数列递推的方法得到在某种精度下的未来预测了。

朱老师，我觉得这种预测不见得准确，它会受到使用（10）式中步长设定值的影响。

没错！步长设定得越小，（10）式就越精确，但迭代到指定位置所需计算的步数就越多，这就像步子越小，走完某段路所用的步数就越多；步长设定得越大，（10）式的近似就越粗糙，但是因为步子迈大了，所以走完同样路程的所需步数变少了。因此，对于连续与离散这对矛盾而言，步长是一个不可忽视的“跨越”。可以证明，步长对近似带来的影响只能转移和减少，却不能消除。自然界中连续与离散之间这份倔强的“间隙”，直接导致了量子物理中被称为“不确定性原理”的现象（测不准原理的一般的表述是：不可能同时准确地确定一个粒子的位置和其动量，其中一个量的测量精度越高，另外一个量的测量精度就越低。它的一个常用的重要推论是：限制在狭小微观空间的粒子一定具有大的速度）。

看来，连续与离散这对矛盾触碰到了自然界最深层次的规律。那统计与因果之间的矛盾又该如何理解呢？

统计关联不等于因果关系，这是数理统计学中的老生常谈。但是我们在生活中习惯忽视这一点，结果做出错误的判断。

举一个生活中的例子。假设有一条街道，街的一头有一家咖啡店，另一头有一家烤肉店。经过多日的观察，你发现只要下午咖啡店的营业额增加 10%，晚上烤肉店的营业额就增加 10%，你从而推断，前者是后者的原因，后者是前者的结果。但是，事实真相可能并非如此。烤肉店生意火爆，如果赶在高峰时段去就餐，往往需要等位很久。于是很多人会提前去烤肉店排号。等位的顾客想在这段时间里找个地方喝点儿咖啡、聊聊天，于是就去了街那头的咖啡店。这样一来，其实是烤肉店营业额的增长带动了咖啡店营业额的增长。

确实，这很容易判断错啊。生活中有不少这样的例子，我们该如何避免这样的错误判断呢？

首先，我们需要合理地使用统计方法，不能将统计量之间的强相关性和时间继承性看成因果关系的反映，真正的因果关系往往需要额外精心设计的实验来验证。

其次，随着人们观测自然所用的工艺和方法不断精进和改变，原来被认为"可靠"的"因果实验"，现在看来甚至会带来相反的结果。一个经典的例子是中国古代流传"臀部大的女性生男孩"的经验性判断，当时人们通过观察发现，在孕期臀部更大的女性生男孩的概率更大。但是作为现代人的我们都清楚这是无稽之谈。"生男孩"和"臀部大"到底有没有因果关系？到底谁是因、谁是果？这需要来自生理学和医学的进一步研究，不能仅由现象发生的时间继承性和统计数据的相关性，就做出完全经验性的论断。

我可不可以这样理解：我们现在以为对的很多因果关系，将来未必永远是对的？随着人类科技的发展、观测和实验方法的精进，当前的很多理论都可能会被再次颠覆。

我十分赞同你的这个说法。科学就是在不断对自然规律进行近似的探查中实现自我演化和变革。我们在建立数学模型时也是如此，永远不能说某个模型就是完美的，只能说模型在某种程度上解决了某个层面的问题；而当我们面临的问题所处的环境、所需达成的目标、所需求解的精度或尺度发生变化时，都可能需要对模型做出相应的改变。

对话 10：

对称守恒律和测量近似与误差放大理论

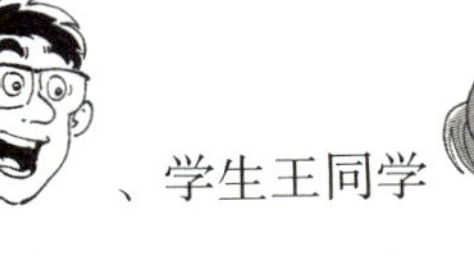

人物：数学老师朱老师、学生王同学

这次我们来讨论“对称守恒律”和“测量近似与误差放大理论”。这两个范式都和人们对测量和误差的认识有关。

“对称守恒律”指什么呢？我只知道数学里某些图形和代数式有对称性，物理中有守恒律，对称性和守恒律又有什么关系呢？

实际上，对称性可以推出守恒律。李政道先生在《对称与不对称》中指出，空间对称性可以推出动量守恒律，时间对称性可以推出能量守恒律，角度对称性可以推出角动量守恒律。

您能举例说明吗？

借用李先生书中的例子来说明。首先考虑图 10-1 中的系统，并假设空间具有平移不变性，这等价于物体在空间中的绝对位置不可观测。换句话说，空间的平移不变性假设意味着找不到一个绝对的“坐标原点”。由于绝对位置不可观测，因此某个可以测量的能量 V 就只能与物体在空间中的相对位置有关。如图 10-1 中所示，无论是以 O 为坐标原点还是以 O' 为坐标原点，物体 A 和物体 B 静止时的相对位置永远是 $\vec{r_2}-\vec{r_1}$，因为

$$\overrightarrow{O'A}=\vec{r_1}-\vec{\Delta}$$

$$\overrightarrow{O'B}=\vec{r_2}-\vec{\Delta}$$

$$\overrightarrow{O'B}-\overrightarrow{O'A}=\left(\vec{r_2}-\vec{\Delta}\right)-\left(\vec{r_1}-\vec{\Delta}\right)=\vec{r_2}-\vec{r_1}=\overrightarrow{OB}-\overrightarrow{OA}$$

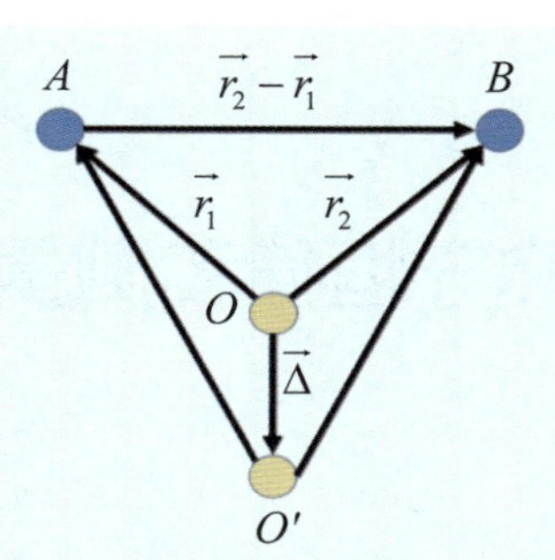

图 10-1 空间相对位置和坐标原点的选择无关

现在假设 A 和 B 静止或匀速运动，并记系统所具有的总能量为 V。由于绝对位置不可测，运动速度又不变，因此 V 的变化量仅受 A 和 B 之间相对位置 $\vec{r_2}-\vec{r_1}$ 的影响，即

$$V=V\left(\vec{r_2}-\vec{r_1}\right) \tag{1}$$

现在令 A 和 B 分别受到系统外的若干力的作用，经过一小段时间（时间充分短，以至于可以认为外力没有发生变化）后产生了相同的位移 $\vec{\tau}$，则 A 和 B 的相对位置仍是 $\vec{r_2}-\vec{r_1}$（这依然源自空间的平移不变性，如图 10-2 所示）。根据（1）式能量 V 不变，于是 A 和 B 二者作为一个整体系统，其能量 V 没有发生变化，这意味着系统外的力没有注入系统新的能量，外力做功为零。由于短时间内外力不变，因此只可能是外力合力为零。又由于系统的动量取决于系统受到的外力合力在时间上的积累，因此系统总动量不变，即该系统的动量守恒。上面的推理过程实际上证明了惯性系统中的动量守恒。值得注意的是，在这个推理过程中，我们并不需要已知牛顿第二定律（即力和加速度的关系定律）。

同理，可以利用空间的旋转不变性（即角度对称性）证明角动量守恒。至于时间的平移不变性之所以推出能量守恒，是因为时间具有平移不变性，无法测量出不同时刻的能量的差别（否则，时间就具有平移变化性了）。

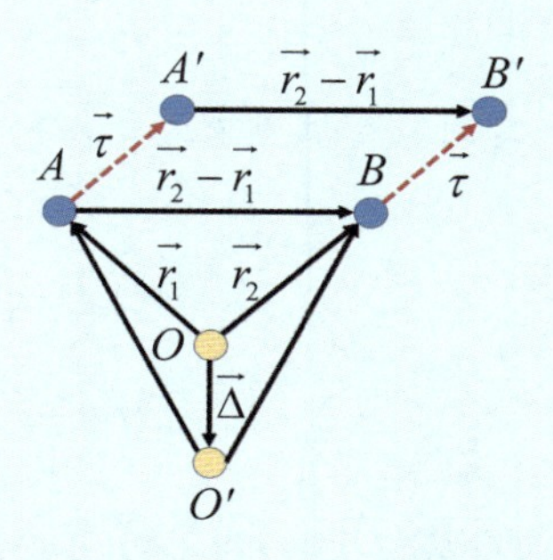

图 10-2 空间的平移不变性推出动量守恒

我还是第一次从这个角度观察对称性和守恒律。但是这里有一个关键问题——测量。是否可以认为，如果测不出事物在某个变换下有明显的不同，就可以认为这项事物具有对应于这种变换的对称性？比如，如果测不出空间在平移下有什么不同，就认为空间在平移下保持不变？

在目前的科学范式下，确实是这样的。这一点还得从柏拉图精神说起：柏拉图认为世界是和谐统一的，不变才是真理，变化是需要外力的。所以，根据柏拉图的精神，如果不能用数据有理有据地说明事物的不同，那么我们就该认为它们是相同或不变的。换句话说，这就等价于事物具有某种对称性。尽管柏拉图的学生——亚里士多德一度打破了他关于宇宙和谐统一的理念，但尤其是在哥白尼之后，现代科学其实有着回归柏拉图的“万物和谐统一”精神的倾向。当然，这并不意味着人们要恢复柏拉图的具体学说。

既然如此，测不出意味着对称性，而对称性又可以推出守恒律，那岂不是任何测不出的事物都会引导出某种守恒律吗？

我认为是的。比如，若无法测量出我吃早餐和不吃早餐的区别，我就得到了一种对称性，即“早餐虚实对称性”——吃早餐的我和不吃早餐的我将在接下来的一天做同样的事情；如果我一天的行为因吃早餐或不吃早餐而有所不同，那么我反过来就能利用这个不同，表征出我吃早餐和不吃早餐的区别了。

这样一来，既然我一天做哪些事情取决于我身体的总能量，而无论吃不吃早餐，我做的事情都一样，那么我们就可以认为，无论吃不吃早餐，我体内的总能量都一样，进而就得到了一个“早餐能量守恒律”——我在早餐过程中获得的能量一定等于我在早餐过程中消耗的能量。

如果再假定无法通过时刻以外的测量方式（例如食材、用餐场所、用餐时长等方面）区分早餐和晚餐，我们就得到了一个“早餐–晚餐对称性”，即晚餐的效果应当等于早餐的效果，那么又可以推出晚餐中消耗的能量也等于摄入的能量，即“晚餐能量守恒律”。再结合青少年通过吃饭不断生长的现象，我们就可以得到一个结论，即“是午餐支撑了身体作为有机体的生长”，于是我们就可以推出一个推论，即“不吃午餐就不会长身体”。这样一来，我们就通过对称守恒律建立了一套“早餐–晚餐对称性和午餐决定论”的理论。

听起来似乎有些道理，但是这个例子让人觉得有点儿荒诞。

你的感觉是对的，因为这个例子中有两条基本假设，即“无法测量出我吃早餐和不吃早餐的区别”和“无法通过时刻以外的测量方式区分早餐和晚餐”，但是这两点其实并不符合所有人的生活经验——对于大多数人而言，吃了早餐后，上午的精神状态会明显更饱满；而晚餐在菜品和用餐时长上都和早餐有明显差别。这就意味着，即使这两条假设对我而言是对的，对于别人而言却不见得是对的，因为测量的精度和参照系发生了变化。

您是想说，在不同的测量精度和参照系下，原本的对称性可能会被破坏，原有测量精度和参照系中的守恒律从而也会随之发生变化吗？

这正是我想表达的。在生活尺度下，我们觉得地球是平的，这是因为我们用肉眼很难观察到地面的球面弧度，所以我们在生活尺度下可以假设空间平直，即空间具有平移不变性。这时候，在研究贴地运动的光滑小球时，就可以认为竖直方向受力平衡，相当于不必考虑引力的作用。但如果在更宏观的尺度下（例如在行星尺度下），地面就不是平直的，而是弯曲的，这时候，研究贴地光滑小球的运动就必须要考虑地球的引力作用了。

我猜测量精度和参照系在数学建模中会直接影响因素分析过程和基本假设的确定。

说得没错。一般来说，我们在做基本假设时，本质上就是在定义某些对称性，或等价地说，就是规定某种守恒律。例如，马尔萨斯的指数人口模型假设人口净增长率是常数，就是在规定人口增长率对于时间来说是平移不变的，即人口净增长率守恒。然而，逻辑斯谛人口模型打破了这种对称性，它认为人口净增长率随时间的变化是可以测量的，即并非守恒。

然而，如果限制在相对资源而言人口较少、人口尚处于发展初期，并且时间跨度较短的条件下，逻辑斯谛人口模型无论从数学上还是从现象上都十分接近马尔萨斯的指数人口增长模型。不同的问题、环境、尺度和参照系之所以对应着不同的主要因素、因素间的结构关系和基本假设，我认为本质上就是因为它们对应着不同的对称性和守恒律。

我明白了，这似乎也解释了为什么有的数学模型短期预测效果很好，但长期预测效果不佳，原来是因为其对称性和守恒律变化了。

没错，而且，这又与咱们接下来要讨论的测量近似与误差放大理论直接相关联。

这个我知道，任何测量都是近似而非精确的。

也不尽然。在较小的尺度下，对一些离散量的测量是可以严格精确的，例如测量一个班里的学生人数。但是当数据量很大时，例如测量 1 千克大米有多少粒时，就难以准确测量了，需要利用比例等方式去近似估计。连续量的测量一定只能是近似，永远不可能得到准确值。从这个角度来说，世界上没有一把绝对精确的尺子或钟表。

在中学物理中，我们学习过，误差是可以积累的。但是这一点在我们的数学课上体现得并不明显。

这一点其实是有很大问题的，下面我将会使用一个简单的例子阐述一种观点——误差放大的本质其实就是“符号代数推导”与“取数值近似值”之间的非交换性。为此我们观察函数

$$f(x)=1-\frac{1}{x} \tag{2}$$

通过简单的代数推导，易得 $f\left(f\left(f(x)\right)\right)=x$，于是 $f\left(f\left(f(\pi)\right)\right)=\pi$，这是严格恒等式，不涉及任何近似。下面我们考虑求 $f\left(f\left(f(\pi)\right)\right)$ 的近似值（保留小数点后 2 位），此处可以采取两种路径：一种是先通过符号推导推出 $f\left(f\left(f(\pi)\right)\right)=\pi$，之后再通过近似 $\pi\approx3.14$，得到近似值

$$f\left(f\left(f(\pi)\right)\right)\approx3.14 \tag{3}$$

另一种路径则是首先通过近似 $\pi\approx3.14$，从最内层函数开始代入数值计算，并且在每一次运算时都取小数点后 2 位的四舍五入近似值，最终得到近似值

$$f\left(f\left(f(\pi)\right)\right) \approx f\left(f\left(f(3.14)\right)\right) \approx f\left(f(0.68)\right) \approx f(-0.47) \approx 3.13 \tag{4}$$

两种路径的计算结果相差了 0.01，考虑到刚刚进行了三次近似计算，这种差距已经十分显著了。

这个观点我还是第一次听到，但它很好地说明了，先化简、再近似，与先近似、再化简，确实会带来不同的误差！

如果我们在第二种路径的计算过程中，将近似的精度从小数点后 2 位提高到小数点后 4 位，结果才会有明显改善。

$$f\left(f\left(f(\pi)\right)\right) \approx f\left(f\left(f(3.1416)\right)\right) \approx f\left(f(0.6817)\right) \approx f(-0.4669) \approx 3.1418 \approx 3.14 \tag{5}$$

这样一来，第二种路径的计算结果就和第一种路径的近似结果一致了。可见，如果想要弥合这两种计算顺序的交换所带来的差距，需要显著提升计算过程中的近似程度。

这让我联想到另一个问题：在对一个数据散点集线性回归时，其拟合效果往往会依赖于集合中数据点的个数——个数越多，拟合效果往往越好。能否用下面的这种方式来提高精度呢？比如，一开始我在直线 l 周围随机取 5 个数据点，但隐去 l 的信息。使用这 5 个数据点拟合出直线 l_1，然后利用计算出的 l_1 的解析式计算 5 个插值点，并将计算出的插值点加入数据集中，作为新的数据集，这样数据点就会从原来的 5 个增加到 10 个，对这 10 个点线性回归得到直线 l_2，作为直线 l_1 的“改进”。如此不断“改进”下去，同理得到 l_2 的“改进” l_3、l_3 的“改进” l_4，以此类推。您说直线族 l_n 会不会收敛到一个比 l_1 更好地接近真实规律 l 的直线 l' 呢？

我也曾经思考过这个问题，在我的《数学建模 33 讲：数学与缤纷的世界》的话题 8 中有专门的讨论。实际上，我们可以证明一条类似于海森伯不确定性

原理的结论：在较少的“改进次数”下，无法得到更好的“改进”拟合直线。

这是为什么呢？您可以通俗地解释一下吗？书里的证明有点过于形式化了，我没太看懂……我想直观地了解这个过程中到底发生了什么。

从直观图景来讲，和刚才计算$f\left(f\left(f(\pi)\right)\right)$近似值的第二种路径类似，在这个不断得到“改良直线”的过程中，每一步都做了一次“近似”——回归直线正是对数据点潜在线性趋势的近似描述——于是在若干次近似后，误差就得到了积累。不同的是，这种积累可以靠两种方式消减：一种是增加每一轮用以得到“改进直线”的新增拟合点个数，从 5 个变为更多；另一种是通过长期的迭代，消除最初的误差对后期的影响，以期望在概率的意义下“凭运气撞上”一条比l_1更接近l的直线——这真的完全靠运气，不能保证总会发生，而且即使发生，也必然只能发生在n很大的时候。这就好像张三的篮子里放了几个果子，他通过这些果子产生了一种关于“好果子”的理念，于是照着自己篮子里果子的形状摘树上的新果子。当新果子数量很少时，原来的果子的形状依然占主导地位；但是当新果子越来越多时，新果子可能会随机带来某种不同于原有果子的“形状”的新特质，并且，这种新特质可能会随着果子数量的增多，成为比原来果子的“形状”特征更占优的属性（例如果子的“颜色”）。在某些极端巧合的情况下，按照这种更占优的属性所收集的果子，可能比原来的果子更接近张三心目中的好果子的理念。

这么说就很直观了。这下，我对测量和误差有新的认识了。以前，我一直以为测量误差只是一种“噪声”，无法影响我们对理论的构建和对规律的挖掘。现在看来，测量和误差不仅会影响对事物因素关系的判断，影响基本假设的归纳，而且还会通过处理步骤的交换性影响计算的效率和效果。

既然人类对自然的认识本身就是一种近似，那么无论是测量误差，还是运算所引入的近似，都是我们认识世界的必然部分。如何对待这些近似，就成了不同背景、尺度和参照系中的建模者的个人选择；正是这种个人选择，决定了研究者的观点、风格甚至审美；而不同的观点、风格与审美，又呈现出了一幅缤纷的科学画卷——不同的画风、不同的颜色、不同的笔法，都在描绘着我们心目中不同侧面的自然！

对话 11：

复杂系统的规律涌现性与重整化法则

人物：数学老师朱老师 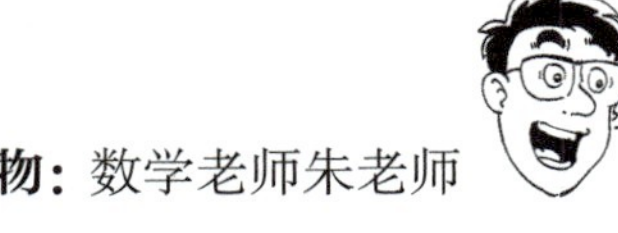 、学生王同学 

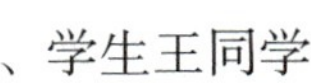

这次我们来讨论“复杂系统的规律涌现性与重整化法则”，这个范式和人们对复杂行为的理解有关。

我查到对于“复杂系统”尚没有统一的严格定义，但是，复杂系统一般指的是具有一定数量规模的群落基于局部信息做出行动的系统，而该系统具有智能性、自适应性。

说得没错。复杂系统的特征往往有三个：具有一定规模或数量，具有一定复杂性，且个体行为的微观动机或局部规则通过个体间联系（不见得有信息交流）形成宏观现象，最后这一特征也被称为自组织性。

您能举一个复杂系统自组织性的例子吗?

这种例子在生活中其实有很多。比如，大家去听报告，即使报告人特别有名，观众也往往从报告厅中间的座位开始落座，随后后面的座位渐渐被坐满，最前面的座位却很少被坐满，或最后才被坐满。2005年诺贝尔经济学奖得主托马斯·谢林在《微观动机与宏观行为》一书中分析了这种现象，并将其微观动机定位为“自己不想被别人注视”。这个微观动机可以在大家并无交谈的情况下，有效地引发上述现象——最先到的人觉得会场中心处视听综合感受最好，于是坐在中间一排；再进来的观众“不希望被先进来的人关注”，自然就坐到了先来者的同一排或其后的某一排；如此继续，后面的座位就被坐满了，等到后面没有空位了，剩下的观众才会考虑前面的座位。当然，这里或

许存在着一些例外行为，但只要微观动机如上所述，那么整体性质就不会有太大改观。

这种自组织性可否被看作局部性质向整体性质的转移？在刚才您说的例子中，我们完全可以将每一排观众看成一个整体，那么整体性质也不会发生变化。

确实，有些复杂系统是具有自相似性的，就是你说的局部性质和整体性质相似。但不是所有的复杂系统都有这种自相似性。自相似性系统通过改变视角，可以将某些个体聚合成整体，同时将系统看成由这些整体作为“新个体”整合而成的“新整体”，如图 11-1 所示。

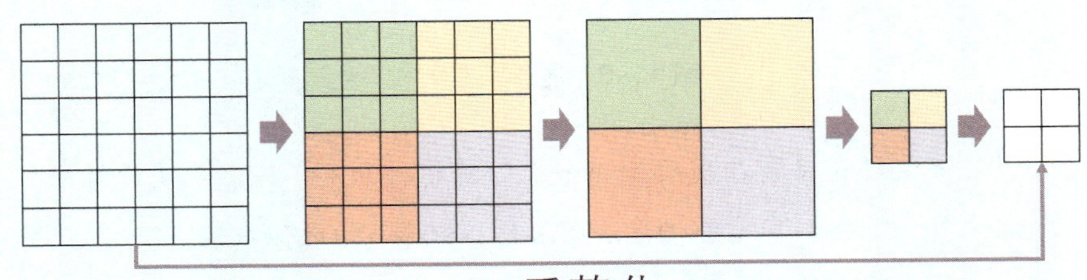

图 11-1 自相似复杂系统的重整化

这让我想到了化学中研究晶体时用到的“晶格”的概念，上面这个过程相当于将若干小晶格整合到一起，将其视为新的大晶格。

没错。实际上，重整化方法在晶体研究中，尤其是对其导电性质的研究中有显著应用。例如，在超导和流体力学的研究中，有一种理论被称为渗流理论。渗流理论在数学上隶属于随机图论，是对自然规律进行数学建模的一个典型例子，其思想本质就是重整化方法。

假设平面内有一个非常大（或无穷大）的方格网络（图 11-2），其中每个网格各自独立地以概率 p 被染成黑色，以概率 $1-p$ 被染成白色。如果两个黑色网格有一条边重合，则称这两个网格连通；否则称这两个网格不连通（图 11-3）。渗流理论的问题是：当所有网格均被染色后，从网络最上方到最下方是否存在一条由黑色网格形成的通路？如果存在这样的通路，那么概率 p 的最小值为多少？这个最小值如果存在，则被称为临界概率。通过计算这个概率，可以判断一块材料何时成为良导体。

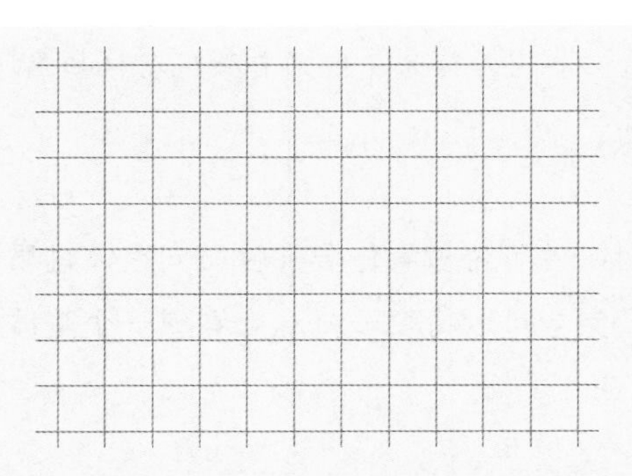

图 11-2　平面上横、纵均为无穷大的方格网络

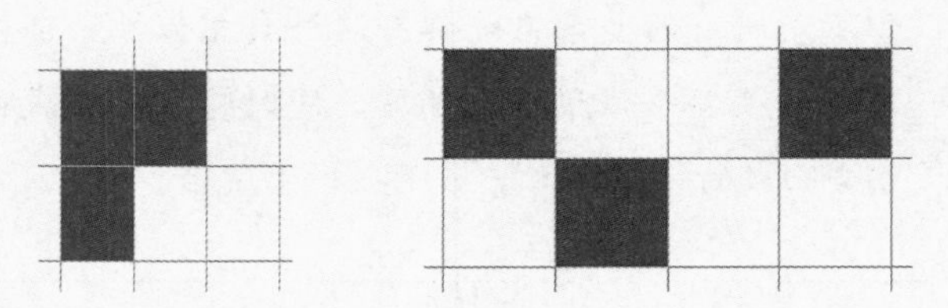

图 11-3　连通（左）和不连通（右）的黑色网格

渗流理论目前已发展为一个专门的学科分支，这里不展开讨论。下面要说的是，如何利用重整化方法来求临界概率p的近似数值。

一个基本的思路是，如果能将按照田字形排布的 4 个相邻染色方格依据“是否连通上端与下端”的准则，对应为新网络中的一个染色方格，并重复这个步骤，网络上方和下方的方格的距离从而被逐渐缩短，直到化为同一个染色方格，那么连通性的判别就迎刃而解了。为了让这个过程进行下去，对应关系格外重要。依据图 11-3 中对于连通与否的定义，可得图 11-4 中的对应关系。

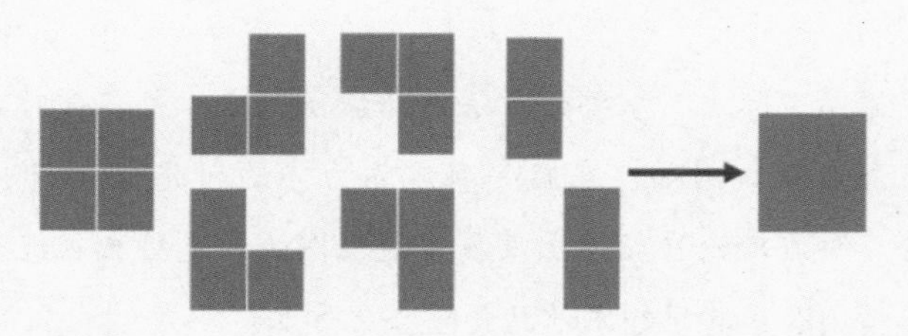

图 11-4　重整化对应法则，依据上、下两端是否连通

假设临界概率存在，重整化过程提供了一种计算其大约数值的方法。

由于各个方框的染色情况是相互独立的，因此图 11-4 中箭头左侧 7 种染色情况出现的概率分别为p^4、$p^3(1-p)$、$p^3(1-p)$、$p^3(1-p)$、$p^3(1-p)$、$p^2(1-p)^2$、$p^2(1-p)^2$。同时，箭头右端染色情况出现的概率为p，根据重整化思想和概率的分类加法原理，可得方程

$$p = p^4 + 4p^3(1-p) + 2p^2(1-p)^2$$

解得 $p \approx 0.618$。这个数值刚好为黄金分割比例。作为例子，图 11-5 中给出了当 $p=0.3$、$p=0.5$、$p=0.618$ 和 $p=0.8$ 时，对一个 30×30 方形网络的随机染色结果图。

$p=0.3$　　$p=0.5$　　$p=0.618$　　$p=0.8$

图 11-5 不同染色概率 p 下对 30×30 方形网络的随机染色结果

那如果换一种重整化模式，将按照九宫格排列的 3×3 的 9 个方格依据图 11-4 中的对应法则对应到一个方格，并重新计算临界矩阵 p 的值，这样不行吗？

既然 2×2 的方格能够被看成一个大方格，3×3 也理应可以，只不过此时计算得 $p \approx 0.614$。

所以重整化模式的改变会影响求得的 p 值，这岂不是不合理吗？

并不然。实际上，在重整化模式中，当 n 的取值改变时，将大小为 $n\times n$ 的 n^2 个方格按照类似于图 11-4 中的方法对应到一个方格，计算出的 p 值（记为 p_n）均不相同；但当 n 趋近无穷时，计算得到的 p_n 会逐渐趋近于 0.593。

这确实很有意思，仿佛观察到了大自然的某种了不得的隐藏规律！刚才您说，并不是所有的复杂系统都有这种自相似性，可以举个例子吗？

在 2021 年诺贝尔物理学奖得主乔治·帕里西的著作《随椋鸟飞行：复杂系统的奇境》的第一章中，他讲述了一个椋鸟种群行为的案例。椋鸟属于雀形目小型鸟，具有集群活动习性，尤其在繁殖期间，集群规模可多达千只。为了躲避天敌，椋鸟常常低空飞行，远眺时，它们犹如移动的黑云（图 11-6）。

椋鸟之所以成群活动，主要原因可能是为了防御——集群活动使得捕食者很难瞄准和跟踪某一个体，同时，变幻莫测的集群形态也会对捕食者造成一定威慑力。

图 11-6 椋鸟群（Walter Baxter / Starlings over Gretna / CC BY-SA 2.0）

帕里西经过研究，发现椋鸟的集群行为并不能被简单地看作个体行为的聚集，更不具有自相似性。因为椋鸟群往往边缘密集，而中心稀疏，这显然不符合一般随机集群中心密集而边缘稀疏的高斯分布规律。帕里西在书中没有给出他对于椋鸟群如此分布的微观动机的猜测，但从其宏观现象来看，我觉得这个微观动机很可能是“如果一只鸟距离鸟群边界越近，就希望离别的个体越近，以降低自己被捕食的风险”，而非“单纯希望离其他个体更近”。
这种带有条件的微观动机破坏了群体的自相似性，但带来了更加复杂且同样对称的自组织形态，看起来更像是某种具有群体意识的行为模式。这启发我们：以还原论的思维模式理解复杂系统时似乎会面临一些问题。

还原论是什么？

还原论从科学诞生到现在一直具有一种驱动力，驱动人们将现象还原为某些数量较少的规则，也就是找到所谓的“定律”或“定理”。

您为什么说上面的案例启发了我们，以还原论的思维模式理解复杂系统时似乎会面临一些问题呢？

如果我们不断地将现象还原为规则，追求找到宏观行为背后的微观动机，比如寻找椋鸟集群行为的宏观现象背后每一只椋鸟的微观动机，那么我们就会遇到极为复杂的数学结构与难以检验的因果关系。这时候，我们的研究重心可能会发生偏移，不知不觉变成了对另一种科学或现象的研究，例如变为研究椋鸟的方向辨别机制或其翅膀的机能——尽管这也值得研究，但过于偏离原始现象的研究路径，会逐渐减弱与信息的关联程度。

所以您觉得应该怎样研究呢？这个案例对数学建模又有什么启发？

我认为有必要在适当的时候关注宏观模式，将某种尺度下的宏观模式理解为更大尺度的局部和更小尺度的整体，这样就为极微观、中等尺度、极宏观三者之间的动力学关系的搭建提供了可能——以观众在体育场演唱会上常常自发组织的人浪或呐喊为例，我们将每个看台视为一个“方阵”，整个体育场是由“方阵”组成的“大整体”，而“方阵”就是由看台中的一个个观众组成的“小整体”。这样一来，我们可以研究两个问题：观众的行为如何决定看台方阵的行为，以及看台方阵的行为如何互相影响并传播出去。通过这两个问题，我们将这种现象作为行为映射的复合来理解观众行为如何影响整个看台的行为。

这类似于平时做题时，如果要研究一个复杂函数的单调性，我们可以将其视为几个相对简单的函数的复合，分别研究每个简单函数的单调性，再通过“同增异减”的单调性复合法则得到整体函数的单调性，如图 11-7 所示。

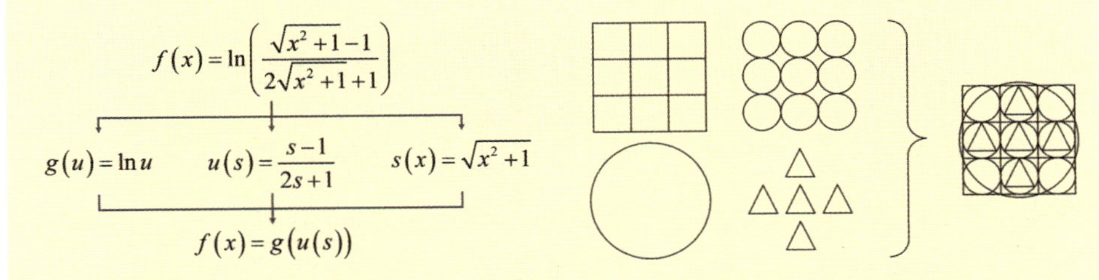

图 11-7 研究复杂函数单调性时，将其视为多个函数的复合可以简化理解（左图）；对复杂系统建立数学模型时，也可将其分解为若干不同尺度的子系统（右图）

没错！正是这种“分解”，让我们看清每个阶段、每个尺度到底发生了什么。在一个尺度下发生的事情，在另一个尺度下可能没有具体意义，但是，这种

分解为其赋予了意义。正如许多人早出晚归地劳作，他们很可能在工作过程中没有时时刻刻都想着为国家创造价值，只是希望让家庭获得更好的生活，但正是这种“为小家”的合力，在更大的尺度下汇聚成推动国家进步的力量。

有没有可能某个复杂系统因为现象过于混沌，我们无法从中观察出规律？例如，有些湍流虽然也符合流体力学方程，我们却观察不到对称性的规律。比如说，商场的人流该怎么分析呢？

对于是否无法从某些复杂系统中观察出规律，我并不知道。尽管有些现象看上去十分复杂，人们难以看出其直观的对称性，但它们依然可能具有某种潜在的对称性，例如能量守恒和动量守恒（我们上次讨论过对称性和守恒律之间的对应关系）。商场里的人流看似很随机，但一定会遵循商场的营业时间——毕竟，人们一般不可能在商场的歇业时间进去买东西。在这个系统里，营业员和顾客之间就形成了商场人流的两个子系统：只有商场开门营业，且营业员准备就位后，顾客才会被允许进入商场购物。

不仅如此，尽管每个顾客的具体动向很随机，难以从中看出规律，但商场在一段时期内的营业额总量总会呈现出某些统一的整体变化趋势，比如每个月增长 10%。但人们的平均收入在同一段时期里不会产生明显变化，因此，这种增长可能是因为人流量增长了 10%。此时，如果经过统计，发现商场人流量只增加了 5%，那么另外 5% 的增长就来自购买力的迁移——有可能以前倾向于购买便宜产品的顾客转而购买更贵的商品。例如在秋冬季节交替时，为了防寒，很多人会购买价格较高的羽绒服。

确实，这种看起来随机的现象往往也蕴含着一些规律。有没有什么常用的办法，帮助我们挖掘复杂系统中的潜在规律呢？

这类办法仁者见仁、智者见智。庞加莱提出过一种办法，现在被称为“庞加莱截影”。我们可以将其理解为通过取某些截面，观察复杂系统与这个截面的交汇点，得到关于复杂系统的一些信息。

您能举例说明吗？

例如，图 11-8 左图看上去是一个杂乱无章的“草堆”（实际上是一个人为构造的向量场），但我们从俯视角度就能看到图 11-8 右图所示的美丽规律。图 11-9 中是另外一个例子，这个例子来自日常生活：我们家附近有一个美丽的公园，公园中栽种了一片茂密的树林，从一个角度很难看出规律，从另一个角度却能轻松看出其中的规律。这就像中国文化中的思想：看待事物的角度不同，会得到不同感受。正如苏轼在《题西林壁》中所写：“横看成岭侧成峰，远近高低各不同。不识庐山真面目，只缘身在此山中。”

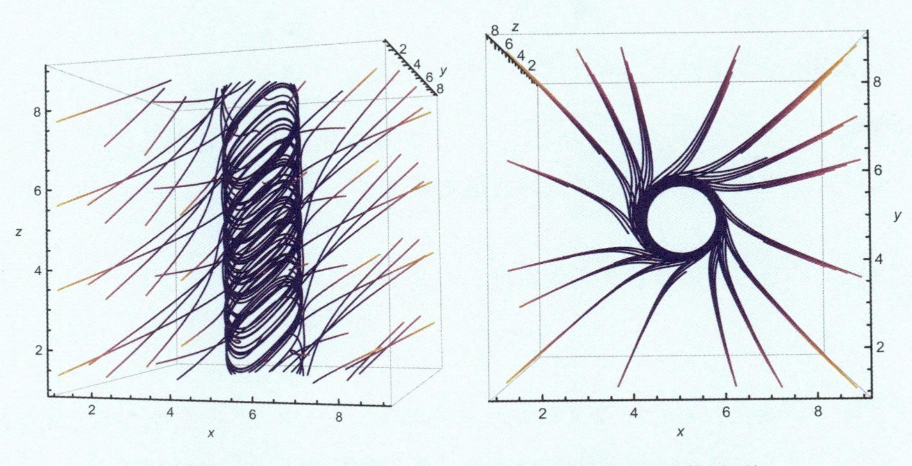

图 11-8　庞加莱截影，从不同角度可以观察到不同的规律

图 11-9　公园里的树木排列，从不同角度看到的景象不同

原来科学和生活一样，换一个角度去观察和思考，就能焕然一新！

对话 12：

最优作用量原理

人物： 数学老师朱老师  、学生王同学 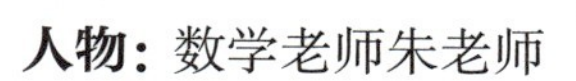

王同学，这次我们来讨论“最优作用量原理”。这个范式关注的是，到底是什么决定了一个系统何时达到最优解。

什么是“最优作用量原理”？

最优作用量原理最初指的是自然和社会现象总是遵循“耗费最小”的方式，其本质是某种势能对相关运动趋势的影响。

您能举例说明吗？

例如平面内有两个地方：A 地和 B 地。我们想从 A 地去 B 地，在没有其他目的的情况下，就会选择两点之间最短的路线，即线段 AB。

这个我知道！两点之间直线段最短。但这和势能有什么关系呢？

还是在刚才的情境下，假设我们位于 A 点，此处有一个电量为 q 的负电荷，而 B 点固定着一个电量为 Q 的正电荷，根据中学物理中的电势能公式，这个两点系统里的电势能为

$$E_q = k\frac{Qq}{r} \tag{1}$$

其中 k 为常数，r 为正负电荷之间的距离。有了势能，就会激发运动，因为正电荷固定于 B 点，负电荷将会沿着从 A 到 B 的方向运动。注意，当两个电荷接近不能再被视为两个点电荷的程度（到了核子尺度）时，上述电势能公式将不再成立，这个过程也会变为另一个过程，但这不在我们的讨论范围内。根据这个例子，我们可以体会到：其实我们所选择的最短路线由受势能影响的运动确定，即沿着势能变化最快的方向。

如果不是在平面上呢？也能用这个原理解释得通吗？

我们改变情境，假设有两个光滑小球——甲和乙，甲带有电量为 q 的负电荷，放置在 A 处；乙带有电量为 Q 的正电荷，固定在 B 处；A、B 两地之间并不是平坦的平面，而是如图 12-1 所示的崎岖不平的曲面，A、B 两地分别位于两个等高山峰的顶端。此时如果释放甲球，它会被库仑力吸引，向乙球靠近，但由于重力作用，它不能直接“腾空”飞到 B 处，只能沿着曲面运动。让我们根据生活经验想象一下，此时的甲球会沿着什么轨迹运动呢？

我想想……甲球会先滚下山坡，然后再沿着山坡向上朝 B 处进发。

你说的是从正视图看的运动过程，如果我们从俯视图看呢？

从俯视图看，它依然是从 A 点到 B 点的一条直线段，如图 12-2 所示。

是的，从图 12-2 的等高线图可以看到，这个方向不仅是电势能变化最快的方向，也是切割等高线最快的方向，即重力势能改变最快的方向。从这个意义上来说，这个运动趋势依然是由势能的最速变化方向决定的。

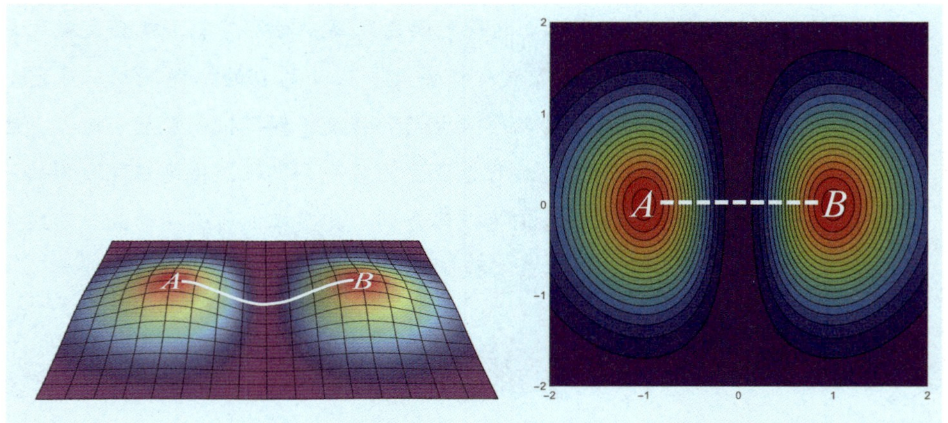

图 12-1 具有两个等高山峰的地貌

图 12-2 图 12-1 的俯视图，图中曲线为等高线，连接山峰两点的最短路径为二者之间的直线段

那么，如果重力势能的最速变化方向和电势能的最速变化方向不同呢？甲球会向哪里运动呢？

如果二者不同，它们就会分别沿着各自的最速变化方向，产生一个各自不同的运动趋势，此时甲球就会沿着二者的合速度方向运动——这样做可以使得整个系统的总势能变化最快。

这个解释很有意思，似乎将运动的合成视为势能的合成了。

是的，这也是比较近代的看法。实际上，公认的最优作用量原理的鼻祖，是曾经在巴黎与大文豪伏尔泰陷入冲突的法国启蒙运动领袖人物之一——莫佩尔蒂。在面对光在水和空气之间的折射现象时，他做出了不同于他的前辈笛卡儿和费马的解释：

“经过对这一问题的深刻思考，我得出结论，光穿过一种介质到另一种介质时，既然它放弃了最短的路线——直线，也可以放弃最快的路线：时间和空间哪个优先？既然光不能同时选择最短和最快的路线，那么它为什么会选择这条路而不是另一条呢？所以它哪条都不选择，它选择了一条具有真正好处的路线：它走的路线作用量最小。”

随后莫佩尔蒂引入作用量“mvl”——m 代表质量，v 代表速度，l 代表距离，计算出了从空气中 A 点到水中 B 点使得 mvl 最小的路线，并得出了与笛卡儿所得结论一致的正弦定律：

$$\sin i = n \sin r \tag{2}$$

其中 i 和 r 分别表示入射角与折射角，n 为两种介质中的光速之比。有趣的是，莫佩尔蒂的结论是正确的，但其推导方式是错误的。一个多世纪后，德国数学家雅可比证明了莫佩尔蒂的方法只有在保守系统（即运动中没有能量耗散的系统）中才有效。但莫佩尔蒂的推导中有两个错误（他的第二个错误是，否定费马关于光在空气中比在水中传播更快的结论），幸运的是，这两个错误相互抵消，从而得到了正确的结论。

两个错误居然相互抵消，得到了正确的结论，科学的历史真是奇妙无比！

是的，莫佩尔蒂的故事算是科学史上的一段传奇，但更奇妙的事情还在后面。虽然伏尔泰在小册子《阿加基亚医生和圣马洛本地人的故事》中对莫佩尔蒂的最小作用量原理极尽讽刺之能，但科学界此时对其产生了浓厚的兴趣，这始于天才数学家欧拉对莫佩尔蒂的理论的支持。很可能是受到欧拉的影响，拉格朗日发展出了分析力学，在他所描述的四个力学原理中，最小作用量原理就是其中之一，但这个原理的内涵依然显得模糊不清。后来，哈密顿将最小作用量原理从三维空间中拯救出来，放到了所谓“相空间”中（相空间是一个六维空间，动量和空间各占三维，用以表示系统所有可能的状态；这个空间里的每个点都代表了系统的一个可能的状态），并指出最小作用量原理的命名并不正确，应该改为“最优作用量原理”——因为事情并不一定朝着作用量最小或（对称地）最大的方向演化，而是朝着最“稳定”的趋势演化。

您能举一个例子吗？

这方面最容易理解的例子见于博弈论，下面是一个博弈情境。

例子：在棒球比赛中，击球手和投球手是对立的双方。投球手可能投出快球和弧线球，击球手也会做出预判，判断投球手是要投快球还是弧线球。投球手的投球策略与击球手的预判策略，会影响双方的得分。

现在学校要举办运动会，X同学要参加一场棒球比赛，他在比赛中的角色是击球手，他的对手Y同学为投球手。双方之前的比赛历史得分记录见表12-1。

表12-1　根据历史跟踪数据得到的各种情况下击球手的平均得分规律

各种情况下击球手的平均得分		投球手	
		投出快球	投出弧线球
击球手	预判为快球	0.4分	0.2分
	预判为弧线球	0.1分	0.3分

现在我们计算二人的最优策略，即二人分别预判快球和弧线球的最优概率为多少？设击球手预判为快球的概率为x，则其预判为弧线球的概率为$1-x$；设投球手预判为快球的概率为y，则其预判为弧线球的概率为$1-y$，其中x和y作为概率均位于区间$[0,1]$中。

容易计算出击球手的得分期望为

$$E=0.4xy+0.2x(1-y)+0.1(1-x)y+0.3(1-x)(1-y) \tag{3}$$

展开后化简可得

$$E=0.4xy-0.1x-0.2y+0.3 \tag{4}$$

我们在相空间$x-y-E$中画出（4）式所表示的曲面，如图12-3所示。

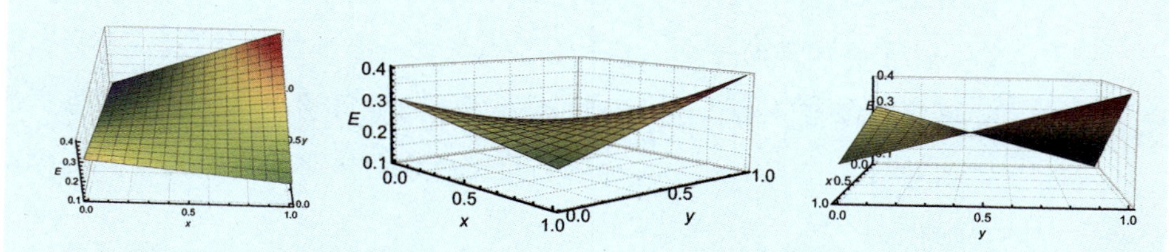

图12-3　相空间中曲面$E=0.4xy-0.1x-0.2y+0.3$在不同角度下的图像

可以看到，这是一个类似于“马鞍面”的曲面——两条对角线分别向相反方向弯曲。在数学上，可以证明上面这个曲面由直线滑动形成，是一个“直纹面”。如果我们取一些不同x、y取值下的E值做成表格（表12-2），就会看到：沿着从左上角到右下角的方向看，$(x,y)=(0.5,0.25)$对应最小值；沿着从右上角到左下角的方向看，$(x,y)=(0.5,0.25)$对应最大值；当$x<0.5$且$y<0.25$，或$x>0.5$且$y>0.25$时，E值均大于$(x,y)=(0.5,0.25)$处E值；当

$x<0.5$ 且 $y>0.25$，或 $x>0.5$ 且 $y<0.25$ 时，E 值均小于 $(x,y)=(0.5,0.25)$ 处 E 值。我们称 $(x,y)=(0.5,0.25)$ 为这个博弈系统的“鞍点”。

表 12-2 曲面 $E=0.4xy-0.1x-0.2y+0.3$ 上不同 x、y 取值下的 E（局部）

x \ y	0	0.05	0.1	0.15	0.2	0.25	0.3	0.35	0.4	0.45	0.5
0	0.3000	0.2900	0.2800	0.2700	0.2600	**0.2500**	0.2400	0.2300	0.2200	0.2100	0.2000
0.05	0.2950	0.2860	0.2770	0.2680	0.2590	**0.2500**	0.2410	0.2320	0.2230	0.2140	0.2050
0.1	0.2900	0.2820	0.2740	0.2660	0.2580	**0.2500**	0.2420	0.2340	0.2260	0.2180	0.2100
0.15	0.2850	0.2780	0.2710	0.2640	0.2570	**0.2500**	0.2430	0.2360	0.2290	0.2220	0.2150
0.2	0.2800	0.2740	0.2680	0.2620	0.2560	**0.2500**	0.2440	0.2380	0.2320	0.2260	0.2200
0.25	0.2750	0.2700	0.2650	0.2600	0.2550	**0.2500**	0.2450	0.2400	0.2350	0.2300	0.2250
0.3	0.2700	0.2660	0.2620	0.2580	0.2540	**0.2500**	0.2460	0.2420	0.2380	0.2340	0.2300
0.35	0.2650	0.2620	0.2590	0.2560	0.2530	**0.2500**	0.2470	0.2440	0.2410	0.2380	0.2350
0.4	0.2600	0.2580	0.2560	0.2540	0.2520	**0.2500**	0.2480	0.2460	0.2440	0.2420	0.2400
0.45	0.2550	0.2540	0.2530	0.2520	0.2510	**0.2500**	0.2490	0.2480	0.2470	0.2460	0.2450
0.5	**0.2500**	**0.2500**	**0.2500**	**0.2500**	**0.2500**	0.2500	**0.2500**	**0.2500**	**0.2500**	**0.2500**	**0.2500**
0.55	0.2450	0.2460	0.2470	0.2480	0.2490	**0.2500**	0.2510	0.2520	0.2530	0.2540	0.2550
0.6	0.2400	0.2420	0.2440	0.2460	0.2480	**0.2500**	0.2520	0.2540	0.2560	0.2580	0.2600
0.65	0.2350	0.2380	0.2410	0.2440	0.2470	**0.2500**	0.2530	0.2560	0.2590	0.2620	0.2650
0.7	0.2300	0.2340	0.2380	0.2420	0.2460	**0.2500**	0.2540	0.2580	0.2620	0.2660	0.2700
0.75	0.2250	0.2300	0.2350	0.2400	0.2450	**0.2500**	0.2550	0.2600	0.2650	0.2700	0.2750
0.8	0.2200	0.2260	0.2320	0.2380	0.2440	**0.2500**	0.2560	0.2620	0.2680	0.2740	0.2800
0.85	0.2150	0.2220	0.2290	0.2360	0.2430	**0.2500**	0.2570	0.2640	0.2710	0.2780	0.2850
0.9	0.2100	0.2180	0.2260	0.2340	0.2420	**0.2500**	0.2580	0.2660	0.2740	0.2820	0.2900
0.95	0.2050	0.2140	0.2230	0.2320	0.2410	**0.2500**	0.2590	0.2680	0.2770	0.2860	0.2950
1	0.2000	0.2100	0.2200	0.2300	0.2400	**0.2500**	0.2600	0.2700	0.2800	0.2900	0.3000

我猜这个“鞍点”与击球手和投球手双方的最优策略有某种关系。

猜对了！实际上，如果假定击球手和投球手双方完全理性，则二人的策略一定会取在鞍点处，即击球手的最优策略为 $x=0.5$，投球手的最优策略为 $y=0.25$——如果有人偏离了这个位置，对方就有办法让自己吃亏。

我发现啦！从表 12-2 中可以看出：如果击球手选择了小于 0.5 的策略（即使得 $x<0.5$），那么投球手就可以通过增加其策略概率（即使得 $y>0.25$）而令击球手的得分降低，这会令击球手吃亏；反过来，如果投球手增加其策略概率（即使得 $y>0.25$），那么击球手就可以通过增加其策略概率（即使得 $x>0.5$）而增加自己的得分，又会令投球手吃亏；其他情形类似。这就使得击球手和投球手双方都不愿离开鞍点的位置。

所以这个点就被称为“均衡点”或“稳定点”。特别的是，这个点既不是系统的最大值，也不是最小值，而是使系统最稳定的值。

所以最优作用量原理中的“最优”，其实指的是“系统沿着最稳定的状态发展”吗？

你的这个说法和雅可比是一致的，这位 19 世纪杰出的德国数学家在《动力学讲义》中明确强调了，“稳定”是比令作用量最大或最小更好的选择。但是，这随后引发了哲学和宗教层面的疑惑：人们可以理解全知全能的“造物主”为了节约宇宙燃料所抱有的“最小作用量原理”，却无法理解他为什么要费尽心力保持世界的稳定，因为在“造物主”看来，世界稳定与否只是人的表面感受，这种感受具有片面性和暂时性，不稳定也不可靠。

这样讨论下去越来越抽象了，难道不能有一种通用的几何上的直观解释吗？

很可惜，寻找事物发展所遵循的“稳定原理”往往十分困难，其关键在于找到指向问题主要矛盾的“势能”，这在数学上等价于求解变分法的反问题，至今还未完全解决。但一位伟大的数学家为我们提供了另一种理解的方式，他就是庞加莱。

庞加莱得出几何上的解释了吗？

并没有，但是他提出了一个革命性的哲学观点——庞加莱声称科学不是致力于真理，而是致力于便利。他在《科学与假设》中明确指出了这一点：

“通过自然选择，我们的心智本身适应了外部世界的条件，它采用了对于人种来说最有利的几何学，或者换句话说，最方便的几何学。这与我们的结论完全相符：几何学不是真实的，它是有利的。”

庞加莱不再将科学作为驶向真理的风帆，而是作为方便人类解释世界的方式。这就使得“最优作用量原理”连同“稳定作用量原理”作为一种至今为止最方便的范式被认可，并将其背后的原理从形而上学和宗教中解放出来，完全作为一个纯粹的数学问题被留传下来。

如果承认“最优作用量原理”这个范式，那么它在数学建模中有哪些可借鉴之处呢？

我用国际数学建模挑战赛（IMMC）的一道赛题来解释最优作用量原理在数学建模中的力量。赛题给出了某个国际会议的与会者名单（这些与会者位于不同的城市、国家 / 地区，甚至大洲），其中包括姓名和居住地，要求基于这些信息确定举办会议的最佳城市。

可这个问题和最优作用量原理有什么关系呢?

直接看上去，两者没有关系，我们需要对其进行转化。首先需要确定：选取会议举办地需要考虑的主要因素是什么?

我想想……是距离因素吗?

其实距离因素并不准确，例如：北京与驻马店的距离小于北京与澳门的距离，但从北京到澳门可以搭乘飞机，而从北京到驻马店只能搭乘高铁，这导致从北京到澳门实际所用的时间可能更短。

那就应该考虑时间因素。

一旦确定了时间是主要因素，就不能不考虑时差问题——如果会议举办地选取得不好，与会者就会面临到达时间为深夜或刚下飞机就要开会的窘况。所以，我们还需要考虑时差不同所带来的便捷性差异。

那该怎么办呢?

我们可以采用如下策略：首先假设只有一人参会，那么对于他而言，地球上的不同地点就按照时间因素（包括时间长短和时差因素）被赋予了高低不同的分数，这就是这个人自己的“势能函数”。不同的人的势能函数相互叠加在一起，就形成了一个“总势能函数”。然后，我们要寻找这个“总势能函数”的最小值所在地。从直观上理解，“总势能函数”就仿佛是包裹在地球表面的一层“时间成本外壳”——时间成本越高的地方外壳越厚，时间成本

越低的地方外壳越薄，地球在“时间成本外壳”下形成了不同于现实地球的一个“理念地球”，它的地势丘陵起伏，由“时间成本外壳”决定——寻找“总势能函数”最小的地点，就是寻找这个“理念地球”的地势最低点。

这个方法很有意思。但另一个问题是，万一计算出的总势能函数最小的地点在大海里或者在沙漠里，岂不是不合理?

所以，在解决了作为主要矛盾的时间成本之后，还需要解决地点的问题。解决的思路也是使用最优作用量原理——我们可以从硬件设施、文化氛围和生活便捷程度来给全球的大城市打分，选出前几十名作为候选城市，并根据不同的评分放置大小各异的正电荷。因为我们刚才给地球套上了“时间成本外壳”，所以这些正电荷现在并不位于真实的地球表面，而是位于“理念地球”的“时间成本外壳”上。现在，我们假设有一个带有负电荷且可以根据外壳地势和磁力作用光滑移动的小球，我们将其释放在刚才计算得出的“时间成本外壳”的地势最低处，看小球最终稳定在哪里？它最终稳定的地方，就是最佳的会议举办地。

但是，这时“时间成本外壳”的地势起伏跨度的变化，连同正负电荷电量的变化，都会影响这个最终稳定位置。

说得没错！这些正是这个模型中的几个重要参数。通过对这些参数进行调整以及灵敏度分析，我们可以找到令系统最稳定的参数取值，并依据此时的参数取值来计算得出会议举办地——这再次用到了最优作用量原理！

哦，我明白了！这个例子中前后用了三次最优作用量原理，用以解决不同层面的问题。

是的，问题所处环境的变化、面临的主要矛盾及其主要方面的变化，以及所要达成的目标的标准变化，都会指向具有不同“势能函数”的最优作用量原理——但无论哪种最优作用量原理，都能被理解为寻找某个势能函数的最稳定状态。

对话 13：

迭代进化和熵增原理

人物： 数学老师朱老师、学生王同学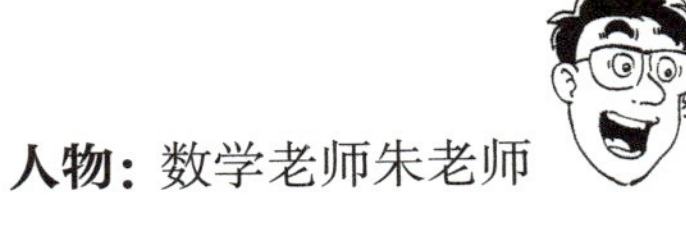

这次我们来讨论最后一个范式——“迭代进化和熵增原理”。从某种意义上来讲，这个范式为世间万物的运转给出了一个定向。

迭代我知道！例如，对于函数$f(x)$而言，$f(f(x))$就是一次迭代，$f(f(f(x)))$就是两次迭代，以此类推。可您说的熵增原理是什么？为什么二者被放到一起考虑？又和您说的“世间万物运转的定向”有什么关系呢？

我们一个个地来展开解释。首先从你熟悉的迭代说起。你知道吗？迭代可能会带来收敛，也可能会带来混乱。

我记得高中学习三角函数时，老师曾经让我们计算过一个例子：设$f(x)=\frac{1}{2}\sin x$，并记其n次迭代为

$$\underbrace{f(f(f(\cdots f(x)\cdots)))}_{n\text{个}f} \overset{\text{记为}}{=} f^{(n)}(x) \tag{1}$$

则对于任意实数x，随着迭代次数n的增加，$f^{(n)}(x)$的值会逐渐趋近于0，即$\forall x\in\mathbb{R}$，均有

$$\lim_{n\to+\infty} f^{(n)}(x)=0 \tag{2}$$

你能说明它的原理吗？

我想想……只需要注意到$|\sin x|\leqslant|x|$，便可得到

$$\left|f^{(n+1)}(x)\right|=\left|\frac{1}{2}\sin\left(f^{(n)}(x)\right)\right|\leqslant\frac{1}{2}\left|f^{(n)}(x)\right| \quad (3)$$

进而有

$$\left|f^{(n+1)}(x)\right|\leqslant\frac{1}{2}\left|f^{(n)}(x)\right|\leqslant\frac{1}{2^2}\left|f^{(n-1)}(x)\right|\leqslant\cdots\leqslant\frac{1}{2^n}\left|f^{(1)}(x)\right|=\frac{1}{2^n}\left|\sin(x)\right|\leqslant\frac{1}{2^n} \quad (4)$$

自然可得$f^{(n)}(x)$随n的增加而逐渐趋近于 0 的结论。

这个方法是正确的。那如果去掉$f(x)$前面的系数$\frac{1}{2}$呢？

和原来一样处理即可，同样利用$|\sin x|\leqslant|x|$，可得……等等，用刚才的办法只能得到

$$\left|f^{(n+1)}(x)\right|\leqslant\left|f^{(n)}(x)\right|\leqslant\cdots\leqslant\left|f^{(1)}(x)\right|=\left|\sin(x)\right|\leqslant|x| \quad (5)$$

这时候就没法像刚才一样看出其收敛性了！

但是这时我们至少可以看到，固定x后，$\left|f^{(n)}(x)\right|$作为关于n的数列是单调递减的。

确实，因为此时有

$$\left|f^{(n+1)}(x)\right|=\left|\sin\left(f^{(n)}(x)\right)\right|\leqslant\left|f^{(n)}(x)\right| \quad (6)$$

哎？等等！数列单调递减要求后一项严格小于前一项，但上面这个不等式中存在着等号。

是的，但这并不要紧。实际上，

$$\left|f^{(n+1)}(x)\right|=\left|f^{(n)}(x)\right|\Leftrightarrow\left|\sin\left(f^{(n)}(x)\right)\right|=\left|f^{(n)}(x)\right| \quad (7)$$

于是$f^{(n)}(x)$只可能是三角方程$|\sin x|=|x|$的根。但当$x\in\left(-\frac{\pi}{2},\frac{\pi}{2}\right)$时，我们在

高中课内熟知不等式

$$|\sin x| \leqslant |x| \tag{8}$$

当且仅当 $x=0$ 时等号成立；而当 $|x| \geqslant \frac{\pi}{2}$ 时，必有

$$|\sin x| \leqslant 1 < \frac{\pi}{2} \leqslant |x| \tag{9}$$

综上所述，（7）式只可能在 $f^{(n)}(x)=0$ 时出现。这样一来，对于后面所有的 $N>n$，就都有 $f^{(N)}(x)=0$ 了。

这种情况就成了极限（2）成立的一个特例，刚好就是我们想要的！

是的，我们只需要考虑（7）式中等号永远不成立的情形就可以了。这时候，$\left|f^{(n)}(x)\right|$ 作为关于 n 的数列是递减的。数学上有个定理，叫单调有界定理，说的是如果一个数列单调且有界，那么它就一定存在极限。

我不记得高中时学过这个定理啊！

没错，这是一个在大学里才会学到的定理。但是我们时常会见到它的直观图景，只是平时很少有人去关注罢了。图 13-1 展现了我们学校走廊中的一段，请你观察天花板的灯在图片中的排列规律，你会发现什么呢？

由大到小，由近及远，从上到下，它们之间的缝隙越来越小，最后……啊！我明白您的意思了。假如有一个无限长的走廊，同样每隔一段等长的距离安放一个灯，然后以同样的视角拍摄一张照片，那么在这张平面照片中，灯的中心点的竖直位置也将从上到下不断降低。哪怕走廊是无限长的，灯带也不会掉落到地板上，因此灯的中心点在平面照片中的竖直位置就形成了一个单调递减且有下界的数列。依靠视觉经验，我们很容易想象这个数列一定有极限，即走廊无限延长时，地板和天花板最终交汇的那一点。

图 13–1 走廊里天花板上灯的排列为单调有界提供了思想实验场景

你说得特别对！但其中有一个小局限——你刚才说“每隔一段等长的距离安放一个灯”，这个距离的等长性在推理时其实没有起到作用。

是的，距离的长短其实无所谓，只要灯是单调排列的，那么我们因为受到远近视差的影响，看到的间距都会越来越小。这样一来，这个思想实验就可以涵盖所有单调递减且有界的数列的例子。

没错。实际上，虽然刚才的推理看起来是定性的和经验的，但将其改写为数学语言就可以得到严格的数学证明，咱们在这里就不详细展开了。

回到刚才的例子，我们已经将情况约化为关于 n 的数列 $\left\{\left|f^{(n)}(x)\right|\right\}$ 单调递减的情形，同时，数列的通项在取绝对值之后显然有天然的下界 0，于是我们就可以对数列 $\left\{\left|f^{(n)}(x)\right|\right\}$ 利用单调有界定理，进而得出 $\left|f^{(n)}(x)\right|$ 有极限的结论。

没错！一旦知道了 $\left|f^{(n)}(x)\right|$ 有极限，根据连续函数与极限运算的交换性，通过对

$$\left|f^{(n+1)}(x)\right|=\left|\sin\left(f^{(n)}(x)\right)\right| \tag{10}$$

两边取极限（即等式两边同时令 $n\to+\infty$），可得如下方程：

$$\left|\lim_{n\to+\infty}f^{(n+1)}(x)\right|=\left|\sin\left(\lim_{n\to+\infty}f^{(n)}(x)\right)\right| \tag{11}$$

显然 $\lim\limits_{n\to+\infty} f^{(n+1)}(x)=\lim\limits_{n\to+\infty} f^{(n)}(x)$，于是 $\lim\limits_{n\to+\infty} f^{(n)}(x)$ 就是方程 $|\sin u|=|u|$ 的根，这个根只能是 $u=0$。

看来这个证明的关键在于单调且有界。

是的。实际上，一个迭代过程不一定收敛，而其是否收敛及收敛性的证明，都等价于是否存在某个与其直接相关的指标是单调有界的。

在刚才的问题中，$\left|f^{(n)}(x)\right|$ 就是这个指标。

是的。这样的指标在数学上被称为李雅普诺夫指标，是分析系统是否会趋于稳定的关键。

但是，许多现实过程是带有随机性的。我记得您在以前的讨论中说过，函数是承载机械论的标准数学结构。您的意思是不是：如果分析带有随机性的过程，就不能再用函数作为工具了呢?

至少不能再将函数作为唯一的或主要的工具了。在前面那个关于灯的思想实验中，即使灯的位置有轻微的随机波动，只要保持由近及远的排列顺序，且不会“掉落到”地板上，那么灯带就依然符合单调有界定理，其结论就不会变。但是，如果灯的随机运动过于剧烈，导致灯的出现顺序发生混乱——不再按照由近及远的顺序，而是可能先出现极远处的灯，然后又出现极近处的灯——这样一来，单调有界定理的适用条件就被破坏了。虽然单调有界定理只给出了数列收敛的一个充分条件，也就是说，即使不满足单调有界性，数列也可能是收敛的，但也有可能会造成发散，甚至出现混沌的现象。

您能举一个例子吗?

有一个一般地构造这种例子的方式，我在《数学建模 33 讲：数学与缤纷的世界》的话题 5 中有所讨论。我们在这里举一个新的例子：设平面无穷点列

$\{P_n(x_n, y_n)\}$，满足如下的递推关系：

$$\begin{cases} x_{n+1} = \dfrac{2}{x_n^{\ 2} + y_n^{\ 2} + 1}\cos\left(\dfrac{1}{x_n} + \dfrac{1}{y_n}\right) \\ y_{n+1} = \dfrac{2}{x_n^{\ 2} + y_n^{\ 2} + 1}\sin\left(\dfrac{1}{x_n} + \dfrac{1}{y_n}\right) \end{cases} \tag{12}$$

并取初值 $(x_1, y_1) = (0.4, 0.6)$，则其行为会出现明显的混沌特征。描绘出这个点列的前 300 项，如图 13-2 所示。

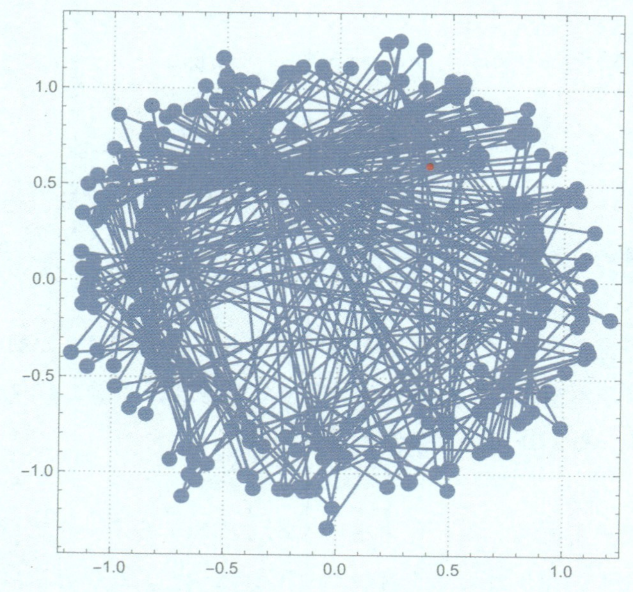

图 13-2 不满足单调有界性的混沌点列的例子，红点为初始点

这样的例子又该如何分析呢？

如果我们局限于通过函数解析式，也就是通过通项公式，或者跟踪其点的运动轨迹来挖掘规律，那么对于这种混沌现象来说，这样的方法则显得十分力不从心。但是，数学已经为我们准备好了从一定程度上观察这种现象的结构，它可以被视为函数的推广，尽管它的思想在历史上出现的时间比函数要早。

您说的是……“映射”？

是的，就是映射。由于函数被限制在数集对数集的范围，因此没法承载一对多和多对多。但是映射……

等等！映射的定义也不允许一对多和多对多啊。

先不要急，等我把话说完。是的，映射也不允许一对多和多对多，却可以承载一对多和多对多。例如，下面这个映射就是多对多。

$$\begin{aligned}\varphi:\{\text{中国人的子集}\}&\to\{\text{正实数的子集}\}\\ \text{中国人的子集}&\mapsto\text{他们的年龄构成的集合}\end{aligned}\tag{13}$$

啊！通过将集合对应到集合的方式，确实可以在不违背映射概念的情况下实现对一对多和多对多的承载。但是这对观察图 13-2 中的例子有什么帮助吗？

首先根据递推式（12）及初始点的选择，我们注意到 $\sin^2 x+\cos^2 x=1$，可得

$$x_{n+1}^2+y_{n+1}^2=\frac{4}{\left(x_n^2+y_n^2+1\right)^2}\tag{14}$$

如果设 $\rho_n=\sqrt{x_n^2+y_n^2}$，即点 $P_n\left(x_n,y_n\right)$ 与坐标原点的距离。代入上式可得

$$\rho_{n+1}^2=\frac{4}{\left(\rho_n^2+1\right)^2}\tag{15}$$

事实上，如果

$$\frac{4}{\left(\rho_n^2+1\right)^2}=\rho_n{}^2\tag{16}$$

即 $\rho_n=1$ 时，或者等价地说，当 P_n 位于单元圆上时，点经过递推关系（12）之后，所得新点与坐标原点的距离不变。

如果用映射的语言描述，这个结果就是递推关系（12）所对应的映射

$$\begin{aligned}\phi:\quad &\mathbb{R}^2 \quad \to \quad \mathbb{R}^2\\ &(x,y) \mapsto \left(\frac{2}{x^2+y^2+1}\cos\left(\frac{1}{x}+\frac{1}{y}\right),\frac{2}{x^2+y^2+1}\sin\left(\frac{1}{x}+\frac{1}{y}\right)\right)\end{aligned} \tag{17}$$

保持平面上单位圆不动。

是的，虽然我们并不清楚单位圆上的一个点到底被映射到单位圆上的哪个其他位置，但实际上，映射 ϕ 诱导出一个映射

$$\begin{aligned}\varphi:\{\mathbb{R}^2\text{中的子集}\} &\to \{\mathbb{R}^2\text{中的子集}\}\\ \text{点集}S &\mapsto S\text{在映射}\phi\text{下的像集}\end{aligned} \tag{18}$$

我们刚才相当于证明了单位圆是映射 φ 的一个不动元（即使得 $\varphi(S)=S$ 的点集 S，注意：S 虽然本身也是集合，但在映射 φ 中为定义域中的元素）。

明白了！利用映射的概念，我们可以将单位圆在映射（17）下的不变性解释为映射（18）下的不动元。

不仅如此，在得到映射（18）的不动元之后，我们就可以对图 13-2 中看似混沌的递推行为做出进一步诠释。在图 13-2 中，初始点 $P_1(x_1,y_1)$ 在单位圆内部，即 $\rho_1<1$。根据（15）式可知 $\rho_2>1$，进而 $\rho_3<1$、$\rho_4>1$、$\rho_5>1$，以此类推。于是我们可以对递推关系（12）做出如下判断：当初始点位于单位圆上时，点列将始终位于单位圆上；当初始点不位于单位圆上时，点列将以交错的方式逐个出现在单位圆内外。

我从这个结论中看出了一些对称的感觉！如果用映射 φ 来描述的话，将单位圆外的区域记为 S^+，将单位圆内的区域记为 S^-，则有

$$\varphi(S^+)=S^-,\quad \varphi(S^-)=S^+ \tag{19}$$

是的，这意味着 S^+ 和 S^- 作为映射 φ 定义域中的两个元素，在 φ 的作用下成了对径点。不仅如此，φ 实际上将单位圆内的狭窄环状区域映射为单位圆外的一个更宽阔的环形区域，图 13-3 中给出了点阵形式的模拟结果。

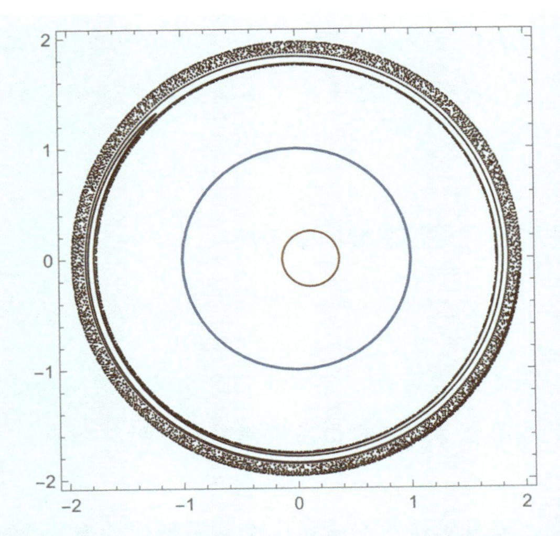

图 13-3 φ将单位圆内的狭窄棕色环状区域映射为单位圆外的环形区域

这张图真美，单位圆外侧的这个圆环就像围绕着土星的光环一样。

我们之所以感觉它看上去很美，是因为它反映出某种对称性。但这种对称性居然是从一片混沌中摸索出来的。

这就是您说的“迭代进化”中“进化”的含义吗？

是的。这里用“进化”这个词，是借助了进化论的隐喻。进化之所以能够带来丰富的物种及其对环境的适应性，一是因为物竞天择的自然选择机制，二是因为生物在自我繁衍过程中所蕴含的随机性——基因以随机的方式遗传和变异，这就为诞生更好的个体属性提供了可能。在巨大的人口基数和漫长的时间加成之下，这种可能性哪怕十分微小，也几乎必然发生，更好的个体进而经由自然选择而扩大其比例优势。

确实，放到刚才的例子中，如果递推关系（12）没有那么错综复杂，我们也难以有机会看到图 13−3 中的美好景象。但是这种从混乱中涌现对称和规律的现象岂不是和物理中的熵增原理相矛盾吗？我记得高中物理中介绍过：熵增原理指的是一个孤立系统（没有外部信息的介入，类似于数学中的内蕴系统）只会越来越混乱，而不会越来越有序。

这并不矛盾。实际上，数学中也有熵的概念，只不过这里的“熵”指的是信息熵，是 1948 年由时任贝尔实验室数学部研究员的香农在其划时代的论文《通信的数学理论》中提出的。

中学生能够理解信息熵的概念吗？

至少对于高中生来说，理解这一概念是没有问题的，因为所需的所有数学结构和直观图景都没有超出高中课内知识的范围。

我记得，信息熵是用来衡量一个离散随机变量所含的信息量大小的。

是的，准确来讲，如果随机变量 X 的分布列如表 13-1 所示，那么它的信息熵就定义为

$$H(P)=\sum_{i=1}^{n}p_i\cdot\log_2\frac{1}{p_i} \tag{20}$$

表 13-1　随机变量 X 的分布列

X	x_1	x_2	x_3	…	x_n
P	p_1	p_2	p_3	…	p_n

注意（20）式中左侧写作 $H(P)$ 而非 $H(X)$，是因为事件所具有的信息量大小与其可能取值无关，仅与其对应的概率分布有关。

为什么（20）式能够衡量随机变量具有的信息量大小呢？

这个问题并不难解释，用的都是生活经验和你作为高中生在课内学过的数学结构。首先，当我们投掷一个六面均匀的正方体骰子时，得到的 1 ~ 6 每个点数的概率分别是多少呢？

1/6。

没错。比如我们想要投掷出“3 点”，那么平均投掷多少次才能得到一次 3 点呢？

因为每个面出现的概率均为 1/6，所以平均投掷 6 次就可以得到一次 3 点。等等……但是不一定每投掷 6 次就得到一次 3 点啊！我投掷了 100 次才出现一次 3 点也是可能的！

确实是这样。但是别忘了，投掷 1 次就得到 3 点也是可能的。而所谓的“平均 6 次掷出一个 3 点”是在概率意义上的一种平均次数。这个平均次数可以这样理解：如果我们投掷 6 次，不一定会出现一次 3 点；但是如果我们投掷 6 万次，那么在等可能假设下，出现 3 点的次数与投掷 1 万次时的相对偏差就会小得多。从这个意义上说，如果我们进行无穷多次投掷，那么平均每 6 次就能掷出一次 3 点。

确实是这样！那我理解了，$\frac{1}{p_i}$ 就是让 X 取到 x_i 所需的平均实验次数。那为什么（20）式中要对这个次数 $\frac{1}{p_i}$ 取以 2 为底的对数呢？

这就要借助生活经验了。假设现在小明有 7 颗豆子，分别扣在 7 个材质、形状和大小都相同的瓷碗下，其中只有一颗红豆，其余均为绿豆；小红须通过询问小明以确定红豆的位置，但小明的回答只能是“是”或“否”。那么小红最少需要问多少个问题才能确定红豆的位置呢？这里我们假设小明在回答时不会说谎。

最多需要 6 个问题就足以确定红豆的位置了，因为小红可以对每个碗问一次：“红豆在这个碗下吗？”如果得到肯定答复，则红豆被找到；如果前 6 次得到的都是否定答复，那红豆肯定位于剩下的那个碗下。

说得没错，但我们还可以这样做：首先我们将这 7 个碗从 1 到 7 编号，然后依次询问小明如下三个问题：“红豆在 1、2、3、4 号碗下吗？”“红豆在 1、2、5、6 号碗下吗？”“红豆在 1、3、5、7 号碗下吗？”根据对这三个问题的回答，就能唯一确定红豆的位置了——最少只需要三个问题。

让我来检验一下：如果小明对上述三个问题的回答依次是“是、否、是”，那就意味着……红豆只能在3号碗下。如果红豆在5号碗下，那么小明的回答就只能是……“否、是、是”。等等！那如果小明的回答是“否、否、否”呢？那就没有对应的碗了。

说得没错，但小明是不会回答“否、否、否”的，因为小明的回答是诚实的，红豆一定在1～7号碗中某一个之下，小明的回答只会是如下七个之一：“是、是、是”“是、是、否”“是、否、是”“是、否、否”“否、是、是”“否、是、否”“否、否、是”。

确实，老师，我怎么感觉这里有二进制的“味道”？

你想得很对，其实这个问题背后的原理就是二进制。如果我们将碗的编号写为二进制形式，那么编号就和刚才的回答一一对应了，如表13-2所示，其回答被转化为二进制编码后，与碗的编号的二进制编码之和均为8（1000）。通过图13-4，你也可以看到其直观图景其实是一棵二叉树。

表13-2 编号的二进制表达及其对应的回答

碗的编号	1	2	3	4	5	6	7
二进制表达	001	010	011	100	101	110	111
对应回答（1为是，0为否）	111	110	101	100	011	010	001
二进制加和	1000	1000	1000	1000	1000	1000	1000

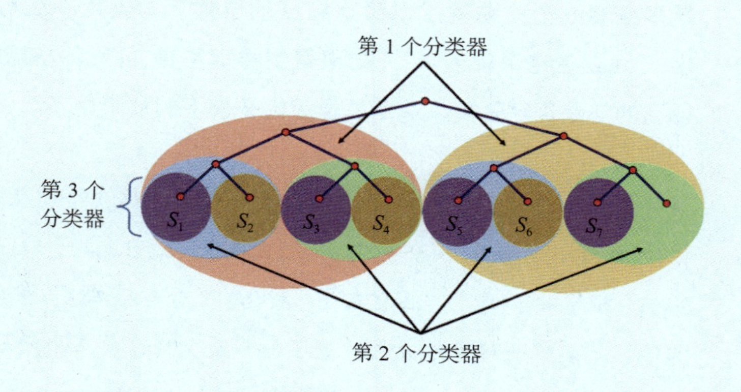

图13-4 利用二进制构造分类器，以分类数为7为例

果然如此！那我就明白为什么只需要 3 个问题就能得到结果了，因为 $2^3 > 7 > 2^2$，两个问题肯定不够，三个问题刚刚好！

或者，你也可以用 $\lceil \log_2 7 \rceil$ 来得到问题个数“3”，这里的“$\lceil x \rceil$”表示对实数 x 向上取整。

回到信息熵的定义，我们刚才已经理解了 $\frac{1}{p_i}$ 为随机变量 X 取到 x_i 所需要的实验次数，那么 $\left\lceil \log_2 \frac{1}{p_i} \right\rceil$ 就是从 $\frac{1}{p_i}$ 次实验中确定哪一次实验的结果出现 x_i 所需要的“是 / 否”问题的最少个数。

没错。然后我们对这个次数求期望，即可得到信息熵的定义（20）式。

但是这样一来，（20）式应该形如：

$$H(P) = \sum_{i=1}^{n} p_i \cdot \left\lceil \log_2 \frac{1}{p_i} \right\rceil \tag{21}$$

为什么（20）式中没向上取整呢?

这有两方面的原因。首先，$\frac{1}{p_i}$ 和 p_i 不一定是整数，所以对整数的执着不能真的传递到 $H(P)$ 身上；其次，我们希望能够区分“从 7 个碗里找到红豆”和“从 6 个碗里找到红豆”之间的信息量差异，一旦向上取整，这些差异就会消失（因为 $\lceil \log_2 6 \rceil = \lceil \log_2 7 \rceil = 3$）。

确实，取消向上取整之后，$\log_2 x$ 就变成关于“次数” x 连续变化的量了，这样就能区分出 x 的哪怕很微小的差异和波动。

所以（20）式的直观含义就十分清楚了，即

$$H(P) = \begin{array}{l}\text{随机变量}X\text{取到}x_i\text{所需的平均实验次数}1/p_i\\ \text{通过“是/否”问题确定所需的最少问题个数}\\ \text{在分布}P\text{下的期望值}\end{array} \tag{22}$$

怎么根据这种直观含义去理解“信息熵表示随机变量所含的信息量”呢？

“是/否”问题是人类获得信息所需要的最基本的结构，香农用定位一个随机变量的取值所需要的这种基本结构的最少平均个数（即比特数），来表征此随机变量所具有的信息量。

您能举一个例子吗？

假设我们发行一种彩票，只有中奖和不中奖两种结果，共发行 2^{100} 张，其中 2^{10} 张中奖，其余（$2^{100}-2^{10}$）张不中奖。所以平均每抽取 $2^{100}/2^{10}=2^{90}$ 张彩票即可中奖一次。根据信息熵的定义，当一张彩票未开奖时所具有的信息熵就是

$$H_1=\frac{2^{10}}{2^{100}}\log_2\frac{2^{100}}{2^{10}}+\frac{2^{100}-2^{10}}{2^{100}}\log_2\frac{2^{100}}{2^{100}-2^{10}}\approx\frac{90}{2^{90}} \tag{23}$$

如果我们改变规则，令 2^{100} 中有一半中奖，另一半不中奖，则此时一张未开奖的彩票所具有的信息熵即为

$$H_2=\frac{1}{2}\log_2 2+\frac{1}{2}\log_2 2=1 \tag{24}$$

两种情况下的信息熵之比（H_2/H_1）超过 2^{80} 倍。这两种彩票在信息熵上的差距，反映了两者所含信息量的差距——在第一种情况下，中奖是很难的，所以任取一张彩票，其所含信息几乎就是“不中奖”，其所含信息的随机性较少。如果有人告诉你这张彩票不会中奖，那么你大概率不会感谢他，因为他说的几乎是“废话”。在第二种情况下，中奖与不中奖的概率相同。这时候，如果再有人告诉你这张彩票不中奖，那么你就需要好好感谢他了，因为他的建议可以帮助你消除很多不确定性。

我明白了！所谓的信息量，也就是随机变量所含的不确定性的大小，正是信息熵的定义（20）式所希望表达的内涵。但是数学里的信息熵和物理中的熵增原理是否相通呢？即数学里是否也有与物理中的熵增原理类似的原理呢？

当然有，信息论中有一个著名的不等式，叫数据处理不等式（data processing inequality），如下：

$$I(x;y) \geqslant I(x;g(y)) \tag{25}$$

其中$I(x;y)$表示随机变量x和y所具有的“互信息”，可以理解为二者共有的信息量，或通过其中一个变量所观察到的另一个变量的信息量；$g(y)$表示对随机变量y的某种统计描述，例如取期望、方差，等等。在这里，我们不去给出其数学形式化定义，仅从直观含义上理解它。

这个不等式的含义是不是：随着数据处理，互信息在不断降低？怎么证明这件事呢？

是的，这个不等式的证明其实并不难，我们下面从直观意义上解释一下：

$$\begin{aligned} I(x;g(y)) &= I(x;y,g(y)) - I(x;y \mid g(y)) \\ &= I(x;y) + I(x;g(y) \mid y) - I(x;y \mid g(y)) \\ &= I(x;y) - I(x;y \mid g(y)) \\ &\leqslant I(x;y) \end{aligned} \tag{26}$$

这些都是啥？！

$I(x;y \mid z)$表示在已知随机变量z的分布的情况下，x和y的互信息大小。于是第一个等号的含义为“x和$g(y)$所含互信息大小，等于x与‘y和$g(y)$的联合分布’所含互信息大小减去已知统计量$g(y)$分布的情况下x和y所含互信息大小”；第二个等号则是将“y与$g(y)$的联合分布”按照概率中的分步乘法原理拆分为“先确定y的分布，再基于y的分布确定$g(y)$的分布”；第三个等号是因为如果已知了y的分布，则$g(y)$中就不会再含有任何不确定性，互信息自然为0；最后的不等号是因为互信息有非负的属性。

但是上面提到的互信息不断降低与熵增原理又有什么关联呢？

关联就隐藏在刚才讨论的“迭代进化”过程中。

您能展开讲讲吗？

好的。我们刚才说，迭代进化有时会趋于稳定，有时会趋于发散，有时会催生混乱。不同的演化系统所对应的信息熵也不同：趋于稳定或趋于发散的演化系统，在无穷远的某个时刻的状态作为随机变量的信息熵比较低，这是因为系统的未来所具有的不确定性小；如果是催生混乱的系统，在无穷远的某个时刻的状态作为随机变量的信息熵比较高，这是因为系统的未来所具有的不确定性大。

不确定性的大小可以指导我们应采取何种方式来挖掘系统所具有的规律。对于低信息熵系统，演绎法往往是很好的办法，演绎就是在做内蕴的数据处理，通过对现有结构的变形来观察其性质。由于系统信息熵本来就较低，因此无须过于复杂的变形就能挖掘其规律，我们也往往更容易找到充分统计量〔或系统的等价变形，即使得不等式（25）中等号成立的处理方式 g 〕。例如本次对话第一个例子中的 $\left|f^{(n)}(x)\right|$，演绎法降低了数据处理所造成的互信息的耗散。对于高信息熵系统，演绎法往往不是特别聪明的做法。相比之下，考察区域到区域的映射，或引入其他结构（例如，从系统中截取某一段截影，就像图 13-3 中那样）来观察更能有效地挖掘规律。这时，综合法就会起到更大的作用，因为推理过程中会反复出现综合判断（指非经演绎得出的、借由经验结合归纳所得的假说）和对综合判断的查验。

我明白了！这样一来，系统未来的信息熵大小，即估计系统未来趋势的难易程度，可以直接指导我们选取何种方式——是用内蕴的演绎法，还是用综合法或引入其他结构。这让我想起做数学证明题时，面对简单的问题使用演绎法就足矣，但面对复杂难证的问题则须使用综合法，从结论反推出前序的步骤。同时，这也提醒我们，在处理数据时，应当尽可能地使用充分统计量，以减少互信息的损耗。但这和熵增原理又有什么关系呢？

考虑在演化过程中自带随机性的情形——这个随机性可能是由数据的处理过程带来的互信息的耗散，也可能来自外界对系统叠加的噪声——下一步的状

态不仅由上一步的状态所决定，还会受到某个随机波动的影响。这时候，系统中的随机性往往会随着迭代次数的增加而逐渐放大，导致系统的信息熵增高。所以物理中的熵增原理也存在于信息处理中。

我想起小时候玩的传话游戏——十几个小朋友排成一列，从第二个小朋友开始，逐个向后面的小朋友复述自己从前面的小朋友那里听到的故事，并且保证在说“悄悄话”的时候别的小朋友听不到；当传到最后一个小朋友时，第一个小朋友和最后一个小朋友分别大声说出原始故事和经过多次演化的“悄悄话”故事。有意思的是，这时我们往往就会发现二者大相径庭。我在小时候一直不知道这是为什么，现在看来，正是每一次传话的过程中都或多或少地引入了随机性（或等价地，互信息的耗散），而迭代进化则使这种随机性累积起来，导致系统变得更加混乱。

你举的这个例子很生动！至此，我们终于结束了对所有十个范式的初步讨论，这些范式都会在数学建模的过程中起到关键的作用：它们有的给出了观察问题的角度和方法，有的规定了解决问题的标准和评价，有的指明了选取结构的方向和矛盾，有的阐释了系统演化的前景和模式。这十个范式往往不是孤立的，而是相互融合着发挥作用。在解决一个具体问题时，我们很难说到底仅用了哪一个范式。在更多的情况下，我们是在解决问题的不同局部，依据主要矛盾和矛盾主要方面的变化，暂时考虑某一个范式，同时兼顾其他范式的要求。

难怪说数学建模是一门艺术——它简直就是用范式作画的大画布！

这个比喻我十分喜欢！是的，数学建模就像用科学范式作画一样，不同的人对科学范式的理解不同，持有的观点和视角不同，面对的现象和问题不同，因此他们的画作也就多种多样、色彩纷呈——对作品审美的来源，则根植于人类的超我对于不朽的追求，这也许就是那么多科学家前仆后继地探寻世界的原因和动力吧。

对话 14：

隐喻和类比

人物： 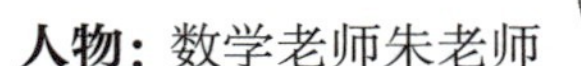  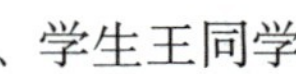 

数学老师朱老师、学生王同学

朱老师，我最近在尝试数学建模时遇到一些困难，尤其是在因素分析和基本假设之后建立数学模型的阶段。有些问题似乎和其他问题很相似，于是我将其他问题的模型迁移过来解决，却总是发现效果并不好，问题出在哪里？

这是初学者常见的问题，问题出在你只看到了两个问题相似的地方，却没有看到它们不同的地方；你看到相似之处就急于套用或迁移，从而犯了将“隐喻”错当成“类比”的毛病。

什么是“隐喻”？什么是“类比”？二者有什么不同吗？

关于隐喻和类比的界定，我们稍后再说，其实不仅有“隐喻”和“类比”。实际上，根据新问题与旧问题的相似程度，创新谱系可分为四个层级：同一、同源、类比和隐喻。

“同一”是相似程度最高的，即两个问题之间的概念、结构和逻辑可以一一对应并互相翻译，类似于初中平面几何中全等或相似的概念。“隐喻”的相似程度是最低的，更近似于直觉上的相似，或为了凸显某种局部相似性而采用的修辞手法。例如，我们经常说“太阳公公在对着我们笑”，这就是一种典型的隐喻。

“同源”和“类比”介于“同一”和“隐喻”之间。“同源”主要指两个问题具有共同的主要矛盾和相似的逻辑结构，但由于环境有所不同，因此主要矛盾的主要方面可能不同，概念及其结构间无法进行完全对等的翻译。而“类比”在相似程度上逊于“同源”，但优于“隐喻”，两个问题的表现形式或所观察到的现象有相似之处，但二者在机理上存在明显的差异。

但我觉得，这个所谓的创新谱系应当是连续的，为什么只有这四个层级呢？

因为这个谱系描述的是两个问题之间的相似程度，自然应当是连续的。上述四个层级是学界抽象出来并用于界定不同相似程度下的合理做法的标度。“同一”和“隐喻”位于谱系的两端并有所延伸，而“同源”和“类比”更多地只具有相对含义，各代表了一个谱系内的区段，二者还可能有所重叠，如图 14-1 所示。

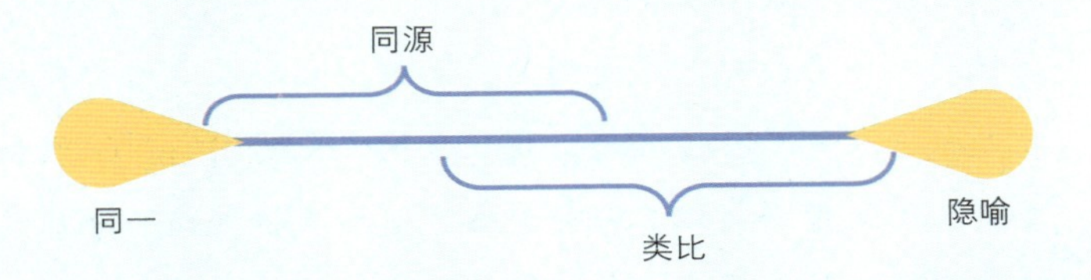

图 14-1 创新谱系中的四个层级：同一、同源、类比和隐喻

我感觉这种说法有些抽象，您能举一些实际的例子吗？

实际的例子有很多。例如，生活在同一个地区（风俗、习惯、经济、教育、身体情况等因素均相同）的两个部落的人口数量变化问题就具有同一性。尽管二者的人口数量可能并不时时相同，但一个部落的人口增长规律也适用于另一个部落；一个部落因人口问题而产生的并发问题，迟早也会发生在另一个部落中——社会学家经常使用同一性来做“自然实验”，即寻找世界上某个和所需研究的种族具有同一环境的部落，切实地观察其社会演化规律，这个方法在戴蒙德的名著《枪炮、病菌与钢铁：人类社会的命运》中得到了大量运用。

那“同源”的例子呢？

例如，我们中国的人口增长有自身的规律，非洲某个国家的人口增长也有自己的规律，二者所需考虑的因素可能完全一样，问题的主要矛盾也相同（都是人口增长）；然而，因为社会环境不同，主要问题的主要方面可能并不一

样。促进中国人口增长的主要因素，在另一国家可能成了次要因素。因此，我们也不能套用中国的人口增长模型来描述和预测另一国家的情况。但是，我们可以利用同源性，将研究中国人口增长时所建立的方法论体系迁移到对另一国家人口增长问题的研究当中。

那有没有“类比”的例子呢？

例如，人口增长和培养皿中的菌群增长就具有类比性：二者都受到资源限制，也都有一定的繁殖能力，甚至人口增长速度的最大值都会“出现在人口大约为环境所能稳定容纳的人口极限数量的一半时”。但是为什么说二者具有类比性而非同源性呢？这是因为，菌群增长和人口增长在机理上有确定的不同之处——人类是有性繁殖，且多数现代文明国家在伦理和法律上要求一夫一妻制，而细菌一般以二分分裂方式进行无性繁殖（个别特殊细菌除外）——这些机理上的不同意味着，即使人口增长与菌群增长的现象具有相似性，我们也不能将对其中一方的研究代替对另一方的研究。但是，我们可以通过其中一方的现象去类比和观察另一方的现象，如通过观察菌群的行为方式来得到对人类社会行为方式的类比式启发。

那“隐喻”有什么例子呢？

在《自然科学与社会科学的互动》一书中，作者伯纳德·科恩对于某些社会科学在研究过程中一味追求“自然科学化”颇有微词。一些社会学家希望将社会隐喻为生命体，以期将生命科学中的研究方法甚至结论迁移过来，供社会科学使用。例如，著名社会学家阿尔伯特·舍夫勒将街道和建筑物看作动物的“骨头和软骨组织”，甚至认为“发现了毛发、指甲和角质皮肤等动物身体保护组织的同源物”——以现代的观点来看，这显然是过分地穿凿附会了。然而，隐喻作为一种修辞手法，它的“感觉和审美”上的启发性和延展性往往是其他几个层级所不具备的。许多出色的科学家在向大众甚至其他科学家解释其理论内涵时，就喜欢并善于使用隐喻的修辞。例如，意大利著名物理学家、圈量子引力理论的开创者之一卡洛·罗韦利，就在《现实不似你所见：量子引力之旅》中将量子引力学中的“时空箱”比喻为“寿司”，里面

“爬”满了被隐喻为“爱因斯坦的软体动物”的时空引力场。罗韦利甚至在书中表明了他对于艺术和文学对科学的强大启发作用的支持态度：
“伟大的科学与伟大的诗歌都充满想象力，甚至最终会有同样的洞见。我们（意大利）的文化中科学与诗歌互相分离，这很愚蠢，它们都是打开我们的视野、让我们看到世界复杂与优美的工具。”

听了您对这四个层级的解读和举例，我好像明白为什么我在建立模型时总是不尽人意了——就像您说的，我把本该是“隐喻”的问题，看成“类比”甚至是“同源”的问题了。

是的，虽然我在前面的讨论中强调过：数学建模一定首先由感性驱动，找到问题痛点、逻辑结构和分析方向，也就是找到问题的主要矛盾和主要矛盾的主要方面，再进行理性的分析和演绎，但这并不意味着可以将一个问题穿凿附会成另一个问题——正因为隐喻具有强大的启发性和感召力，所以我们才必须将其限制在图 14-1 所示的“牢笼”中——你看，“牢笼”这个词也是一种隐喻。

既然隐喻往往具有迷惑性，导致人们错误地迁移了模型，那如何避免隐喻呢？

无法避免，也不应该避免。

让我们容易犯错的事物，难道不应当被避免吗？

首先，从逻辑上说，不能因为“隐喻”位于创新谱系的最右端就去避免它——假设我们真的能够避免它，那么“隐喻”就将从谱系中消失，届时谱系的最右端就变成了“类比”。与“同源”相较，“类比”的相似度依然较低，随意的“类比”会造成误判，那么是否还要避免“类比”呢？这样下去，这个谱系最终就会只剩下最左端的“同一”——这是荒谬的。
这是因为，如果人们只能被允许从“同一”的角度去思考事物，那么人类科学就会只剩下一堆概念和对概念的判定，而人类会丧失对不同事物之间相似

性的理解能力；这样一来，人们的交流可能就变成了要么零、要么一的二元对立模式，随之而来的是，世界或将丧失统一性与和谐性，法律变得事无巨细、苛刻无比，伦理变得极为严格，容不得人们有半点喘息，社会事务和科学事务变得分崩离析；我们人类所引以为傲的文学和艺术也将不复存在，只剩下名目繁多的工艺来“复现”声音、画面和建筑。

那避免隐喻确实不是一个好选择。这让我想起一段网上流传很广的话，也体现了同一个道理。

“如果尖锐的批评完全消失，温和的批评将会变得刺耳。如果温和的批评也不被允许，沉默将被认为居心叵测。如果沉默也不再允许，赞扬不够卖力将是一种罪行。如果只允许一种声音存在，那么，唯一存在的那个声音就是谎言。”

我也赞同它所表达的道理。我们不能避免隐喻，正相反，我们要接纳它，让它发挥出强大的力量。

刚才您说过，隐喻可以帮助人们产生灵感，这算是它的强大力量之一。

不仅如此，其实从某种意义上来说，整个科学都建立在某种隐喻和类比之上。

那岂不是等同于，科学建立在一个不稳固的地基之上吗?

确实如此。仔细想一想，你能想到的最科学的研究问题的方法是什么?

我觉得是……首先提出假设，然后通过实验验证它，或者通过数学演绎去证明它，这样得到的结论就一定是科学的。

然而，你只是在当前的科学范式下觉得这两种研究方法“合理”，古希腊人就不这样认为，因为古希腊人还没有形成实验科学传统，你能说古希腊没有

科学吗？你只能说古希腊没有现代意义上的科学。说不定，许多年之后的人类进行了新的科学革命，推翻了今天的科学范式，他们看待我们，可能和我们看待古希腊人一样。

但是实验验证和数学证明肯定无懈可击，这是由逻辑保证的。

实验验证的逻辑基础是什么呢？

如果我的模型都能通过现实检验了，难道不能说明它是正确的吗？这是不言自明的逻辑基础。

不对！你的模型对于当前的实验是正确的，不见得再做一次实验依然正确。你之所以觉得实验可以验证理论，是因为你基于经验和想象两方面做了一条先验综合判断——研究的事物是相对稳定的。然而，在许多时候，这条先验综合判断并不正确。例如，你建立了一套从湍流中脱身的数学模型，然后真的在一次航行中利用这个模型幸免于难；你将这个模型教给别人，即使他在同样的航线、同样的地点上再遇到湍流，利用你的数学模型也不见得真的可以逃脱——因为湍流是数学中最难分析和预测的对象之一，环境参数的微小变化会在极短的时间内演化为完全不同的湍流形态——在这个例子中，你的模型最多只能够有效地使用一次，因为正如世界上没有两片同样的叶子，世界上也没有两个同样的湍流（图 14-2）。

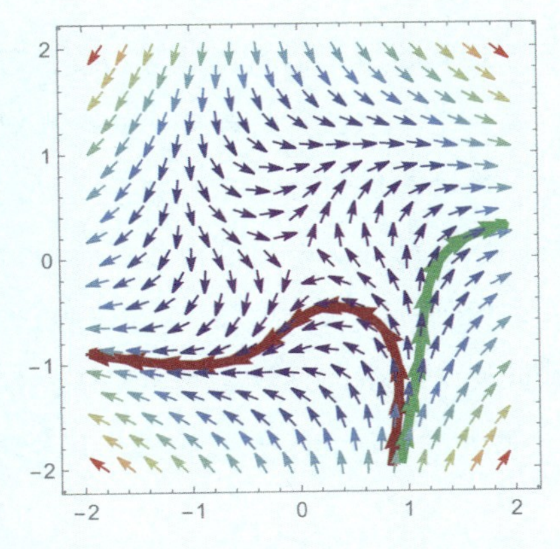

图 14-2 从湍流中相近的两点出发，行进轨迹可能大相径庭

那数学证明呢？数学证明肯定是完美无瑕的。

是的，数学证明肯定是无懈可击的，但是结论不见得就是绝对正确的，除非你能保证作为数学推理基础的公理是完全正确的——平行线为什么一定互不相交？这一点根本无法验证，因为平行线仅存在于观念中，我们在现实中没有见过任何真正的平行线，因为平行线应无限延展，且没有宽度和厚度。即使在数学内部，平行公理也有成立和不成立两个版本，分别对应于欧氏几何与非欧几何。人们曾经认为，欧氏几何是世界的本来面貌，但人们后来发现，其实非欧几何才是世界的本来面貌，欧氏几何只是世界在局部上的近似感觉而已。但你在日常生活中的所有经验，无一例外都是在默认我们所处的空间符合欧氏几何的前提下形成的。

所以我的一切推理，只是建立在我的假设下？

是的，与其说你利用数学证明了一个真理，不如说你只是利用数学证明了在以你的观点为基本假设（即公理）下事情的发展方向。一旦你的基本假设崩塌了，即使推理过程无懈可击，其结论也会随之崩塌。

这太可怕了！这岂不是意味着，这个世界没有真理了吗？如果每个人都在建模时做出不同的假设，缺少判断谁的假设更合理的标准，那岂不是要乱套了？！

这里面有若干层面的问题，不能混为一谈，否则就成了“不可知论”和“怀疑论”了！首先，这个世界是否存在绝对真理，还是一个哲学上尚待解决的问题。其次，绝对真理即使存在，也不一定是唯一的。再次，绝对真理即使存在且唯一，也不见得就一定能由已有的知识和文字表达出来。最后，绝对真理即使存在且唯一，且可以由已有的知识和文字表达出来，判断一个数学模型基本假设是否合理的标准也不见得要指向这个绝对真理——人类不是“绝对真理”的奴隶，而是有自己的福祉和命运。

您说得太形而上了，能举一个实际的例子吗？

这个例子很好举。根据量子力学的观点，空间并不是无限可分的——根据海森伯的测不准原理，物质不可能被限制在一个无限小的空间里，否则它就会具有无限大的动量，瞬间从这个空间中消失，从而形成矛盾。又由于空间和时间是相互关联的，因此时间也不能无限可分。当然，这都发生在极微小的尺度下。然而，当我们平时研究车怎么开、船怎么造、火车怎么提速时，一般不会考虑这种不连续性。你想想，这是为什么呢？

我觉得是因为我们不需要那么高的精度。

是的，在精度允许的范围内，我们可以放松对严格性的要求，从而得到更加简洁的模型和表达——我们不能说它是错误的，因为它可以在要求的精度下很好地解决问题。

所以，在不同精度的要求下其实可以有不同的模型。而我们选取某个模型解决问题，首先是因为它能够解决问题，其次是因为它很简洁，或者说，更方便。

说得对。

看来，脱离精度需求和环境尺度来解决问题真的没什么意义。以前我经常忽视这一点。

这是初学者常犯的错误，往往难以避免。
最后，我还想和你讨论一点关于“隐喻”的事情：你觉不觉得，“隐喻”也好，“类比”也罢，都是在进行分类？我认为这个问题更加重要。

还真是，只不过，这种分类是依据感觉完成的，没那么严格。

其实，“隐喻”和“类比”还带有明显的博物志的内涵。当我们见到新事物、新问题时，凭借感觉将它与已知的事物和问题进行比对，在观念上进行“挂

靠”，在处理方式上进行模仿——当然，这种挂靠和模仿可能会遭遇失败，就像人们曾经认为氧气具有助燃性是因为氧气本身可以燃烧——然而，这种带有博物志色彩的分类和探索，至少会为我们挖掘新知提供可能性。

王阳明曾说：“虚灵不昧，众理具而万事出。心外无理，心外无事。”这句话表达的就是这个道理。这要求我们必须以开放的心态去看待这个世界和各种理论的可能性，既不能因为新事物与传统事物不同就排斥它，也不能因为新事物带有传统事物所没有的属性就盲目地跟随它。我们要接纳新事物的存在，同时挖掘它和其他事物之间的关系，在比较过程中，我们可以引出更深刻的思考，发现更深刻的规律。

这么说来，中国哲学中其实蕴含着不少科学思想。我以前一直以为，既然现代科学诞生自两希文明（古希腊－古罗马文明与希伯来文明），那么它应该会与中国文化互相排斥。现在看来，二者不仅不会互相排斥，还可以很好地融合。

科学作为人类文明共同的瑰宝，肯定不会单属于西方世界。曾有人预测，21 世纪将会是东方文明与现代科学深度交流的世纪，我对此抱有乐观态度。希望你们这代年轻人可以在这个交流过程中起到积极的作用，加油！

对话 15:
线性回归

人物：数学老师朱老师  、学生王同学 

朱老师，在建模时，面对收集来的数据，我希望用函数来描述它的变化趋势，但一时间想不好到底用什么函数，索性就用线性函数来拟合。我在文献里发现，线性回归也是一个常用的方法，但我心里清楚，线性函数不能反映大多数规律，于是对线性回归的适用性产生了困惑，您能帮我解答一下吗？

当然可以。你的这个问题是初学数学建模的同学几乎必然要面对的问题之一。很多同学拿到数据后，不用函数去拟合一下就心里痒痒。但是在选择拟合函数时，他们要么不知道需要结合机理去选择函数类型，要么虽然知道需要结合机理，却挖掘不出机理，所以即使明知道线性回归的效果不见得好，也往往都会因为“无所适从”而不得不直接用线性回归。

那怎样才能有效地挖掘出机理呢？

有的机理可以通过物理世界的规律得到，例如两个物体间的引力与它们之间距离的平方成反比。

但是当我们面对全新的现象和数据时，其背后的规律往往还没有被发现，这时候应该如何挖掘机理呢？

这时候，就可以通过线性回归来探查。

您刚才不是说线性回归的效果不好吗？

虽然效果不好，但它可以提供很多信息，尤其是在对不同局部的数据进行线性回归后，对线性回归的结果进行比较时。

这是什么意思？

如果要对一个明显不符合线性趋势的数据集整体进行线性回归，这显然有些勉强。但如果我们仅仅对其中若干分布相对平缓的局部数据点进行线性回归，合理性就会大大增强——尽管这个合理性仅对该局部有效。例如在极端情况下，我们对两个左右相邻的数据点进行线性回归，所得结果相当于求二者所在直线，其斜率就是这两个数据点之间的平均变化率，通过观察不同局部的平均变化率之间的变化趋势，我们就能得到许多有用的信息。

您说得太抽象了，能举一个具体的例子吗？

例如，我在关于x的函数$y=x^2$上构造一个点集：

$$S_1=\{(-3,9),(-2,4),(-1,1),(0,0),(1,1),(2,4),(3,9)\} \quad (1)$$

我们来看看，如何根据对数据集S_1的局部平均变化率的观察和对比，得出$y=x^2$的趋势。

这个数据集中有 7 个数据点(x_i,y_i)，$i=1,2,\cdots,7$。从左到右，我们对每两个相邻的点(x_i,y_i)、(x_{i+1},y_{i+1})计算平均变化率

$$k_i=\frac{y_{i+1}-y_i}{x_{i+1}-x_i} \quad (2)$$

可得$k_1=-5$、$k_2=-3$、$k_3=-1$、$k_4=1$、$k_5=3$、$k_6=5$。你能从中发现什么规律呢？

平均变化率每次增加了 2！

是的，准确地说，每当我们向右转移一个单位时，函数值的平均变化率就会增加 2。如果我们把平均变化率近似地看作拟合函数在这点的导数，这个规律该如何表达呢？

如果选定 $x=0$ 作为参考位置，并用 $f(x)$ 表示拟合函数的话，上面的规律用导数表示为方程

$$f'(x)=2x+f'(0) \tag{3}$$

没错！由（3）式即可得出

$$f(x)=x^2+f'(0)x+f(0) \tag{4}$$

其中 $f'(0)$ 和 $f(0)$ 为待定参数。这说明，合理的拟合函数的形状应当是一条抛物线，这和我们刚才构造数据的方式吻合。

那这两个参数又该如何确定呢？

不妨设这两个参数为 a 和 b，这样一来

$$f(x)-x^2=ax+b \tag{5}$$

此时，如果我们将 $f(x)-x^2$ 视为一个整体 Y，这个整体就和 x 呈线性关系了。

我知道了！这样一来，就可以利用对变形数据集

$$\widetilde{S_1}=\left\{\left(x_i,y_i-x_i^2\right)\middle|\left(x_i,y_i\right)\in S_1\right\} \tag{6}$$

的线性回归来确定参数 a 和 b 了！

没错！你看，在这个过程中，无论是挖掘平方规律，还是最后确定参数取值，都是在利用线性回归。你觉得我们在其中使用了哪些基本假设呢？

在这个过程中，我们使用了平均变化率近似于导数这一假设，实际上是利用了导数的定义

$$f'(x)=\lim_{\Delta x\to 0}\frac{f(x+\Delta x)-f(x)}{\Delta x} \tag{7}$$

根据极限的定义，如果函数$f(x)$可导，则Δx越小，$f'(x)$和平均变化率$\dfrac{f(x+\Delta x)-f(x)}{\Delta x}$就越相近。

这正是数学中所谓的“欧拉近似法”的精髓——将平均变化率近似地视作导数。

如果数据呈指数分布呢？这种策略也适用吗？

我们可以再举一个例子。我在关于x的函数$y=\mathrm{e}^x$上构造一个点集

$$S_2=\left\{\left(-3,\mathrm{e}^{-3}\right),\left(-2,\mathrm{e}^{-2}\right),\left(-1,\mathrm{e}^{-1}\right),(0,1),(1,\mathrm{e}),\left(2,\mathrm{e}^{2}\right),\left(3,\mathrm{e}^{3}\right)\right\} \tag{8}$$

我们看看，如何根据对数据集S_2的局部平均变化率的观察和对比，来得到$y=\mathrm{e}^x$的趋势。

这次我来！这个数据集中有 7 个数据点(x_i,y_i)，$i=1,2,\cdots,7$。我们从左到右对每两个相邻的点计算平均变化率，可得$k_1=\mathrm{e}^{-2}-\mathrm{e}^{-3}$、$k_2=\mathrm{e}^{-1}-\mathrm{e}^{-2}$、$k_3=1-\mathrm{e}^{-1}$、$k_4=\mathrm{e}^{2}-\mathrm{e}$、$k_5=\mathrm{e}^{3}-\mathrm{e}^{2}$、$k_6=\mathrm{e}^{6}-\mathrm{e}^{5}$，这构成了一个以自然常数 e 为公比的等比数列，每向右一个单位，就多乘一个 e。用导数表示为方程

$$g'(x)=\mathrm{e}^x\cdot g'(0) \tag{9}$$

哎？这次参数$g'(0)$和含x的项的关系变为乘法结构了！计算可得

$$g(x)=g'(0)\mathrm{e}^x+g(0) \tag{10}$$

其中$g'(0)$和$g(0)$是待定系数。接下来我们要对（10）式进行像（5）式一样的变形，然后利用线性回归得到参数取值。将方程（10）两边除以e^x，得到

$$g(x)\mathrm{e}^{-x}=g'(0)+g(0)\mathrm{e}^{-x} \tag{11}$$

哎？怎么回事，为什么e^x没有从等式右边消失啊？这样该方程就不是线性结构了。难道在这种情况下，刚才的方法不适用？

如果我们有办法将（9）式中 e^x 与 $g'(0)$ 的关系由乘法结构变为加法结构呢？

乘法变加法……啊！我想到了，可以使用对数运算，对数运算能将两个数的乘积变为它们的对数的和，对（9）式两边取自然对数，可得

$$\ln g'(x) = x + \ln g'(0) \tag{12}$$

通过将 $\ln g'(x)$ 看作一个整体 Y，就得到了线性关系

$$Y = x + \ln g'(0) \tag{13}$$

这样就能通过线性回归确定参数 $g'(0)$ 的取值了。

但是怎么得到 $\ln g'(x)$ 的数据呢？

你还记得刚才我们说的欧拉近似法吗？

哦！我明白了！可以用 $\dfrac{y_{i+1}-y_i}{x_{i+1}-x_i}$ 近似地代替 $g'(x_i)$，进而只需要对变形数据集

$$\widetilde{S_2} = \left\{ \left(x_i, \ln \frac{y_{i+1}-y_i}{x_{i+1}-x_i} \right) \middle| (x_i, y_i) \in S_2 \right\} \tag{14}$$

做线性回归就可以了！

你说得没错！虽然这样做有一定的误差，但是可以挖掘出拟合函数的合理函数型。

我发现，上面这套方法最终都要归结为某个微分方程。

被你发现了！其实，线性回归就是在近似地求取平均变化率，我们对每个局部上平均变化率的变化规律进行挖掘，其实就是在挖掘拟合函数的导数所满足的规律，进而就能得到拟合函数所满足的微分方程了。

但是我们在高中课内学过，线性回归直线的斜率公式是

$$k=\frac{\sum_{i=1}^{n}\left(x_i-\overline{x}\right)\left(y_i-\overline{y}\right)}{\sum_{i=1}^{n}\left(x_i-\overline{x}\right)^2}=\frac{\sum_{i=1}^{n}\left(x_iy_i\right)-n\overline{x}\overline{y}}{\sum_{i=1}^{n}\left(x_i^2\right)-n\overline{x}} \tag{15}$$

这么复杂的一个式子，怎么会和平均变化率 $\frac{y_{i+1}-y_i}{x_{i+1}-x_i}$ 有关系呢？

你取 $n=2$ 计算一下。

如果 $n=2$，则（15）式变为

$$\begin{aligned}k&=\frac{x_1y_1+x_2y_2-2\overline{x}\overline{y}}{x_1^{\ 2}+x_2^{\ 2}-2\overline{x}^2}\\&=\frac{x_1y_1+x_2y_2-2\left(\frac{x_1+x_2}{2}\right)\left(\frac{y_1+y_2}{2}\right)}{x_1^{\ 2}+x_2^{\ 2}-2\left(\frac{x_1+x_2}{2}\right)^2}\\&=\frac{x_1y_1+x_2y_2-x_1y_2-x_2y_1}{\left(x_1-x_2\right)^2}\\&=\frac{\left(x_1-x_2\right)\left(y_1-y_2\right)}{\left(x_1-x_2\right)^2}\\&=\frac{y_1-y_2}{x_1-x_2}\end{aligned} \tag{16}$$

哦！我明白了，平均变化率可被看作（15）式的特殊情况；反过来，（15）式可被视为平均变化率的推广。

没错！

但是，在上面的两个例子中，数据集的横坐标都是均匀分布的，在一般的例子中可不一定有这么好的性质，那又该如何处理呢？

问得好！实际上，在面对一般的数据集时，没有必要像前两个例子中那样，从左到右地逐对计算平均变化率，这在许多时候是办不到的（例如，当某些数据点的横坐标相同时）。既然线性回归等同于求平均变化率的推广，那么我们就能通过将数据集从左到右分割为几个区块，并分别计算每个区块内数据集的回归直线的斜率，来得到有关整体数据趋势变化的信息。

但是，如何对数据分区块就成了影响结果的关键因素。

说得很对！所以我们分区块时应当尽可能按照这样的原则：每个区块里的数据大致呈线性趋势变化。

我明白了，这就是利用线性回归挖掘数据背后机理的方法的适用范围：它适用于那些局部上有线性趋势的数据集，而并非仅仅适用于整体呈线性趋势的数据集！

你总结得很好。

除此之外，我还有一个问题。在计算回归直线方程的时候，我们当然可以利用最小二乘法，即（15）式来求取，但是我们是否可以如此操作：根据每两个点计算一条直线（如果这两个点的横坐标相同，则舍弃其中之一），这样一来，根据 N 个横坐标两两不同的数据点，就能计算出 C_N^2 条直线

$$l_j : y = a_j x + b_j\text{，}\quad j = 1, 2, \cdots, C_N^2 \tag{17}$$

再对这些直线的系数取平均数，得到平均直线

$$l : y = \bar{a}x + \bar{b} \tag{18}$$

这和对这 N 个数据点用最小二乘法计算出的回归直线是否一样？有什么区别呢？哪个更好？

一般而言，用两种方法所得的直线是不同的，但除非是一些病态情形，否则通常来讲差别不大。当然，如果以最小二乘法的标准来看，你的“平均直

线法”肯定不如用最小二乘法所得出的均方误差更小，但它也并非一无是处——其实二者的侧重点不同，各有千秋。

您能举一个具体的例子吗？

例如，我首先在$y=x$上选取 4 个数据点$(-4,-4)$、$(-2,-2)$、$(2,2)$、$(4,4)$，它们构成集合S_{31}；于$y=2x$上选取 4 个数据点$(-1,-2)$、$(-0.5,-1)$、$(0.5,1)$、$(1,2)$，它们构成集合S_{32}；再将这所有 8 个点放在一起，构成数据集S_3，将其描绘在平面直角坐标系中，如图 15-1 所示。

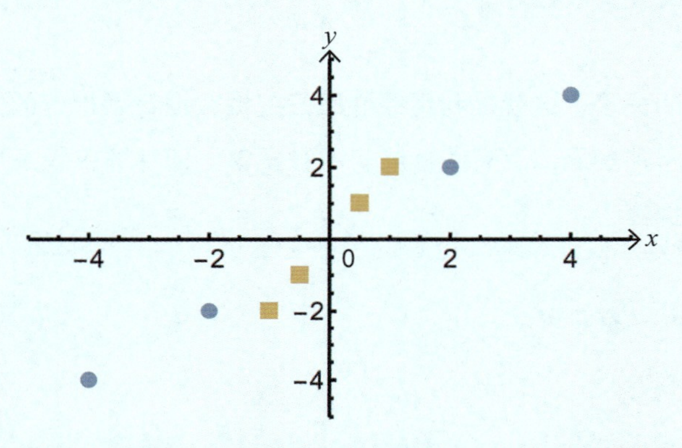

图 15-1 将数据集S_3描绘在平面直角坐标系中，其中圆形点为S_{31}中的点，方形点为S_{32}中的点

下面我们分别用最小二乘法和你的“平均直线法”来计算回归直线。

首先用最小二乘法计算得出回归直线，利用（15）式，并注意到回归直线必过平均值点$(\bar{x},\bar{y})$，可得其方程为

$$y \approx 1.06x \tag{19}$$

而使用你的“平均直线法”计算出的直线方程为

$$y \approx 1.15x \tag{20}$$

我们将$y=x$、$y=2x$、$y\approx 1.06x$、$y\approx 1.15x$，以及数据集S_3描绘在同一个平面直角坐标系中，如图 15-2 所示。

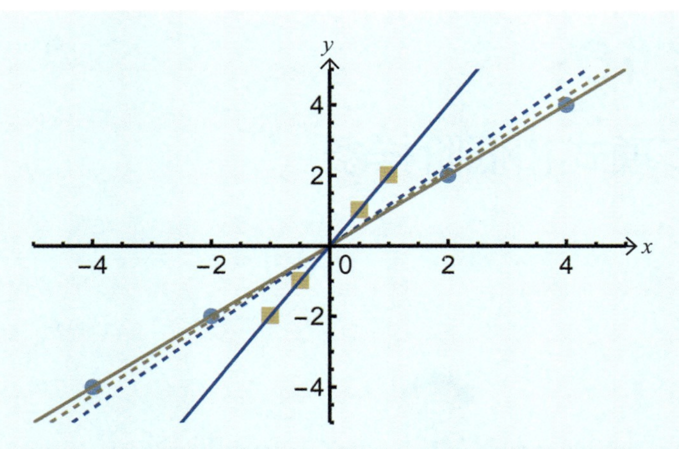

图 15-2 最小二乘法与“平均直线法”所得回归直线的差别

从图 15-2 中，你能看出两种方法有什么区别吗？

最小二乘法所得结果相对更偏向 $y=x$，而“平均直线法”所得结果更偏向 $y=2x$。

这不是偶然的。实际上，在最小二乘法的计算过程中，各个数据点的地位均等，所得直线更偏向两侧延展性更好的子集 S_{31} 所反映的趋势 $y=x$（大跨度趋势）；而你的“平均直线法”则在计算过程中天然地增加了数据密集处趋势的比重，相较而言更贴近 S_{32} 所反映的趋势 $y=2x$（数据密集处趋势）——这正是两种方法的区别所在。实际应用时，要根据建模者的实际需求来选择。

原来如此，我明白了，谢谢老师！

对话 16：

插值多项式和低阶样条

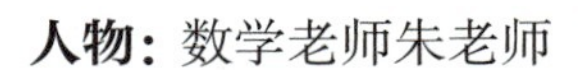

人物：数学老师朱老师、学生王同学

朱老师好，我最近看了网上的一些数学建模论文，发现多项式常被用作拟合函数，我觉得可以将其视为线性拟合的推广，毕竟线性函数是多项式函数的特例。

你说得对。

而且我发现，如果多项式次数足够高，那么总存在多项式函数，其函数图像可以经过每一个数据点。

为什么呢？

假设现在有 N 个数据点 $P_i\left(x_i, y_i\right)$，$i=1,2,\cdots,N$。设多项式函数为

$$f\left(x\right)=a_{n-1}x^{n-1}+a_{n-2}x^{n-2}+\cdots+a_1x+a_0 \tag{1}$$

将每个数据点代入，会得到一个关于 a_i（$i=1,2,\cdots,N$）的线性方程组

$$x_i^{n-1}a_{n-1}+x_i^{n-2}a_{n-2}+\cdots+x_ia_1+a_0=y_i\text{，}\quad i=1,2,\cdots,N \tag{2}$$

在这个方程组中，未知数有 n 个，方程有 N 个。这样一来，如果未知数的个数 n 不小于方程的个数 N，那么方程组（2）就存在解了。每个解又对应于多项式函数（1），所以当 $n \geqslant N$ 时，就一定存在多项式函数，其图像经过每一个数据点。

你的这个推导显然是错误的。

为什么呀?

你只考虑了方程个数和未知数个数之间的比较，却忽略了方程之间可能相互矛盾的情况。例如，如果某两个不同的数据点$P_{i_1}\left(x_{i_1},y_{i_1}\right)$和$P_{i_2}\left(x_{i_2},y_{i_2}\right)$的横坐标相同，即$x_{i_1}=x_{i_2}$（$i_1\neq i_2$），你觉得经过这两个点的函数存在吗?

横坐标相同，但纵坐标不同……啊！我明白了，这时候肯定不存在，因为出现“一对多”的情况了，与函数的定义矛盾。

是的，一旦某两个不同的数据点的横坐标相同，方程组（2）中就会出现互相矛盾的方程，从而导致方程组无解，即使未知数个数大于方程个数也无法拯救这种情况。

那如果任何两个数据点的横坐标均不同呢?

这样的话，你刚才的推导就是正确的。实际上，利用大学里线性代数中的范德蒙德行列式可以证明（此处从略），只要任何两个数据点的横坐标不同，那么当未知数个数n不小于方程个数N时，方程组（2）就一定有解。特别是当$n=N$时，解是唯一的。

但是数据点一多，方程组（2）解起来就好麻烦啊……

首先，我们可以利用计算机来计算线性方程组；其次，要得到方程组（2）的解，并不需要真的按照解线性方程组的一般方法（消元法）去求解。实际上当解唯一时（即$n=N$时），我们可以直接写出它，只需要用到初中所学的因式分解的技巧。

真的吗？您能教教我吗？

首先我们要回到问题的本原。现在假设每两个数据点的横坐标不同，我们的初衷是寻找一个多项式函数，其图像经过每一个数据点，即寻找多项式函数$f(x)$，满足方程组

$$f(x_i)=y_i,\quad i=1,2,\cdots,N \tag{3}$$

如果我们能够找到N个多项式函数$f_i(x)$，$i=1,2,\cdots,N$，使得

$$f_i(x_j)=\begin{cases}1, & i=j\text{时}\\ 0, & i\neq j\text{时}\end{cases},\quad i,j=1,2,\cdots,N \tag{4}$$

那么多项式函数

$$f(x)=f_1(x)\cdot y_1+f_2(x)\cdot y_2+\cdots+f_N(x)\cdot y_N \tag{5}$$

满足（3）式的要求。

我验证一下。如果将x_i代入（6）式中，那么等式右侧……就只有第i项为y_i，其余项均为0，也就是$f(x_i)=y_i$。

你再想一下，如何构造符合（4）式要求的多项式函数$f_i(x)$呢？

我想想……根据（4）式，多项式$f_i(x)$以x_j（$j\neq i$）为零点，于是必有因式分解

$$f_i(x)=\lambda(x-x_1)(x-x_2)\cdots(x-x_{i-1})(x-x_{i+1})\cdots(x-x_N) \tag{6}$$

其中λ为待定参数。再根据$f_i(x_i)=1$，可得

$$\lambda(x_i-x_1)(x_i-x_2)\cdots(x_i-x_{i-1})(x_i-x_{i+1})\cdots(x_i-x_N)=1 \tag{7}$$

注意当$i\neq j$时，$x_i\neq x_j$，于是方程（7）式左侧各项非零，进而可得

$$\lambda=\frac{1}{(x_i-x_1)(x_i-x_2)\cdots(x_i-x_{i-1})(x_i-x_{i+1})\cdots(x_i-x_N)} \tag{8}$$

这样一来，就能得到$f_i(x)$的解析式了，即

$$f_i(x)=\frac{(x-x_1)(x-x_2)\cdots(x-x_{i-1})(x-x_{i+1})\cdots(x-x_N)}{(x_i-x_1)(x_i-x_2)\cdots(x_i-x_{i-1})(x_i-x_{i+1})\cdots(x_i-x_N)} \quad (9)$$

做得好！将其代入（5）式，即可得到最终用来经过每一个数据点的多项式函数

$$f(x)=\sum_{i=1}^{N}\left(\frac{(x-x_1)(x-x_2)\cdots(x-x_{i-1})(x-x_{i+1})\cdots(x-x_N)}{(x_i-x_1)(x_i-x_2)\cdots(x_i-x_{i-1})(x_i-x_{i+1})\cdots(x_i-x_N)}\cdot y_i\right) \quad (10)$$

这个多项式也被称为拉格朗日多项式，以纪念伟大的法国数学家拉格朗日。

等等，这真的是一个多项式吗？看起来好复杂！

就算再复杂，因为每个$f_i(x)$是多项式，而x_i、y_i均为已知的数据$i=1,2,\cdots,N$，所以（10）式必将是多项式函数。你能看出它的次数吗？

根据（9）式的构造，每个$f_i(x)$均为$N-1$次多项式，所以作为$f_i(x)$加权和的$f(x)$也是$N-1$次多项式。

这可不一定，例如，两个一次多项式相加，得到的多项式不一定是一次的，$x+(-x)=0$就是一例。

啊！我忽视了系数可能会相互抵消的情况……那多项式函数（10）的次数就不一定恰好是$N-1$，还有可能低于$N-1$。

是的。

那这样一来，岂不是和刚才说的唯一性矛盾了吗？

并没有。我们从未说过，当未知数个数 n 等于方程个数 N 时，结果一定是 $N-1$ 次的，我们只是说此时方程组的解唯一，但是，唯一并不代表对应的多项式函数为 $N-1$ 次。实际上，其次数完全可能低于 $N-1$ 次——假设所有数据点的横坐标不同，但是纵坐标均为 1，那么解出的多项式函数一定为常值函数 $y=1$，这是一个零次多项式函数。

所以可否这样说：当 N 个数据点的横坐标两两不同时，一定存在唯一的**至高** $N-1$ 次多项式函数，使得其函数图像经过每一个数据点？

当然可以，你总结得很好。

这样一来，我们岂不是在数据点的横坐标两两不同的情况下，找到了一劳永逸的拟合方法？尤其是那些横坐标表示时间的数据，因为每个数据的测量时间肯定不同，所以不同数据点的横坐标一定不同，这类问题是不是都可以用前面的拉格朗日多项式函数来拟合？

这是初学者常有的错误认识，这里面有两个误区：首先，图像经过每一个数据点的函数，不一定能够反映数据背后的自然现象的客观规律，因为数据的测量往往存在误差，在拟合函数的图像经过每一个数据点的同时，也就将每个数据点的测量误差带进了拟合函数；其次，即使不考虑误差因素，强求图像经过每一个数据，所得拟合函数的各个系数往往会缺乏实际含义，导致难以从所得结论中获得简单而优美的规律；更别提拉格朗日函数还会在数据的边缘处出现无法预测的大范围波动。

您能举一个例子吗？

当然可以。首先，我们人为地构造一个点集

$$\{(i,i+\varepsilon_i)\mid i=1,2,\cdots,15\} \tag{11}$$

其中 $\varepsilon_i\ (i=1,2,\cdots,15)$ 为在区间 $(-1,1)$ 中取值的随机数，这个随机数被视为测量误差，通过计算机生成。我们得到了 15 个带有随机波动的数据点：

$\{1,1.086\},\{2,2.477\},\{3,2.790\},\{4,4.422\},\{5,5.304\},\{6,6.480\},\{7,7.112\},\{8,7.729\},$

$\{9,9.412\},\{10,9.978\},\{11,10.985\},\{12,11.740\},\{13,12.677\},\{14,14.344\},\{15,14.537\}$

可以看出，这 15 个点均位于直线 $y=x$ 附近，$y=x$ 为其本质规律。我们把这 15 个点代入拉格朗日多项式中，得到的多项式函数为

$$\begin{aligned} f(x) = {} & 2441.15 - 7955.077\,594\,672\,084x + 11\,012.130\,378\,468\,095x^2 - \\ & 8708.247\,001\,001\,842x^3 + 4441.184\,279\,741\,102x^4 - \\ & 1557.213\,649\,656\,979\,2x^5 + 389.460\,952\,257\,775\,6x^6 - \\ & 70.927\,432\,607\,117\,71x^7 + 9.490\,620\,961\,745\,542x^8 - \\ & 0.931\,777\,377\,975\,893\,7x^9 + 0.066\,275\,318\,733\,616\,45x^{10} - \\ & 0.003\,320\,593\,940\,472\,964\,4x^{11} + 0.000\,111\,049\,047\,625\,440\,24x^{12} - \\ & 0.000\,002\,223\,554\,625\,504\,481x^{13} + 2.015\,036\,686\,707\,878\times10^{-8}x^{14} \end{aligned} \tag{12}$$

我们显然已经无法从形式上看出 $y=x$ 的总体趋势。为了更清楚地对比，我们将 $y=f(x)$、$y=x$ 及这 15 个数据点画在同一个平面直角坐标系中，如图 16-1 所示。

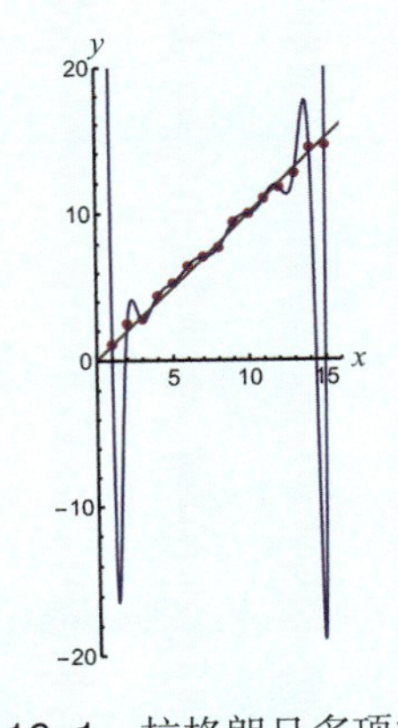

图 16-1 拉格朗日多项式在数据边界附近的表现不如人意

从图中可以看出，在中间的部分，拉格朗日多项式函数 $y=f(x)$ 能够大致反映数据点的变化趋势。但是越往两端延伸，函数图像波动越大，最后根本无法反映数据点的趋势了。

之所以会产生这种现象，正如前面指出的，是因为拉格朗日多项式包含了测量误差。由于“必须经过每一个数据点”的限制，这些误差在数据的中间地带被这个限制约束起来；然而，由于数据的边界附近一侧的数据点数量不多，无法继续维持有力的约束，从而发生了近似“不可控”的现象。

过于追求拟合函数与数据的吻合，导致函数参数具有无法解释性和性能破缺，这种现象常被称为“过拟合”。

原来如此，看来拉格朗日多项式虽然既唯一又有公式，但没有什么用处。

不能这样说。如图 16-1 所示，拉格朗日多项式虽然在数据两端性能不佳，且无法有效反映数据范围之外的趋势，更无法预测这个趋势，但它在数据中

心地带的吻合程度还是很高的，这就意味着它可以用于某些平稳过程的插值，即在本来没有采样的地方，通过拉格朗日多项式得到虚拟采样值。

我明白了，我没有考虑方法的适用性是和其使用场景相配合的。既然高次的多项式拟合函数往往会带来系数的不可解释性，以及数据端点处的性能破缺，那么有没有办法用低次的多项式模型来做插值运算呢？

确实有这样的方法，它被称为样条法。而且你们在学习三角函数的图像时已经用过这个方法——为了观察正弦函数的图像，高中教科书采用了在一个周期内取 5 个特征点，然后描点作图的方法。

我不记得书中讲过“样条法”啊？

在描点作图时都要注意什么？

所描绘的曲线要光滑，且经过每一个数据点。

不错，但其实还有一点需要注意，被你忽略了。当你在描点作图并画到每一段函数时，你只能关注到这段函数周围的局部，无法看着远处画近处。

您说得对，否则就没法画图了，一心不可二用，我们只能看着眼下的局部，画出各个局部的图像，将它们拼起来就是一个完整的图像了。哦！我明白了，我在描点作图时其实是在画一个分段函数。

说得不错！将上面这三点放到一起，就形成了“低阶多项式样条法”这一插值方法。具体地说，假设现在有 N 个数据点 $P_i\left(x_i, y_i\right)$，$i=1,2,\cdots,N$，依然须设每两个数据的横坐标不同。

因为分段函数也是函数，所以如果有两个数据点的横坐标相同，就不存在使得其图像经过每一个数据点的函数。

没错。因为数据点的个数有限，所以我们不妨将它们从左到右排列，并调整指标，使得“P_i在P_j的左侧”当且仅当“$i<j$”。我们在相邻两点P_i和P_{i+1}之间找一个次数较低的多项式函数S_i（$i=1,2,\cdots,N-1$），它经过这两个点，且将不同段的S_i连接起来就是一个连续、光滑、经过所有数据点的分段函数。你想想，每一段函数S_i取几次多项式函数比较好呢？

一次函数肯定不行，因为这样得到的是折线函数，而折线函数在转折点是不可导的，也就违背了光滑性。二次函数能行吗？

好的，一次函数不行就用二次函数，这符合简单有效原则。行或不行不能靠猜，我们来试一试。设

$$S_i(x)=a_ix^2+b_ix+c_i\text{，}\quad i=1,2,\cdots,N-1 \tag{13}$$

这里的a_i、b_i、c_i为待定参数，共有$3N-3$个。当然，这些函数不一定是二次函数，因为其二次项系数可能是0，所以它们其实是“至多二次函数”。为了确定这些待定参数的取值，我们一般需要$3N-3$个方程，那么这$3N-3$个方程如何获得呢？

$S_i(x)$的函数图像经过点$P_i(x_i,y_i)$和$P_{i+1}(x_{i+1},y_{i+1})$，于是有

$$\begin{cases}S_i(x_i)=y_i\\S_i(x_{i+1})=y_{i+1}\end{cases}\text{，}\quad i=1,2,\cdots,N-1 \tag{14}$$

很好，现在已经有$2N-2$个方程啦！还差$N-1$个。

相邻的两段函数$S_i(x)$和$S_{i+1}(x)$在公共点$P_{i+1}(x_{i+1},y_{i+1})$处应光滑衔接，即$S_i(x)$在$x=x_{i+1}$处的瞬时变化率应等于$S_{i+1}(x)$在$x=x_{i+1}$处的瞬时变化率，得到方程

$$S_i'(x_{i+1})=S_{i+1}'(x_{i+1})\text{，}\quad i=1,2,\cdots,N-1 \tag{15}$$

刚好找全了剩下的$N-1$个方程，齐活儿！

等一等，你确定（15）式中没有错误吗？$i=N-1$ 没有问题吗？

这有啥问题呢？前面不是一直是 $i=1,2,\cdots,N-1$ 吗？您看，当 $i=N-1$ 时，（15）式就是

$$S'_{N-1}(x_N)=S'_N(x_N) \tag{16}$$

啊，我发现了！（15）式应为

$$S'_i(x_{i+1})=S'_{i+1}(x_{i+1}),\quad i=1,2,\cdots,N-2 \tag{17}$$

因为并不存在 S_N 这一段，不需要考虑在 P_N 处的拼接。

是的，只有 $i=2,3,\cdots,N-1$ 的数据点处存在拼接的需求，其实将（17）式表述为

$$S'_{i-1}(x_i)=S'_i(x_i),\quad i=2,3,\cdots,N-1 \tag{18}$$

就更不容易出错。

看来真的需要当心指标啊！等等……如果（18）式才是对的，那么（18）式就只有 $N-2$ 个方程，加上（14）式的 $2N-2$ 个方程，总共只有 $3N-4$ 个方程，比所需的 $3N-3$ 个方程还少一个。这样一来，方程的个数小于未知数的个数，且所得方程（14）和（18）均为关于待定参数的线性方程，其解有无穷多组，完全没法达到确定参数取值的目的。

现在方程的个数少了，未知数的个数多了，要想二者变得一样，要么增加方程的个数，要么减少未知数的个数。

如果选择减少未知数的个数，那我们只需减去 1 个未知数，将某段函数 $S_i(x)$ 从至多二次函数变为至多一次函数就可以啦！

但是将哪一段函数变为至多一次函数公平呢？

这个……确实存在公平性的问题。那就只能选择增加方程的个数了，这要求我们考虑更多的限制条件……刚才考虑了过每个点，以及在每个衔接点处的瞬时变化率，相当于考虑了位移和速度……我想到了，可以再考虑衔接点处加速度变化的平稳性，即

$$S''_{i-1}(x_i)=S''_i(x_i),\quad i=2,3,\cdots,N-1 \tag{19}$$

但是这样新增了 $N-2$ 个方程，方程的总数变成 $3N-4+N-2=4N-6$ 了！

没关系！我们可以同时增加未知数的个数，将每一段函数由至多二次变为至多三次，即设

$$S_i(x)=a_ix^3+b_ix^2+c_ix+d_i,\quad i=1,2,\cdots,N-1 \tag{20}$$

这样未知数的个数就变为 $3N-3+N-1$ ……等于 $4N-4$，未知数的个数比方程的个数多出 2 个，比刚才多出 1 个还要糟糕……

其实你不必沮丧，你到目前为止做得很好！

但是原来仅差 1 个，现在被我弄成差 2 个了……

其实不然，你只看到从原来差 1 个变成现在差 2 个。刚才差 1 个的时候，你想到将某段至多二次函数变为至多一次函数来消除这个数量偏差，但是因为这样做会破坏数据之间的公平性就放弃了。现在未知数个数比方程个数多 2 个，你觉得在公平性上会不会有一些转机呢？

我想到了！我们可以将第一段函数和最后一段函数从至多三次变为至多二次，这样一来，未知数个数就减少 2，变成 $4N-6$ 了，这就和方程的个数相同了！总结起来就是解：

设 $S_i(x)=a_ix^3+b_ix^2+c_ix+d_i$，$i=2,3,\cdots,N-2$

且 $S_1(x)=b_1x^2+c_1x+d_1$、$S_{N-1}(x)=a_{N-1}x^2+b_{N-1}x+c_{N-1}$

$$\text{s.t.}\begin{cases} S_i\left(x_i\right)=y_i, \quad i=1,2,\cdots,N-1 \\ S_i\left(x_{i+1}\right)=y_{i+1}, \quad i=1,2,\cdots,N-1 \\ S'_{i-1}\left(x_i\right)=S'_i\left(x_i\right), \quad i=2,3,\cdots,N-1 \\ S''_{i-1}\left(x_i\right)=S''_i\left(x_i\right), \quad i=2,3,\cdots,N-1 \end{cases} \tag{21}$$

很聪明的做法，恭喜你！我也有一个做法，就是不改变每段函数是至多三次函数的属性，而是人为添加两个边界条件：

$$\begin{cases} S'_1\left(x_1\right)=\alpha \\ S'_{N-1}\left(x_N\right)=\beta \end{cases} \tag{22}$$

其中 α 和 β 为我根据经验指定的数值，可类比为初始速度和结尾速度。即解：

设 $S_i\left(x\right)=a_i x^3+b_i x^2+c_i x+d_i$， $i=1,2,3,\cdots,N-1$

$$\text{s.t.}\begin{cases} S_i\left(x_i\right)=y_i, \quad i=1,2,\cdots,N-1 \\ S_i\left(x_{i+1}\right)=y_{i+1}, \quad i=1,2,\cdots,N-1 \\ S'_{i-1}\left(x_i\right)=S'_i\left(x_i\right), \quad i=2,3,\cdots,N-1 \\ S''_{i-1}\left(x_i\right)=S''_i\left(x_i\right), \quad i=2,3,\cdots,N-1 \\ S'_1\left(x_1\right)=\alpha \\ S'_{N-1}\left(x_N\right)=\beta \end{cases} \tag{23}$$

这样一来，方程的个数就变成 $4N-6+2=4N-4$ 了，从而和每段都是至多三次函数时未知数的个数 $4N-4$ 相等。但是，这样不就新引入了两个数值吗？引入这两个数值科学吗？

这两个数值取决于经验和外部环境，可以被视为该系统和外部环境的“接口”。当然，这个接口的数值作为边界条件，如果没有选好，得到的结果就不尽人意。图 16-2 就是用不同的边界条件得到的对正弦函数特征点 $(0,0),(\pi/2,1),(\pi,0),(3\pi/2,-1),(2\pi,0)$ 的拟合结果，其中虚线为正弦函数，实线为样条曲线。图 16-3 给出了两种边界条件下的残差值（真实值减去拟合值）对比。

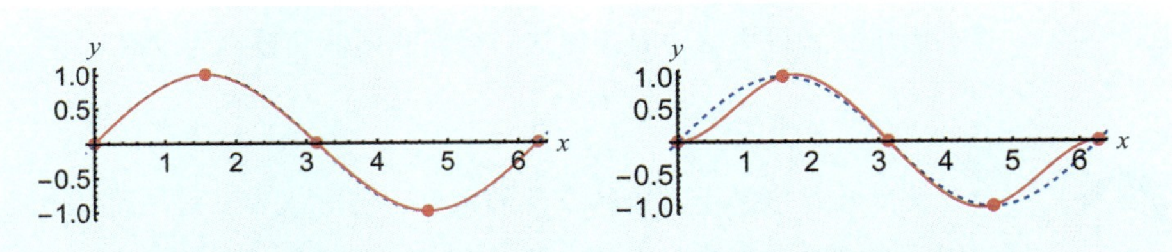

图 16-2 不同边界条件下对正弦函数“描点作图”的结果（左图 $\alpha=\beta=1$，右图 $\alpha=\beta=0$）

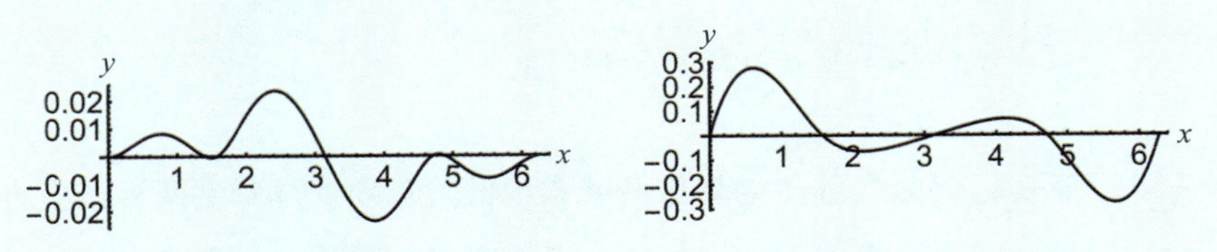

图 16-3 不同边界条件下的插值函数残差图（左图 $\alpha=\beta=1$，右图 $\alpha=\beta=0$）

这两张图不对吧？图 16-2 中 $\alpha=\beta=0$ 的拟合效果明明更差，为什么 16-3 中的残差图感觉和 $\alpha=\beta=1$ 时没有跨度区别呢？

哈哈！我猜你就会看错。你再仔细看看残差图的纵坐标范围。

我马虎大意了，原来 $\alpha=\beta=0$ 的残差图的纵坐标跨度比 $\alpha=\beta=1$ 时整整扩大了一个数量级。看来使用这种方法时，边界条件对结果的影响还是很大的，尤其是在靠近数据两端处。

让我们再来对比一下“边界条件法”〔即（23）式〕和你刚才所发明的“两端降次法”〔即（21）式〕的拟合效果，如图 16-4 和图 16-5 所示。

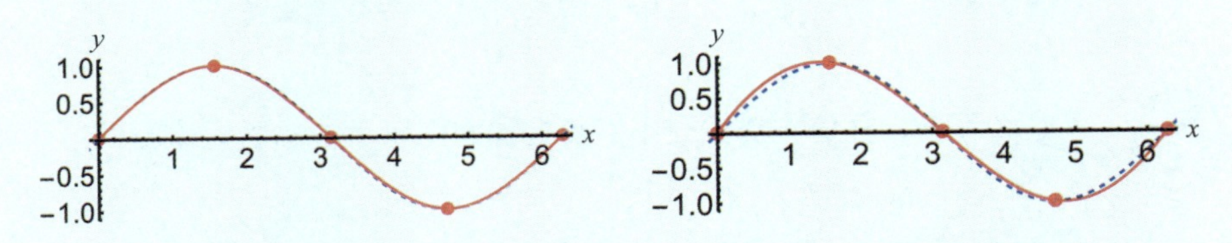

图 16-4 “边界条件法”（左）和“两端降次法”（右）的拟合结果

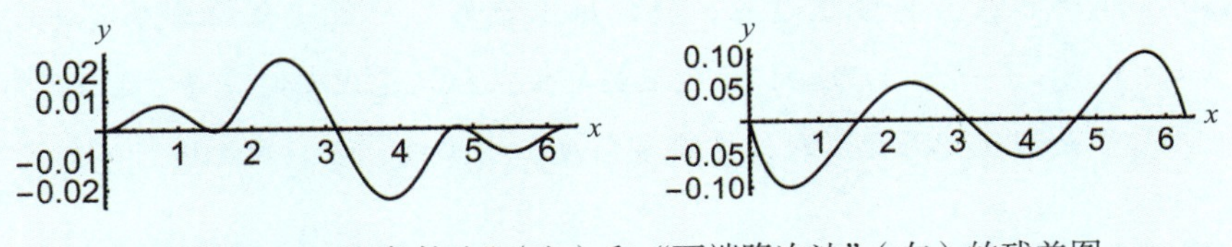

图 16-5 “边界条件法”（左）和“两端降次法”（右）的残差图

这么看来，还是用“边界条件法”得到的插值函数更为准确。

但是其准确性依赖于对边界条件的选取，有时候可以通过对环境的客观测量得到，但有时候只能靠经验；甚至在缺少经验又无法进行客观测量时，就只能依靠先验的判断了——这么说来，边界条件的存在既是优势，也是缺陷。这深刻体现了数学方法的辩证性。

感谢老师教会我拉格朗日多项式和低阶多项式样条这两种插值方法。我对于插值还有一个疑问：假如我一开始有 N 个数据，然后通过插值方法得到了新的 M 个插值数据，如果我将这 $M+N$ 个数据混到一起，是否有可能获得比初始的 N 个数据更多的信息呢？

这个愿望是美好的，但可惜这是办不到的——在不引入外部信息的情况下，仅用现有数据进行数据增殖，无法带来比原有数据更多的信息——这是由信息论中的“数据处理不等式”所决定的（见对话 13）。

既然不能增加新的信息，那插值方法有什么用处呢？

插值方法虽然无法带来新的信息，却可以帮助我们实现对未采样位置的可能取值的科学估计，这在许多方面都是需要的。其中有一个比较有趣的例子——声音的升频。利用插值方法，就可以将原本采样率为 44.1kHz 的 CD 音质音乐，升频为 192kHz 的母带级音质。我在《数学建模 33 讲：数学与缤纷的世界》的话题 2 末尾给了四段可试听的简单曲谱。

这么看来，插值方法往往不能在挖掘数据背后的本质规律时独当一面。

没错。根据对话 8 中多模型思维的范式，不要妄想仅通过单一的数据拟合过程或数据插值过程，就挖掘出现象背后所蕴含的本质规律或解决复杂问题——单一的数据拟合或数据插值往往只能让我们获得对数据及背后现象的片面认识，因此，我们需要多角度、多方式、多层次地进行不同尺度的分析。

明白了，谢谢老师！

对话 17:

参数结构设定

人物： 数学老师朱老师  、学生王同学 

朱老师，我在建立数学模型时有一个很强烈的疑问：每当设置含参数的函数结构时，我总是不清楚该将参数设置在哪里。关于参数结构的设定，有没有什么方法呢？

你可以举一个具体的例子吗？

例如，在研究放置在室内的水杯里的热水温度随时间变化的函数时，我根据实验数据及其散点图（图 17-1）发现，温度应当随时间单调下降，且下降速度越来越缓慢。但我觉得如下几种函数类型都不错，无法取舍。

$$f_1(x)=a\mathrm{e}^{kx+b}+c，\quad a>0，\quad k<0 \tag{1}$$

$$f_2(x)=a\ln(kx+b)+c，\quad a>0，\quad k<0 \tag{2}$$

$$f_3(x)=\frac{a}{kx+b}+c，\quad a>0，\quad k<0 \tag{3}$$

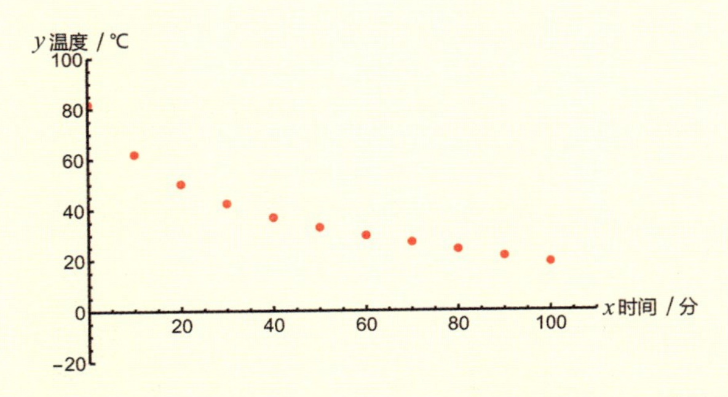

图 17-1　置于室内的水杯里的热水温度随时间变化的散点图

很不幸的是，这几种函数类型不仅不好，而且都是错误的。

啊？为什么呢？

先不谈它们谁能反映客观规律，单从参数设定上来看，这三个函数就都出现了参数冗余的现象。

什么叫“参数冗余”？

就是设置了不必要的参数，导致参数过多且无法有效求出。例如在上面的函数型（1）中，根据指数运算法则，

$$f_1(x)=ae^{kx+b}+c=\left(ae^{b}\right)e^{kx}+c \tag{4}$$

其中 a 和 b 都是待定参数，但 ae^b 作为整体可以被视为参数 A，这个参数 A 有很强的实际含义——如果 x 代表时间（单位：分），函数值代表温度（单位：℃），由于杯中热水作为热源对整个环境温度的影响非常微弱，因此可以假定室温保持恒定不变，这时可得

$$f_1(0)=\left(ae^{b}\right)+c \tag{5}$$

$$x\to+\infty，f_1(x)\to\text{室温} \tag{6}$$

进而可知

$$c=\text{室温} \tag{7}$$

$$A=ae^{b}=\text{初始温度}\ f_1(0)-\text{室温}\ c \tag{8}$$

这意味着参数 $A=ae^b$ 作为一个整体可以被求出，但我们永远无法确定其中 a、b 的取值。

明白了，我光想着像（1）式这样设定参数可以将拉伸和平移都容纳进去，但没有发现，对于指数函数来说，在 x 位置上的平移就是在 e^x 的位置上乘以

一个系数。（1）式应当改为

$$f_1(x)=a\mathrm{e}^{kx}+c\,,\quad a>0\,,\quad k<0 \tag{9}$$

为什么设定 $k<0$ 呢？

这是因为函数的单调性呀！我们需要的函数是递减的，如果 $k>0$ 就递增了。

那为什么不设为

$$f_1(x)=a\mathrm{e}^{-kx}+c\,,\quad a>0\,,\quad k>0 \tag{10}$$

这不是一样吗？我没有看出二者有什么区别。

它们的作用确实一样。然而，此处的修订虽然看上去无用，将来却可以在模型分析和求解过程中避免很多麻烦——尤其是区分参数的正负号的麻烦。像（10）式这样修订后，在后面的分析时，见到负号就知道参数是负的，没见到负号就知道参数一定是正的。这样不仅直观，还能避免许多错误。在实际项目中，参数往往很多，如果每个参数都正负不定，我们就需要在分析过程中不断查找参数符号设定表，导致不仅效率变低，而且犯错概率增加，得不偿失。

确实是这样……平时我们考试时，试题中的参数一会儿正，一会儿负，导致我经常因为忽视负号而做错。做研究课题不是做数学试题，怎么直观和不容易错就怎么来，没有必要给自己设陷阱。

没错。你现在再去看函数型（2）和（3），能否看出它们错在哪里呢？

先来看（2）式，根据对数运算法则，注意到真数需要为正，有变形

$$f_2\left(x\right)=a\ln\left(kx+b\right)+c=a\ln\left(-x-\frac{b}{k}\right)+a\ln\left(-k\right)+c \tag{11}$$

这样一来，将 $a\ln\left(-k\right)+c$ 视为一个整体并设为一个参数就足够了。再注意到负号的问题，（2）式应改为

$$f_2\left(x\right)=-a\ln\left(x+b\right)+c,\quad a>0 \tag{12}$$

再来看（3）式，根据分式运算法则，注意到 $k\neq0$，有变形

$$f_3\left(x\right)=\frac{\frac{a}{k}}{x+\frac{b}{k}}+c \tag{13}$$

这样一来，$\frac{a}{k}$ 和 $\frac{b}{k}$ 可以分别被视为整体并设为新的参数，原来的参数 k 就可以去掉了，应改为

$$f_3\left(x\right)=\frac{a}{x+b}+c,\quad a>0 \tag{14}$$

做得好！

谢谢老师！现在我们去掉了冗余参数，接下来如何在函数型（10）（12）和（14）中确定哪个函数型是正确的呢？

最先可以排除的是函数型（12），因为它不可能存在水平渐近线。

为什么需要水平渐近线呢？哦，我想起来了，水温不会无限制地下降，在假设室温不变的情况下，水温最终会趋于室温，这就意味着一定有水平渐近线！但函数型（12）为什么没有水平渐近线呢……它可以被视为由函数 $y=\ln x$ 先向左平移 b 个单位，然后再将函数值变为原来的 $-a$ 倍，之后再向上平移 c 个单位……我明白了！因为函数 $y=\ln x$ 的值域是全体实数且单调，它本身没有水平渐近线，所以不管怎样经过水平和竖直方向的平移和拉伸，也无法产生水平渐近线。

说得没错。

那如何区分函数型（10）和（14）哪个更好呢？我做了一个参数拟合，拟合结果如图 17-2 所示，我发现函数型（14）拟合得更好，可否据此认为函数型（14）更好呢？

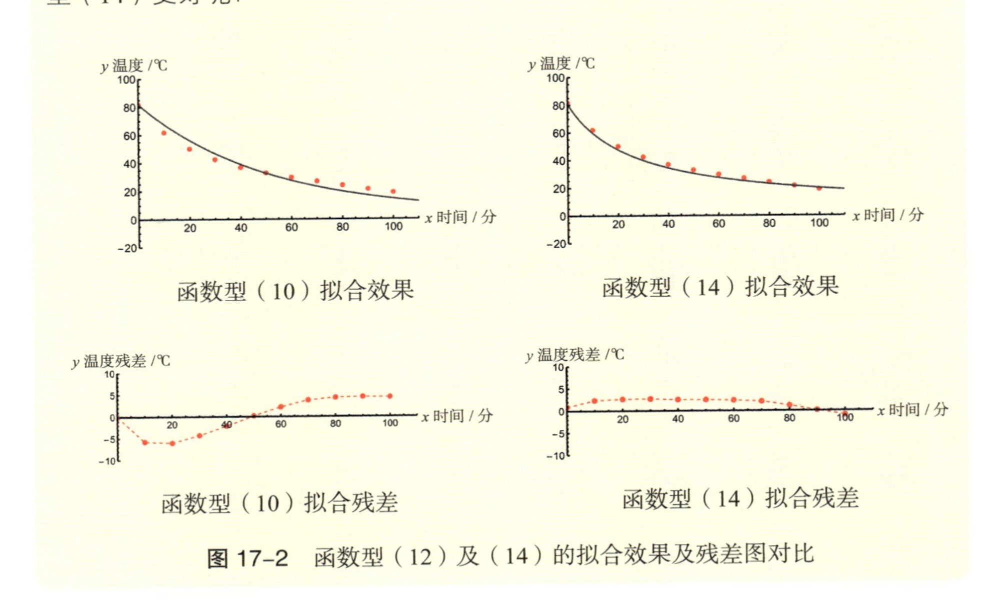

图 17-2 函数型（12）及（14）的拟合效果及残差图对比

从拟合效果和残差分布来看，函数型（14）确实显得更好，但是它反而是错的！

啊？为什么呢？

首先我们要明确一个原则，那就是不能因为哪个函数的拟合效果好，就说哪个函数更适合做拟合函数。有的函数虽然拟合效果很好，却无法反映出现象背后的机理，也不能被视为好的拟合函数型。例如，我们可以将多项式函数作为拟合函数，它的函数图像可以经过每一个数据点（图 17-3），但它显然不算一个好的拟合函数型。

$$\begin{aligned}P(x)=&81.800\,00-1.880\,01x-0.120\,87x^2+0.019\,54x^3-0.001\,19x^4+\\&0.000\,04x^5-8.908\,52\times10^{-7}x^6+1.210\,28\times10^{-8}x^7-1.009\,76\times10^{-10}x^8+\\&4.723\,32\times10^{-13}x^9-9.479\,72\times10^{-16}x^{10}\end{aligned}\tag{15}$$

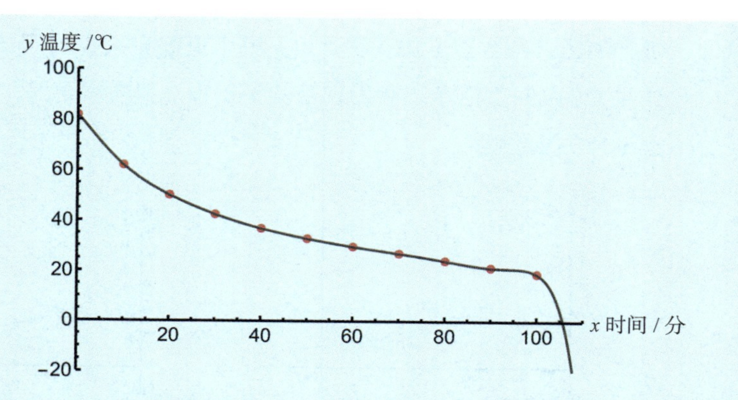

图 17–3　利用拉格朗日多项式所得拟合函数，其图像经过每个数据点，但不能被视为好的拟合函数

我想起来了！这就是您上次教我的拉格朗日多项式函数，它适合作为插值函数，但不适合作为拟合函数。但是，怎么看函数型（10）和函数型（14）谁更符合现象背后的机理呢？

这就要从问题本源上去寻求答案。在环境温度不变的假设下，水温的下降是一个单热源的扩散过程。此时温度的下降应当满足热扩散的“半衰期”原理，即“无论初始温度是多少，温度下降到初始温度与室温的平均数所用的时间相同”，这和测定文物年代时常用的碳 –14 的半衰期类似。

也就是说，假设环境温度是 10℃，那么水温从 90℃下降到 50℃所用的时间，应当和水温从 50℃下降到 30℃所用的时间相同，以此类推。

没错！现在你看看，函数型（10）和（14）中哪个符合半衰期原理呢？

如果是函数型（10），初始温度是 $f_1(0)$，室温是 c，根据（8）式可知：

$$a = f_1(0) - c \tag{16}$$

$$f_1(x) = \left(f_1(0) - c\right)e^{-kx} + c \tag{17}$$

此时温度下降到 $\frac{f_1(0)+c}{2}$ 所需的时间 $x_{1/2}$ 可由下述方程解出：

$$\frac{f_1(0)+c}{2} = \left(f_1(0) - c\right)e^{-kx} + c \tag{18}$$

解得

$$x_{1/2}=\frac{\ln 2}{k} \tag{19}$$

这个值和初始温度$f_1(0)$无关，符合您说的半衰期原理。

再看函数型（14），依然设初始温度是$f_1(0)$、室温是c，同样根据（8）式可知

$$f_3(0)=\frac{a}{b}+c \tag{20}$$

进而可得

$$a=b\left(f_3(0)-c\right) \tag{21}$$

$$f_3(x)=\frac{b\left(f_3(0)-c\right)}{x+b}+c \tag{22}$$

此时，温度下降到$\frac{f_1(0)+c}{2}$所需的时间$\tilde{x}_{1/2}$可由下述方程解出：

$$\frac{f_3(0)+c}{2}=\frac{b\left(f_3(0)-c\right)}{x+b}+c \tag{23}$$

解得

$$\tilde{x}_{1/2}=b \tag{24}$$

它也和初始温度无关呀。

你再看看，这个参数b有什么现实含义呢？

b的现实含义……我看不出来。

我也看不出来，但是我们可以算一下在温度$\frac{f_1(0)+c}{2}$的基础上，再经过时间b，温度会变为多少呢？

这个好算，可以视目前的初始温度为$\frac{f_1(0)+c}{2}$，按照半衰期原理，再经过时间b，水温应下降到$\frac{f_1(0)+c}{2}$与室温c的平均数$\frac{f_1(0)+3c}{4}$。

反过来，水温经过时间 $\tilde{x}_{1/2}=b$，从 $f_3(0)$ 下降到 $\dfrac{f_3(0)+c}{2}$，再从 $\dfrac{f_3(0)+c}{2}$ 经过时间 b 下降到 $x=\tilde{x}_{1/2}+b=2b$ 时刻的水温，这是一个连续的整体过程，代入函数型（14），又会得到什么呢？

初始温度为 $f_3(0)$，依然有（21）式，经过总时长 $x=\tilde{x}_{1/2}+b=2b$，温度下降为

$$f_3\left(\tilde{x}_{1/2}+b\right)=\frac{b\left(f_3(0)-c\right)}{\tilde{x}_{1/2}+2b}+c=\frac{b\left(f_3(0)-c\right)}{3b}+c=\frac{f_3(0)+2c}{3} \qquad (25)$$

等等，怎么和刚才的结果 $\dfrac{f_1(0)+3c}{4}$ 不同了呢？这真是太奇怪了！这样一来，岂不是用两种方式——一种是以符合半衰期原理的方式连续计算两个阶段，另一种是将两次温度下降阶段视作一个整体来计算——的结果截然不同！

结果不同，只能是其中某种方式产生了错误。

结果（25）不会错，因为它是严格按照函数型（14）计算得到的。这么说来，只可能是函数型（14）不满足半衰期原理了。也就是说，参数 b 其实并非和初始温度无关，其中必然蕴含着初始温度的信息，只不过从直观上看不出来而已。

你说得没错！函数型（10）可能也存在类似的问题。你试试针对函数型（10）用两种不同的方式计算，看看会得到什么结果。

好的，刚才已算出，经过 $\tilde{x}=\dfrac{\ln 2}{k}$ 的时间，水温下降到初始温度与室温的平均温度 $\dfrac{f_1(0)+c}{2}$；如果函数型（10）符合半衰期原理，那么再经过等长的时间 $\dfrac{\ln 2}{k}$，温度应当变为 $\dfrac{f_1(0)+c}{2}$ 与室温 c 的平均数，即 $\dfrac{f_1(0)+3c}{4}$；另外，如果将这个过程视为水温经过时间 $\dfrac{\ln 2}{k}$ 的两倍后的一个整体过程，则应计算 $x=\dfrac{2\ln 2}{k}$ 时的水温 $f_1\left(\dfrac{2\ln 2}{k}\right)$ 如下：

$$f_1\left(\frac{2\ln 2}{k}\right)=\left(f_1(0)-c\right)e^{-k\frac{2\ln 2}{k}}+c=\frac{f_1(0)+3c}{4} \qquad (26)$$

两种结果一样！这说明函数型（10）满足半衰期原理。

没错！实际上，在函数型（10）中，参数 k 和初始温度是完全独立的，它的现实意义是材质的散热系数，不同材质的散热系数不同。对于通常的水而言，这仅由材质的本性决定，和初始温度无关。当然，有些材料的导电性和温度有关，这样的材料被称为超导体，这就是另一个领域的问题了。

我还有一个疑问：为什么函数型（10）更符合机理，从图 17-2 来看却是函数型（14）的拟合效果更好呢？

问得好！这其实是因为我们在实际测量时，并不能真的秉持基本假设中的“环境温度不变”来操作，热水放在室温下一定会导致周围小部分空间温度上升，尽管这种影响十分微小，但足以造成图 17-2 中函数拟合时的残差。“假设环境温度不变”只可能是一个理想假设，我们的机理探索只有在理想情形下才能实现，否则如果考虑热水作为热源对周围温度的影响，模型就会变得十分复杂，没有办法得到形如函数型（10）这种简洁的规律。当然，当我们获得了这个规律后，便可以它为基础，研究水温如何影响周围的温度，得到修正的散热过程，进一步得到更贴近现实的温度变化规律。

我觉得您的观点与伽利略在斜面实验中的做法颇为相似，都是通过理想化的假设使本质规律凸显出来。伽利略忽略了空气阻力和摩擦力，进而得出位移与时间的平方成正比。当后人再基于平方律去讨论摩擦力不可忽略的情形时，就有了基础和依靠，同时更容易将惯性和摩擦这两种作用区分开来。

你说得没错！科学研究无穷尽，参数设定有对错——既要避免冗余，又要关注现象的内在机理和参数的现实意义，否则就会被含有误差的采样数据牵着鼻子走，到了错误的方向上。

我明白了，谢谢老师！

对话 18：

优化、设计和决策模型

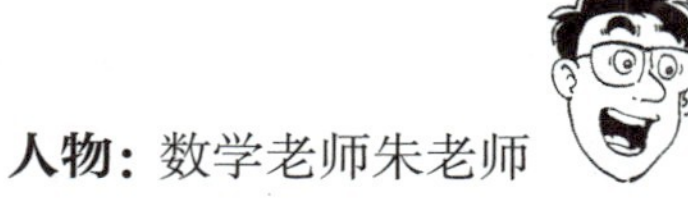

人物： 数学老师朱老师、学生王同学

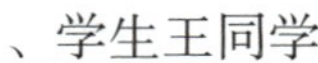

朱老师好，我发现许多数学模型都可以被看作优化模型。例如：研究人口数量变化规律的人口模型，可以被视为寻找符合历史人口数据的最优机理；尝试对未来行为做出指导的决策模型，可以被视为基于对未来的合理预测寻找最优行动方式；试图通过数学方式完成的工业设计，也可以被视为以现实环境为约束、以客户需求为目标的几何优化问题。

你说得很好。实际上，只要是在有目标和约束的条件下，去求取目标在给定约束下的最值的问题，都可以被视为优化问题。

但是，我在建立优化模型时往往不能很好地厘定约束与目标，经常弄得一团乱麻。

约束和目标是相对而言的两类对象，并没有一定之规来限制哪些只能是约束，哪些只能是目标，这在对话 9 中有所阐述。拿人口模型举例，我们可以将“吻合历史数据”看成限制，也可以将“吻合历史数据”看成目标，在两种不同视角下建立的模型会有不同，结果也可能有很大差别。

我们再举一个生活中常见的例子：你去食堂打菜，如果你将“价格便宜”作为约束，将“口味较好”作为目标，你就会选择最便宜的菜品中相对可口的那个；如果你将“口味较好”作为约束，将“价格便宜”作为目标，你就会选择口味最好的菜品中相对便宜的那个；而“最便宜的菜品中相对可口的那个”往往不一定是“口味最好的菜品中相对便宜的那个”。

寻找目标和约束有什么原则呢？总不能胡乱指定吧。

虽然目标和约束的选择没有一定之规，但是，一旦选择了将一些方面作为目标，将另一些方面作为约束，那就需要遵守一些常见的原则。我总结了如下三条：变量充分原则、内外兼顾原则、立场视差原则。

您能分别具体举例说明吗？

好的。首先来说变量充分原则，这往往是数学建模的初学者容易忽视的一个原则。我们以水流网络模型举例，如图 18-1，水流从自来水厂流出，沿着管道定向流动，每条管道都设有最大流速，且安装有不允许逆流的定向阀，图中的蓝色线路代表管道，蓝色线路上的数字代表最大流速（单位：吨 / 时，下同，后文从略），网络中的中转站可以将某一局部网络中的水流传导到其他局部网络中，每个节点的实际流入水流量减去实际流出水流量即该节点的实际使用水流量。

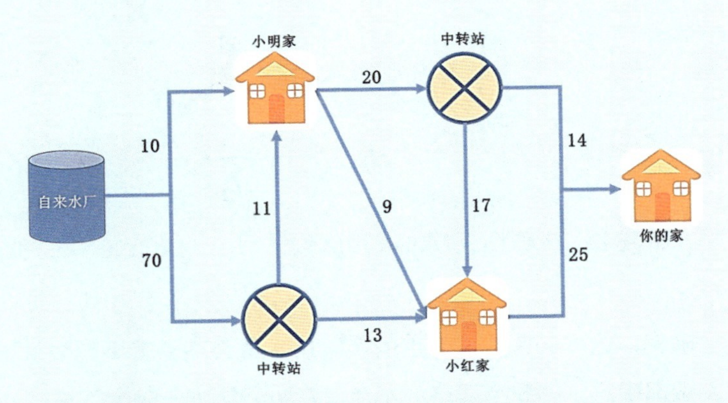

图 18-1　一个简化的水流网络（单位：吨 / 时）

在这个情景中，我们可以研究许多问题。比如，自来水到你家的实际水流速度最大是多少？三家人的实际用水量之和最大是多少？在三家人实际用水量总和最大的前提下，如何用水才能更加公平？在三家人实际用水量相同（即绝对公平）的前提下，三家人实际用水量之和最大为多少？第一个问题最为简单，但我们显然不能简单地将到达你家的管道最大流速加和，作为你家的最大用水量。这是因为在该管道网络结构下，到达你家的两条管道（即标有 14 和 25 的两条管道）不能同时达到最大流速，模型结果也印证了这一点。计算后可得，到达你家的实际水流速度最大为 34，而不是 39。

既然所求的对象和各节点的实际用水量相关，就可以设各节点的实际用水量为变量，并构造关于这些变量的优化模型，以我家的实际用水量最大为目标。

这是典型的错误设法。

啊？为什么呢？我记得我们初中老师强调过，“求什么就设什么”。

原因在于，你知道了各节点的实际用水量，并不一定能唯一地推算出各管道的实际流速。为了看清这一点，只需要构想如图 18-2 所示的三角形循环网络。只要该网络中三条管道上的实际流速相等，则无论该流速是多少，三个节点的实际用水量均为 0。

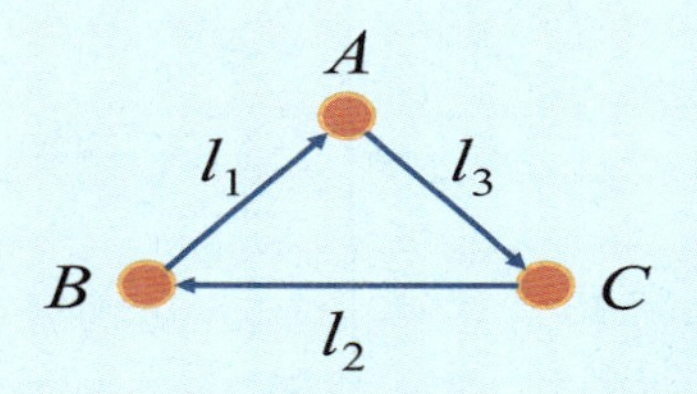

图 18-2 知道了各节点的实际用水量，并不一定能唯一地推算出各管道的实际流速

确实，这样一来，设节点的实际用水量为变量就不是很好，因为即使这些变量都确定了，整个网络的水流信息也无法唯一确定下来。

是的，那你想一想，应该设什么为变量呢？

我想一下……可以设每条管道上的实际流速为变量，这样一来，只要知道了每条管道上的实际流速，那么各节点的实际用水量就唯一确定了，整个网络的水流信息也就完全确定了。

做个练习，小红家的实际用水量该如何表示呢？

可以表示为流入小红家的管道的实际流速之和，减去流出小红家的实际流速。

没错，这就是我要说的“变量充分原则”，即一个优化问题的变量设计要能唯一确定该系统的状态。在刚才的例子中，哪怕确定了各节点的实际用水量，也不一定能唯一推算出管道中水的实际流速；反过来，设管道中水的实际流速为变量，却能唯一确定各节点的实际用水量，所以设实际流速作为变量更好。如果没有满足变量充分原则，就会造成“一对多”的问题，往往会导致无法有效完成优化任务。

内外兼顾原则又指的是什么呢？

依然用刚才的网络水流问题举例。简便起见，不妨将图 18-1 抽象为有向图（图 18-3）。

图 18-3 抽象后的有向图（箭头代表定向管道，箭头旁的数字表示管道中水流最大流速）

不妨设从节点 P_i 到节点 P_j 的管道中水流的实际流速为 x_{ij}，由于管道中水流是定向的，且管道有最大流速限制，可得如下约束条件：

$$\begin{cases} 0\leqslant x_{01}\leqslant 10 \\ 0\leqslant x_{02}\leqslant 70 \\ 0\leqslant x_{13}\leqslant 20 \\ 0\leqslant x_{14}\leqslant 9 \\ 0\leqslant x_{21}\leqslant 11 \\ 0\leqslant x_{24}\leqslant 13 \\ 0\leqslant x_{34}\leqslant 17 \\ 0\leqslant x_{35}\leqslant 14 \\ 0\leqslant x_{45}\leqslant 25 \end{cases} \quad (1)$$

你想想，除此之外，还有别的约束条件吗？

我想到了，水流不可能无中生有，对除了自来水厂外的每个节点而言，流出水流量不可能多于流入水流量，用上面的符号表达即

$$\begin{cases} x_{01}+x_{21}\geqslant x_{13}+x_{14} \\ x_{02}\geqslant x_{21}+x_{24} \\ x_{13}\geqslant x_{34}+x_{35} \\ x_{14}+x_{24}+x_{34}\geqslant x_{45} \end{cases} \tag{2}$$

做得好！现在我们有了两类约束条件，约束条件（1）关注的是每条管道自己的属性限制，而约束条件（2）则关注管道之间必须满足的关系限制。这就是所谓的内外兼顾原则——在列约束条件时，既要关注每条管道自己的属性限制，又要关注管道之间必须满足的关系限制，不能偏废，否则约束不全会导致优化结果失去意义。

立场视差原则又指的是什么呢?

立场视差指的是，站在不同的立场上，不仅会造成目标的变化，甚至还会导致约束的变化——但这不是绝对的，有的时候，立场变化仅会导致目标变化，并不会引起约束变化。

在刚才这个网络水流的例子中，立场的变化好像就不会导致约束变化——求小红家实际最大用水量，和求小明家实际最大用水量，所对应的约束条件都是不等式组（1）和（2）。因为小红家的用水量和小明家的用水量都是同一水流网络的局部特征，既然水流网络没有发生变化，所以作为由水流网络决定的约束条件就不会发生变化。

说得对！但是在下面的例子中，我们将会看到，在某些涉及博弈的情形下，即使环境和数据没有任何变化，仅仅是立场的变化也会造成约束条件的骤变。

我们再以对话 12 中的棒球比赛为例，我们这一次的目标不同，是为击球手和投球手分别设计最优策略（即最优行动概率）。和对话 12 中一样，设击球手预判为快球的概率为 x，则其预判为弧线球的概率为 $1-x$；设投球手投快球的概率为 y，则其投弧线球的概率为 $1-y$，其中 x 和 y 作为概率均位于区间 $[0,1]$ 中。

首先为击球手设计最优击球策略。此时可假设击球手不知道投球手想要投出什么球，在投球手投出快球和弧线球的两种情况下，分别表示击球手的得分期望如下：

$$\text{投球手投快球时击球手的得分期望} = 0.4x + 0.1(1-x) = 0.3x + 0.1$$

$$\text{投球手投弧线球时击球手的得分期望} = 0.2x + 0.3(1-x) = -0.1x + 0.3$$

同时可以假设击球手持有保守策略，即认为自己的发挥不会超出历史平均水平——否则，如果击球手觉得自己一定会超常发挥，就没有必要设计最优策略了。我们用 A 来表示击球手的实际得分，根据保守策略，有约束

$$\begin{cases} A \leqslant 0.3x + 0.1 \\ A \leqslant -0.1x + 0.3 \end{cases} \quad (3)$$

而“设计最优击球策略”，则是在约束条件（3）下求 A 的最大值，即求解如下的优化问题：

$$\max A$$
$$\text{s.t.} \begin{cases} A \leqslant 0.3x + 0.1 \\ A \leqslant -0.1x + 0.3 \\ 0 \leqslant x \leqslant 1 \end{cases} \quad (4)$$

然后我们考虑为投球手设计最优投球策略……

这个我来做！在为投球手设计最优投球策略时，可假设投球手并不知道击球手的击球策略，在击球手预判快球和弧线球的两种情况下，分别表示击球手的得分期望如下：

$$\text{击球手预判为快球时击球手的得分期望} = 0.4y + 0.2(1-y) = 0.2y + 0.2$$

$$\text{击球手预判为投弧线球时击球手的得分期望} = 0.1y + 0.3(1-y) = -0.2y + 0.3$$

同时可以假设投球手持有保守策略，即认为击球手的发挥不会低于历史平均水平——否则，如果投球手觉得击球手一定会失常发挥，就没有必要设计最优策略了。依然用 A 来表示击球手的实际得分，根据保守策略，有约束

$$\begin{cases} A \geqslant 0.2y + 0.2 \\ A \geqslant -0.2y + 0.3 \end{cases} \quad (5)$$

而“设计最优投球策略”，则是在约束条件（5）下求 A 的最小值，即求解如

下的优化问题：

$$\min A$$
$$\text{s.t.}\begin{cases} A \geqslant 0.2y + 0.2 \\ A \geqslant -0.2y + 0.3 \\ 0 \leqslant y \leqslant 1 \end{cases} \tag{6}$$

你做得很好，尤其是约束条件和目标函数的变换。现在观察约束条件（3）和（5），我们会发现，它们不仅在数值上截然不同，而且不等号的方向也发生了变化。但奇怪的是，它们都来自相同的历史数据和同样的比赛。这就是我要说的立场视差原则，这个原则往往适用于博弈模型，或可以转化为博弈模型的那些模型，指的是同样的环境在不同立场的人看来约束不同，或同样的数据在不同的人看来可利用性不同。

再举一个生活中常见的例子，在学校食堂里，负责打饭的阿姨和想要打饭的学生的立场就有差异，他们面对同一盘菜的行为期待就有不同：阿姨不能给先打饭的学生打太多肉，否则后打饭的学生就吃不到肉了；而学生往往会抱怨阿姨给自己盛的肉太少。这种差异产生的原因在于，阿姨和学生虽然都面对着同一盘菜，但二者因为立场不同，所看到的方面和考虑的角度也就不同。这也是博弈问题和一般的优化问题的一大区别。

我明白了，难怪许多人会在网上就某个问题吵得不可开交，其实是因为他们的立场不同，所以看不到对方所处的角度和方面，除非用第三方视角去分析。

你说得没错。其实还有一些模型，虽然它们在整体框架上并不是优化模型，但在求解模型时，我们需要基于历史数据进行参数拟合，而所有参数拟合都是寻求待拟合函数在某个拟合标准（损失函数）下的最优解，于是这里也可以被看作局部地使用了优化模型。要么整体是优化模型，要么在局部上使用优化模型，从这个意义上，说优化模型是众多数学模型的基础，其实并不为过。

对话 19：

近代科学三大传统在数学建模中的体现（1）

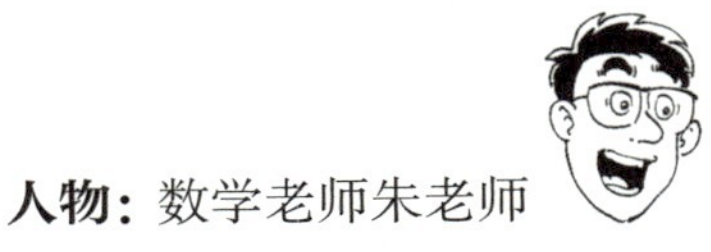

人物：数学老师朱老师  、数学老师孙老师 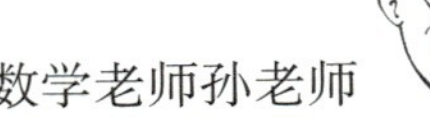 

朱老师，你好。

孙老师好，好久没见了啊。

可不是。今天特地来，有个问题想跟你探讨。我最近看到一种说法：近现代科学的发展从本质上讲都是数学技术的发展。这话你怎么看？

嗯……我认为，这是一种非常可笑的傲慢态度，虽然其中蕴含着某些正确的直觉。

怎么说？

近代科学革命以来，科学秉持三大传统，分别为：数学传统、实验传统和博物志（自然志）传统，每个单独的科学分支都可以被看作这三大传统以不同比例融合的产物。学科的驱动来自学科内部共同体的兴趣，学科的目标是解释其内部共同体所感兴趣的现象，或解决其领域内尚待解决的问题，学科的方法来自三大传统的比较和融合。

我还是第一次听到“三大传统”这种说法，这也是近代科学革命的产物吗？

严格来说，三大传统在近代科学革命之前就已存在，最早可追溯到古希腊时期。数学传统源自古希腊，代表人物是毕达哥拉斯和柏拉图。毕达哥拉斯宣扬“万物皆数”，认为数学是世间万物的根基。柏拉图在其《蒂迈欧篇》中将“土、水、气、火”归结为两种特殊三角形的几何组合。此后，这些思想经历了遗落、重拾、整理和发展，在近代科学革命时期被伽利略确立为近代科学的数学传统。

实验在古希腊时期也早就存在，但当时它被认为内蕴于数学。这是因为亚里士多德哲学认为，证明性知识是内蕴的演绎，无须诉诸检验和经验。当时的实验和我们现在所理解的实验也不同，并不是为了发现和检验知识，而是为了向大众展示经由内蕴演绎而生的知识的有效性。

到了中世纪，随着手工业者社会地位的提高，同时，出现了大量工匠型学者，如达·芬奇，实验的地位获得了显著提升。近代实验传统是由弗朗西斯·培根（1561—1626，英国文学家、哲学家，实验科学之父）和罗伯特·玻意耳（1627—1691，英国物理学家、化学家，化学科学之父）确立起来的。培根宣称“知识就是力量”，并创立近代归纳法，主张知识是可以由人通过实验观察获取的，将知识从神圣领域拉到了人间。玻意耳则通过他天才的化学实验践行了培根通过实验所获得的确定的知识的思想。

“博物志”的确切翻译应为“自然志”（natural history），但我们暂且遵从习惯，称之为博物志。“存在之链”受柏拉图启发、由亚里士多德提出——他们认为，世界上的一切存在都可以被镶嵌在由高到低的连续链条上，如果这个链条上还存在空隙，那么就一定有某种尚未发现之物可以填充进去。近代的博物志源自 16 世纪，在“百年翻译运动”、印刷术、地理大发现、药用植物志等实际需求的推动下发展起来，达尔文的“进化论”可以被视为近代博物志最伟大的成就之一。

这三大传统本身是什么含义呢？数学传统是否就是指使用数学？实验传统指的就是进行实验操作吗？而博物志传统，或者说自然志传统，是否就是像神农尝百草一样广泛地观察呢？

如果这样说，那只是认识到了它们的表面。有一种说法或许不太准确，但值得一提：数学传统注重演绎证明，凡是通过逻辑推演而无须检验过程的知识获得方式都属于数学传统，哪怕这些内容尚未包含在现代数学的已知知识之中——在牛顿发现微积分并创立微积分学之前，数学中没有微积分，但微积分显然蕴含数学传统，所以不能说使用数学才是数学传统。

那么实验传统呢？你刚才说，古希腊时期的实验是为了向大众展示经由内蕴演绎而生的知识的有效性，你又说，我们现在对实验的理解是为了发现和检验知识，我没看出二者有什么区别啊。

这主要是因为我们在学习和教育中经常忽视实验教学。做现代科学意义上的实验，并非只是走进实验室操作一下就完事了。现代科学意义上的实验包含着一系列必要步骤，需要在开始之前就确定实验目的，我们是验证某个猜测，还是在特定条件下观察可能的现象？还是测定某些参数的取值？而这个过程往往被我们忽视了，这实在是南辕北辙、得不偿失的行为。

确实如此，我一直认为，实验就是一顿操作后记录一下数据，其实，我们并不理解实验中蕴含了什么深刻的东西。

实际上，实验传统注重归纳和检验，既然是归纳和检验，就必定需要三个特性：目的性、可重复性和控制变量性。没有目的性的实验也不是完全没有意义，但它们不属于实验传统，而属于博物志传统。可重复性是保证实验产生确定知识的内在需求。在今天，学习实验科学的研究生在阅读文献之后的一项重要工作就是——复现文献中的实验结果。控制变量性指的是必须在特定的环境和条件下做实验，尽可能地去除外在环境的随机干扰，这也就是为什么如今绝大多数科学实验必须在实验室中完成。

那我们能不能说，凡是具有目的性、可重复性和控制变量性，通过实验去归纳和检验的过程，都属于实验传统？

粗略地看，我觉得可以这么说。

那博物志传统又有什么特点呢？

博物志并不是将各个学科联系、融合起来。正相反，符合博物志传统的探索一般没有特定目的，如果非要有一个目的，那“广以博物”自身就是目的。博物志传统注重观察和分类，强调所观察的现象或物体在质地、性状和材料

上的分别。比如，我们经常说某个动物属于什么纲、什么科，这就是博物志的典型成果。

这好像是在编纂百科全书啊。

确实如此，实际上，编纂百科全书就是博物志传统下的典型行为。

但是如今，除了对一些尚未发现的事物进行挖掘和整理外，博物志传统还有什么用处吗？

有啊。首先，对尚未发现的事物进行挖掘和整理本来就有着巨大意义，即使是对地球或者人体本身，人类了解的东西还只是沧海一粟，还有太多未知的事物等待发现。其次，现在非常火的“人工智能”，其实就是博物志传统借助现代科学技术的“复兴”——任何人工智能算法都可以被视为对大数据的分类，而对纷繁多样的对象分类本身就是博物志的内涵。

看来，博物志传统确实很重要，并不是我的想象中，一群学究在编纂百科全书的景象。

博物志一度十分流行呢。就像现代人喜欢出去旅行一样，近代欧洲曾经发起过博物志浪潮，在那段时间里，王公贵族、纨绔子弟都以探险和博物为时尚。

你刚才说，每个单独的科学分支都可以被看作这三大传统以不同比例融合的产物。这又该如何理解？难道这三个传统之间还会相互关联吗？

也许不能叫关联，但三大传统彼此之间确实具有很强的内在需求。

数学传统对实验传统能有什么内在需求呢？实在无法想象。

数学传统确实注重演绎，而假如演绎的过程没有错误，那么演绎的结果就不需要检验，因为它是事物内在的逻辑属性。但可惜的是，这一点的前提，即“演绎的过程没有错误”，往往难以实现——现代的数学演绎过程往往十分烦琐复杂，也越发抽象，即使是受过极其严格的训练的职业数学家，也不敢保证自己的演绎工作没有任何漏洞和错误。这时候，实验传统就可以通过检验的方式来帮助挖掘证明中极易出现的错误。这也就是为什么在建立数学理论之后，数学家总要举一些例子：一方面，便于说明理论的适用性；另一方面，通过例子的验证，能增强人们对理论的信心。

所以说，实验传统只在验证数学理论时有用。

也不尽然，数学中有一些强有力的方法，其思想也来自实验传统。

比如说呢?

这样的例子有很多，最典型的可能是“泰勒展开”。其实，泰勒展开是一种测量术。

我们拿测量身高举个例子。比如我的身高是 172 厘米，在测量身高时，我首先会在“米”这个单位尺度下得到 1 米。但这并不精确，所以我会再在“分米”这个单位尺度下对身高减去 1 米后的残差进行测量，得到 7 分米。现在，我的身高测量值为 17 分米，但还是不够精确。于是，我再在“厘米”的尺度下对身高减去 17 分米后的残差进行测量，得到 2 厘米。这样就得到了更精确的身高测量值——172 厘米。当然，这依然是近似值，我们以此类推，不断用更高精度（单位）的尺子去测量身高残差，所得的身高测量值会越来越精确。这一思想方法反映到数学里就成了“泰勒展开”。

假设一个光滑实函数（即任意阶可导的实函数）$f(x)$ 在包含 x_0 的一个开区间内有定义，我们首先用单位 1 来测量当 x 趋近 x_0 时 $f(x)$ 的行为，可得

$$\lim_{x \to x_0} f(x) = f(x_0) \tag{1}$$

此时测量值为常函数

$$L_0(x)=f(x_0) \tag{2}$$

提高精度，用 $x-x_0$ 作为单位去测量当 x 趋近 x_0 时残差 $f(x)-L_0(x)$ 的行为，利用洛必达法则

$$\lim_{x\to x_0}\frac{f(x)-L_0(x)}{x-x_0}=\lim_{x\to x_0}\frac{f(x)-f(x_0)}{x-x_0}=f'(x_0) \tag{3}$$

此时测量值为一次函数

$$L_1(x)=L_0(x)+f'(x_0)(x-x_0)=f(x_0)+f'(x_0)(x-x_0) \tag{4}$$

再提高精度，用 $(x-x_0)^2$ 作为单位去测量当 x 趋近 x_0 时残差 $f(x)-L_1(x)$ 的行为，可得

$$\lim_{x\to x_0}\frac{f(x)-L_1(x)}{(x-x_0)^2}=\lim_{x\to x_0}\frac{f(x)-f(x_0)-f'(x_0)(x-x_0)}{(x-x_0)^2}=\frac{f''(x_0)}{2} \tag{5}$$

等一下，为什么说 $(x-x_0)^2$ 的精度高于 $(x-x_0)$，而 $(x-x_0)$ 的精度又高于 1 呢?

这是因为我们考虑的是 $x\to x_0$ 时 $f(x)$ 的行为，从而可以认为 $0<|x-x_0|<0.1$、$0<\left|(x-x_0)^k\right|<\frac{1}{10^k}$。于是 $(x-x_0)^{k+1}$ 的精度就高于 $(x-x_0)^k$ 的精度了。

确实如此，我刚刚忽视了这是局部的比对。

我们继续刚才的过程，此时测量值为二次函数

$$L_2(x)=L_1(x)+\frac{f''(x_0)}{2}\cdot(x-x_0)^2=f(x_0)+f'(x_0)\cdot(x-x_0)+\frac{f''(x_0)}{2}\cdot(x-x_0)^2 \tag{6}$$

再提高精度，用 $(x-x_0)^3$ 作为单位去测量当 x 趋近 x_0 时残差 $f(x)-L_2(x)$ 的行为，可得

$$\lim_{x\to x_0}\frac{f(x)-L_2(x)}{(x-x_0)^3}=\lim_{x\to x_0}\frac{f(x)-f(x_0)-f'(x_0)(x-x_0)-\frac{f''(x_0)}{2}(x-x_0)^2}{(x-x_0)^3}=\frac{f'''(x_0)}{6} \tag{7}$$

不断重复上述过程，可得

$$L_{n+1}(x)=L_n(x)+\frac{f^{(n+1)}(x_0)}{(n+1)!}\cdot(x-x_0)^{n+1} \tag{8}$$

其中$f^{(k)}$表示函数f的k阶导函数，$n!=n\cdot(n-1)\cdot(n-2)\cdot\cdots\cdot 2\cdot 1$代表阶乘。这就得到了函数$f(x)$在$x_0$附近的泰勒展开：

$$f(x)=f(x_0)+\sum_{k=1}^{n}\left(\frac{f^{(k)}(x_0)}{k!}\cdot(x-x_0)^k\right)+o\left((x-x_0)^n\right) \tag{9}$$

其中$o\left((x-x_0)^n\right)$表示$(x-x_0)^n$的高阶无穷小。整个过程如图 19-1 所示。

测量术∈实验传统 ←--- 内在需求 ---→ 泰勒展开∈数学传统

$\frac{长度L}{1米}=a_1$ ←------→ $\lim_{x\to x_0}\frac{f(x)}{1}=\frac{f(x)}{(x-x_0)^0}=f(x_0)$

$\frac{长度L-a_1米}{1分米}=a_2$ ←------→ $\lim_{x\to x_0}\frac{f(x)-f(x_0)}{(x-x_0)^1}=f'(x_0)$

$\frac{长度L-(a_1米+a_2分米)}{1厘米}=a_3$ ←------→ $\lim_{x\to x_0}\frac{f(x)-f(x_0)-f'(x_0)(x-x_0)}{(x-x_0)^2}=\frac{f''(x_0)}{2}$

$\frac{长度L-(a_1米+a_2分米+a_3厘米)}{1毫米}=a_4$ ←------→ $\lim_{x\to x_0}\frac{f(x)-f(x_0)-\frac{f'(x_0)}{1!}(x-x_0)-\frac{f''(x_0)}{2!}(x-x_0)^2}{(x-x_0)^3}=\frac{f'''(x_0)}{3\times 2}$

$长度L=a_1米+a_2分米+a_3厘米+a_4毫米+\cdots$ ←------→ $f(x)=f(x_0)+\frac{f'(x_0)}{1!}(x-x_0)+\frac{f''(x_0)}{2!}(x-x_0)^2+\frac{f'''(x_0)}{3!}(x-x_0)^3+\cdots$

图 19-1 泰勒展开作为数学中测量术的作用

这样看来，求光滑实函数在某一点周围泰勒展开的过程，和先后用米尺、分米尺和厘米尺测量身高的过程十分类似啊！

是的，图 19-1 中给出了两个过程的对比图。测量术是实验传统中的典型方法，而泰勒展开是数学传统中的典型方法，二者具有内在的同源性。这个例子不仅可以说明数学传统对实验传统的内在需求，而且还能帮助我们更深刻地使用泰勒展开——只要想在某个局部测量函数或曲线，就可以用泰勒展开或其他的幂级数展开。

数学传统也需要博物志传统吗？

不仅需要，而且非常需要——数学的灵魂是“问题”，而问题有两个来源，一是对现有材料的性质的更深入挖掘，二是对新现象的解释和对新问题的解决。尤其，第二种问题来源更需要结合博物志传统，这样，人们才能发现更多有趣的现象。其实，不仅仅是数学，朱熹说得好：“问渠那得清如许，为有源头活水来。”如果缺少了来自外部的源源不断的新现象和新问题，一切科学都将陷入其中，越来越细的分科和越来越孤立的研究将形成自陷性，无法自拔，最终，这种自陷性或将导致科学的灭亡。

这样看来，数学学科本身也不仅仅具有数学传统，同时还包含着实验传统和博物志传统，只不过，后两者所占的比重和作用并不像它们在其他学科中所体现的那样。我开始慢慢理解你一开始所说的“每个单独的科学分支都可以被看作这三大传统以不同比例融合的产物”的含义了。那么反过来，实验传统和博物志传统对数学传统也有需求吗？

这是自然的，而且越向现代发展，这个需求越强烈——如果缺少数学的工具，就无法处理复杂实验数据，也无法通过算法做出先验预测。更别提在许多时候，实验本身就需要依赖数值模拟而非现实的实验操作！例如，天气预报、导弹试验和传染病预测，这三类科学研究都不可能通过频繁的现实实验来获得知识，而是需要基于高精度的数值模拟来观察结果，这时候，实验传统就对数学传统产生了需求。而博物志传统发展到现代，也不再那么依赖原始的“眼看”“手摸”方式，而是利用各种传感器、探测器、分类器来记录和处理信息，这就离不开对数据和信号的演绎分析，这些正是数学传统的强项。

博物志传统和实验传统之间是否也相互需要呢？

当然，实验传统本身就是对某些博物志行为的改良和优化，在这个过程中，人们明确了目标、固定了变量、增强了可重复性要求。实验器具和实验工艺的发展也离不开博物志传统的发展，比如，化学就源自炼金术。炼金术士的许多所谓的“实验”其实具有很强的博物志“味道”——他们尝试“掺和”不同成分，希望得到奇妙的属性。在玻意耳之前，这个过程显得有些盲目，变量大多不受控，实验大多也不可复现，但不可否认，炼金术的“实验”发展出了一套实验器具和工艺，沿用至今。

这个我知道，器具有试管、鹅颈瓶、烧杯、坩埚等，工艺有蒸馏、煅烧等，都源自炼金术。

不仅如此，博物志传统收集了大量的自然事实，并分类成果，有意或无意地为实验科学丰富了材料和现象宝库，提供了包括兴趣、问题甚至方法在内的诸多支撑。所以，我们不能低估博物志传统对实验科学的促进作用啊。

反过来，实验科学的技艺和成果又丰富、改良了博物志传统的探测工具和对象，让我们看到以前看不到的世界，比如，我们现在可以用射电望远镜去仰望深空……

没错，即使在16世纪的天才测量家第谷看来，这也是不可想象的伟大成就。可见，整个近现代科学的发展都建立在数学传统、实验传统和博物志这三大传统的发展和交融之上。而不同学科的不同研究风格，则源于这三大传统在各学科中不同的“含量”与作用，例如数学、物理和化学的研究风格互不相同，其成果却能通过三大传统被相互理解，这不能不说是人类文明的一个奇迹。正因如此，既然各学科都蕴含着三大传统，也就无从说起哪个学科更占“统治地位”。我一直认为：“世界上并没有‘水’的学科，只有‘水’的人。”

对话 20：

近代科学三大传统在数学建模中的体现（2）

人物：数学老师朱老师  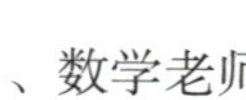 、数学老师孙老师 

数学传统、实验传统和博物志（自然志）这三大传统在数学建模中又是如何体现的？

数学建模过程主要包括：

- 发现和提出问题；
- 因素分析和基本假设；
- 模型建立；
- 模型求解；
- 模型检验。

这五大环节中都体现着三大传统。

我们一个一个来看吧。发现和提出问题是如何体现三大传统的呢？

关于发现和提出问题，我和王同学在对话 2、对话 3 中讨论过。世界上有许多事物，每件事物又有许多方面，比如，牙刷这么简单的小工具就有大小、质量、成分、颜色、温度、质地、触感、花纹、产地等方面。我们面对如此纷繁复杂的自然世界，该如何确定选题呢？

首先，需要博物志传统的帮助——假如没有博物志传统，那就是“巧妇难为无米之炊”，我们无从得知这么多事物和这么多方面，当然也就无从发现和提出问题。数学传统则体现在对相关问题是否适合用数学解决的判断中。数学虽然很强大，却不是万能的——至少，数学并非在所有情况下都是解决问题的最好办法。有些问题，数学不擅长解决，尤其是那些无法提炼出公理系统或没有逻辑关联的问题。例如睡眠对学习成绩的影响，这就不能通过数学去研究，因为睡眠和学习成绩之间并没有逻辑关联。

这怎么可能呢？！我们都知道如果前一天睡眠不好，那第二天就会没精打采，学习效率就会降低，自然成绩也就不好了。

哈哈，你这段推理可处处都是逻辑漏洞啊。首先，我们通常认为，如果前一天睡眠不好，很可能影响第二天的学习状态。但是，假如前一天没睡好是因为熬夜学习，那么这些努力对于提升成绩就不一定没有积极作用了。更何况，有些人在夜深人静时学习效率更高。其次，前一天睡眠不好，未见得第二天人就一定没精打采。比如我自己在高三时经常学习到第二天凌晨2点才睡，早上6点左右起床，中午午睡半小时，我在白天也没有明显感到精力不济，反而，我仍然会精神抖擞，像打了“鸡血”一样。再次，虽然精力不济确实会降低学习效率，但造成学习效率低下的原因有很多，有的学生每天睡得很多，但课上不听课，课后无所事事，这种学习品质和意愿所带来的影响，远比睡眠不足造成的影响要大得多吧？最后，学习效率低，并不见得成绩就不好。甲的学习效率低，是相对甲自己而言，很可能甲在学习效率低的情况下依然比乙在学习效率高的情况下取得的成绩要好。学习效率低能否导致成绩下滑，只能自己和自己比较。只是，成绩是时间序列，没人能回到过去重新来过，所以，甲也没有机会回到过去改善自己的学习效率，和效率低下的自己对比成绩。我们只能观察甲在年级里的相对名次，但从相对名次来看，甲即使效率较低也很可能稳拿全年级第一名，这也是相当常见的事儿。

你这么一说，还真是。如果提问的时候对很多事情过于武断，一旦去除这些武断，那问题就充满了个体的无规律特异性，不再适合用数学研究。

那实验传统在发现和提出问题时又是如何体现的呢？

实验传统的核心范式之一是“控制变量”，也就是在研究 A 的变化对 Y 的影响时，首先规避 B、C、D 的变化对 Y 的影响，将它们视为环境常量或系统参量。这就帮助我们在提出问题时确定哪些量是系统变量，哪些量是环境常量，哪些量是系统参量。如果这一步做不好，那后面建立模型时，我们就无法选用恰当的数学结构，甚至无法建立和求解模型。

可我怎么感觉这更像是在因素分析时才要考虑的事情?

因素分析时确实也要分析相关要素的主次关系，从而通过基本假设屏蔽掉一些次要因素。但因素分析要基于提出的问题，提出问题时，在精细的因素分析之前，要先进行一次粗糙的“控制变量”，明确问题的提法，为因素分析做好铺垫。

下面就到因素分析和基本假设的环节了……按照刚才的说法，因素分析时也需要使用“控制变量”法来规避一些次要因素的影响，这对应着实验传统。这时，数学传统体现在哪里呢?

这至少要从三个方面来谈。

首先，有些因素虽然被判定为次要因素，作为环境常量置于模型之中，但常量的形式有许多，可以是标量、向量、一条固定的曲线，还可以是固定的函数甚至泛函……决定到底使用哪种数学结构来承载这个常量，就需要数学传统的支撑。一个典型的例子就是地铁线路的规划问题。根据经验，地铁需要沿公路建设，所以在这个问题中，城市的公路网至关重要；但一座城市的公路网在很长的时间段内不会发生明显变化，于是我们将其视为常量，那么，这个常量就既不能用标量、也不能用矢量来表示，而是要用加权有向图来表示。

其次，有些基本假设本身就规定了某些变量之间的单调关系，例如在人口模型中，我们曾假设“资源越少，所能容纳的人口极限数量越小”，这种数量之间单调性的观察和描述，也是数学传统的展现。

最后，某些基本假设本身就是为了方便数学处理而做的合理近似，例如在建立连续型人口模型时，假设本来现实中离散变化的人口数量为关于时间的连续可导函数，这需要基于两个数学理由：人口变化最小单位相较于人口基数微乎其微；同时，可导函数类在连续函数类中是稠密的。

看来，因素分析和基本假设都很考验建模者的数学素养啊。那实验传统在这个环节中又体现在什么地方呢?

实际上，“基本假设”这个环节之所以存在，是受了实验传统和数学传统双方的综合影响。上一次我们说过，数学传统讲究演绎分析，既然是演绎分

析，就需要确立公理，基于公理才能做演绎；实验传统讲究归纳和检验，既然要归纳和检验，就要立前提，基于前提才能做归纳和检验。基本假设既可以被视为建立模型时数学演绎的公理基础，也可以被视为建立模型所需的先验综合判断——如果缺少先验综合判断，就不会产生新的知识，因为演绎本身不产生任何新知，它只是从逻辑上对公理的重言或对已有知识隐含内容的挖掘；如果要发现新的知识，就必须尝试不同的可能的公理，以丰富已知领域的边界；但即使是在逻辑上无懈可击的公理，相对现实世界亦有合理和不合理之分，这就需要实验传统中的检验思想。从这个角度来说，基本假设可以被看作“需要检验的公理系统”，和最后的模型检验环节是配套的。

难怪我们在平时做数学习题时没有基本假设和模型检验的环节，这是因为我们在做习题时，完全沿着数学传统做演绎类型的分析，所以没必要进行这些步骤。

说得对啊，只有在利用数学解决跨领域问题，或者在开拓数学和科学疆域时，我们才需要基本假设和模型检验。

我猜，在模型建立的过程中肯定也渗透着全部三大传统，朱老师，可否举例说明啊?

一个典型的例子是“自平衡支架的设计”问题，我在《数学建模 33 讲：数学与缤纷的世界》的话题 15 中讲过这个问题。这次，我们从不一样的视角再来看这个模型，你就能体会三大传统在数学建模中是如何体现的了。

什么是“自平衡支架”？

这其实源于生活中的一个“痛点”：如果火车上的行李支架设计不妥，那么行李在上面就会颠簸滑动，有跌落并砸到旅客的风险。假设火车上需要设计一款“自平衡支架”，使得允许长度内的货物能够以任何角度放置在支架上而不发生滑动。如图 20-1 所示，简便起见，我们将货物简化为一个线密度均匀的木杆。在不考虑摩擦力的情况下，如何设计支架的形状，使得长度为 l 的木杆无论以什么角度放置都能稳定在支架上？这就是“自平衡支架的设计”问题。

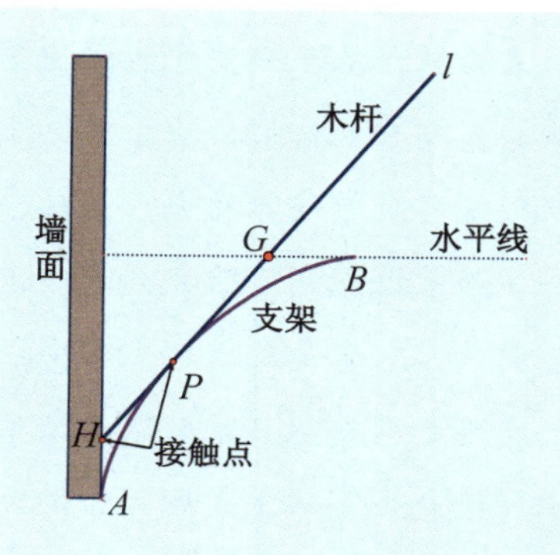

图 20-1　自平衡支架示意图

我感觉，这个问题需要用到物理知识。

是的，如果建模者没有物理学的相关知识，就无法将“不发生滑动”这件事转化为与“支架形状”相关的几何语言。如果这里使用受力分析的方法，那模型将变得十分复杂，难以建立，这是因为支架的形状是未知的，受力点是未知的，木杆的摆放方向也是未知的，参数繁多且关系复杂。

但是，如果考虑到当前问题关注的是系统能量的变化（重力势能和动能之间的转化），我们就可以借助能量法，以更直接的过程建立更简洁的模型——只需保证无论木杆如何摆放，其重心都位于水平线上，重力势能就不会向动能转化，也就不会产生滑动了；我们注意到木杆匀质，其重心位于中点 G 处，“重心位于水平线”的需求就转化为“水平线与墙面之间所截得的木杆长度为木杆长度的一半”，即 $GH=\frac{l}{2}$，这就是一个纯粹几何角度的条件了。

接下来，我们将自平衡支架示意图（图 20-1）抽象为平面内的几何问题，建立如图 20-2 所示的平面直角坐标系，并设支架所在的曲线为函数 $y=f(x)$ 的图像。

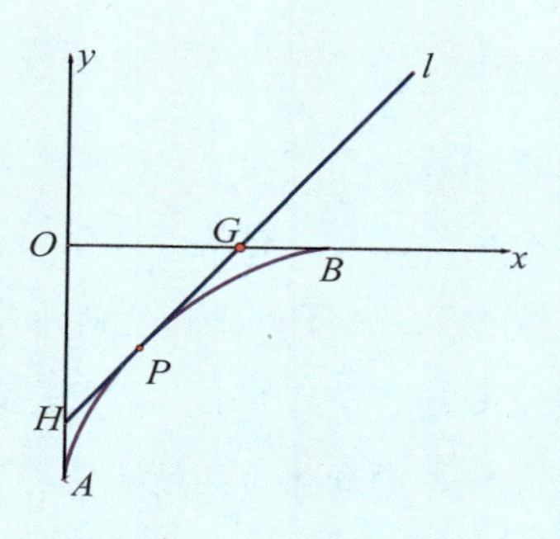

图 20-2　将图 20-1 中的情景抽象为平面直角坐标系中的图像

从几何上观察，只需函数$y=f(x)$的切线被第四象限所夹部分的长度始终为$\frac{l}{2}$。根据这个观察，我们就能够建立函数$y=f(x)$所满足的数学方程了。

这个我会算。假设函数$y=f(x)$可导，则它在点(x_0,y_0)处的切线方程为

$$y=f'(x_0)(x-x_0)+f(x_0) \tag{1}$$

切线和x轴的交点坐标为$G\left(x_0-\frac{f(x_0)}{f'(x_0)},0\right)$，和$y$轴的交点坐标为$H(0,f(x_0)-f'(x_0)x_0)$，于是

$$|HG|^2=\left(x_0-\frac{f(x_0)}{f'(x_0)}\right)^2+\left(f(x_0)-f'(x_0)x_0\right)^2 \tag{2}$$

进而可得微分方程

$$\left(x_0-\frac{f(x_0)}{f'(x_0)}\right)^2+\left(f(x_0)-f'(x_0)x_0\right)^2=\frac{l^2}{4} \tag{3}$$

我们需要上式对于任意的$x_0\in\left[0,\frac{l}{2}\right]$均成立。

没错。

我知道了，这个过程需要博物志传统，因为我们要联系物理学中的相应定律；它也需要数学传统，因为在问题转化为几何结构之后，还要转化为微分方程。但在这个过程中，实验传统体现在哪里呢？

我们并不知道微分方程（3）是否有解，接下来对它的求解过程就是一种实验过程。

啊，我明白了！我们到目前为止所建立的数学模型，即微分方程（3）基于若干假设，其中包括函数的可导性，以及木杆的线性匀质性。但这些假设能否融合，换句话说，在着手求解之前，能否真的求出函数满足这个模型，还是未知的——大胆假设，小心求证，这本身就是实验传统的精神啊。

我十分赞同。

但是，微分方程（3）的非线性程度很高，如何求解呢？

这就再一次体现出实验传统和博物志传统的强大作用了。

通过图 20-2，我们清楚，所求函数的图像在第四象限中是上凸的图形，且根据边界条件，在木杆竖直时，木杆下端应位于坐标$\left(0,-\frac{l}{2}\right)$处；在木杆水平时，木杆中心 G 点应位于坐标$\left(\frac{l}{2},0\right)$处。于是图 20-2 中 A 点坐标应为$\left(0,-\frac{l}{2}\right)$，$B$ 点坐标应为$\left(\frac{l}{2},0\right)$，且由于木杆从竖直到水平的滑动过程是可逆的，于是，函数图像应该关于第二、第四象限角平分线轴对称。此时，如果我们将第四象限中的那段曲线绕着坐标原点分别逆时针旋转 90°、180°、270°，可得如图 20-3 中所示的封闭曲线 Γ。

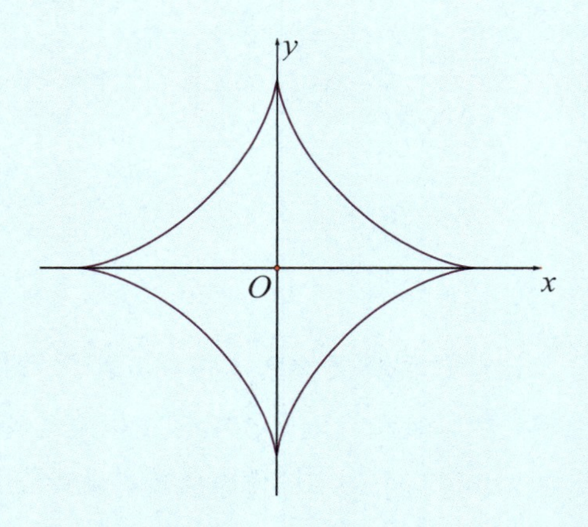

图 20-3 将函数$y=f(x)$的图像旋转 90°、180° 和 270° 后所得的封闭曲线

如果能够求得这个封闭曲线 Γ 的方程，就能得到所求函数 $y=f(x)$ 的解析式了。我们注意到，图形 Γ 不仅是封闭图形，且具有较强的对称性（关于原点中心对称、关于 x 轴和 y 轴轴对称、关于直线 $y=x$ 和 $y=-x$ 轴对称）。我们在高中阶段最熟悉的封闭曲线就是单位圆，其方程为 $x^2+y^2=1$。当然，封闭曲线 Γ 不是单位圆，如果我们想对单位圆调整一下参数，使它形如封闭曲线 Γ，该怎么做呢？

可以尝试将单位圆方程左侧各项的次数“2”和右侧的“1”变一变。我试了一下，当指数由 2 变为 4 和 $\frac{1}{3}$ 时的图形如图 20-4 所示。可以猜测封闭曲线 Γ 的方程形如

$$x^{\alpha}+y^{\alpha}=\left(\frac{l}{2}\right)^{\alpha} \tag{4}$$

之所以右侧为 $\left(\frac{l}{2}\right)^{2}$，是为了满足曲线和坐标轴的交点坐标。

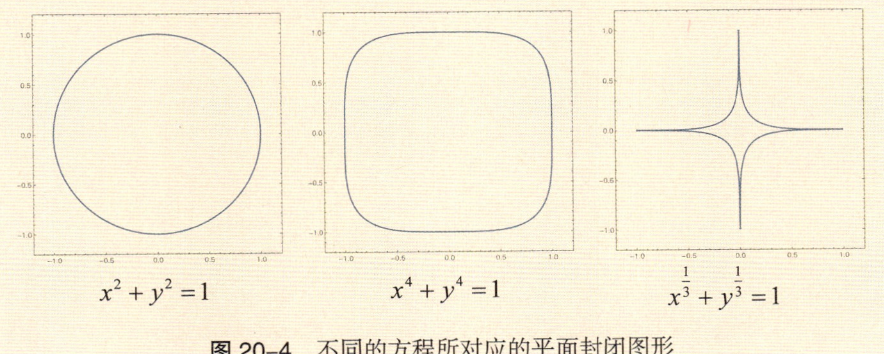

$x^2+y^2=1$　　$x^4+y^4=1$　　$x^{\frac{1}{3}}+y^{\frac{1}{3}}=1$

图 20-4　不同的方程所对应的平面封闭图形

说得太好了！这样一来，求解微分方程（3）的工作就变为确定方程（4）中的参数 α！我们来回顾刚才的过程，由封闭曲线 Γ 想到单位圆，是承袭了博物志传统，毕竟如果我们不知道单位圆的话，就无法做这种迁移和联想；而图 20-4 中对不同指数的尝试，则承袭了实验传统，因为如果不做实验，就无法发现这一点。

确实是这样！接下来就该用数学传统来求解 α 的值了，但这又该如何做呢？

根据形式（4），通过变形，可将其第四象限的部分表示为函数

$$f(x)=-\left(\left(\frac{l}{2}\right)^{\alpha}-x^{\alpha}\right)^{\frac{1}{\alpha}} \tag{5}$$

求其导数

$$f'(x)=\left(\left(\frac{l}{2}\right)^{\alpha}-x^{\alpha}\right)^{\frac{1}{\alpha}-1}\cdot x^{\alpha-1} \tag{6}$$

并将其代入方程（3），化简可得

$$x_0^{2(1-\alpha)}+\left(\left(\frac{l}{2}\right)^{\alpha}-x_0^{\alpha}\right)^{\frac{2}{\alpha}-2}=\left(\frac{l}{2}\right)^{2-2\alpha} \tag{7}$$

根据（7）式的代数形式，如果想要其对于任意 $x_0\in\left[0,\frac{l}{2}\right]$ 均成立，那么等式左侧紧挨等号的那一项的次数只能为 1，于是可得关于 α 的方程组

$$\begin{cases}\frac{2}{\alpha}-2=1\\ \alpha=2-2\alpha\\ 2(1-\alpha)=\alpha\end{cases} \tag{8}$$

解得 $\alpha=\frac{2}{3}$，此时所求的平面曲线为

$$x^{\frac{2}{3}}+y^{\frac{2}{3}}=\left(\frac{l}{2}\right)^{\frac{2}{3}} \tag{9}$$

曲线（9）对应的被第四象限所夹部分的函数解析式为

$$f(x)=-\left(\left(\frac{l}{2}\right)^{\frac{2}{3}}-x^{\frac{2}{3}}\right)^{\frac{3}{2}} \tag{10}$$

曲线（9）在数学上也被称为星形线！没想到，它居然是我们这个问题的解。

说得没错。其实星形线在物理上也有非常重要的应用。在磁学中，星形线被称为斯托纳 - 沃尔法思星形线（Stoner-Wohlfarth Astroid），它是斯托纳 - 沃尔法思电磁模型（这是一种广泛应用于单畴铁磁体磁化的模型）临界状态的非平凡解，这条曲线将具有两个自由能密度最小值的区域与只有一个能量最小值的区域分开——当通过这条边界曲线时，磁化强度会发生不连续的变化，模型具有十分重要的意义。

原来解决问题所产生的数学结构也能在许多其他问题中找到，这大概就是为什么博物志传统那么重要吧——万物皆有关联，万物皆可类归。

确实如此！

现在就剩下模型检验环节了。我能理解，“检验”本身就出于实验传统的需要。咱们上一次讨论过，数学传统是不需要检验的，因为数学传统重在演绎，而演绎是知识的内蕴推理，只要推理过程没有逻辑错误，结论便不可能错误——事实上，我认为这正是数学的强大之处。因为检验过程本身需要用到数学计算，所以自然就蕴含了数学传统。尤其是对关键参数的灵敏性分析，这是评估模型是否稳健的重要依据。

没错，在你说的这段话的基础上，我想再补充几点模型检验的必要性。

(1) 对先验判断的后验分析。正如刚才说的，“大胆假设，小心求证”，我们之前为了解决问题，引入了一些基本假设作为模型建立的公理，但这些假设是否真的合理，基于其建立的模型的结果是否真的可以解决问题，还需要小心验证。这源于实验传统的需要。

(2) 参数拟合时可能带来的误差放大。参数拟合的时候，我们往往用最小二乘法或其他方法得到参数的近似值，这种近似在迭代和后续计算的过程中有可能被系统放大，所以，我们需要进行关键参数的灵敏性分析。这也源于实验传统的需要，因为在实验中，测量往往也带有误差。

(3) 可能存在的连续与离散的近似。我和王同学之前在对话 9 中讨论过数学的三对矛盾，连续与离散是其中之一。在数学建模及求解过程中，因数学自身发展具有局限性，我们往往需要用连续来模拟离散或用离散来逼近连续。例如，在求解一般的偏微分方程时，我们往往需要将其通过差分格式变为离散的线性系统来求解，这个过程中存在近似误差。相对地，在建立某些数学模型，例如连续人口模型时，为了得到解析解，我们会利用导数定义将离散的差分方程近似为微分方程，这样虽然带来了误差，却让原本在差分方程下无法得到的数列通项公式变为形式简洁的函数解析式。这可以被视为出于数学传统和实验传统双方的需要，因为实验中的采样和记录都是离散的形态，而许多实验过程本身就是连续的过程。

(4) 复杂系统中可能存在的混沌行为。在许多模型中，我们不希望输入的微小变化会引发结果的巨大变化。例如在桥梁设计中，如果风速稍微变化就会带来整个桥梁震动幅度的大幅变化，那么这个设计就是危险的。但是，因为复杂系统内部太过庞杂，很难进行演绎分析，这时一个讨巧的办法便是通过数值模拟来检验其性态。这可以被视为来自全部三大传统的需要——在数学上提供了必要性，在操作上采用了实验的思想和办法，因为结果无法预期，所以这里就有了博物志的“味道”。

(5) 对模型泛性大小的检查。有些模型具有一定的泛性，甚至在某些基本假设稍有偏差的情况下，依然能够维持大致的性态。例如逻辑斯谛人口模型，在人口增长的初期，此时的资源限制尚不足以对人口总量造成限制，按照马尔萨斯的人口模型，人口数量将近似于时间的指数函数，这一规律也符合逻辑斯谛函数初始段的趋势，从形式上看，根据逻辑斯谛模型所得的人口关于时间的函数的解析式形如：

$$P(t)=\frac{M}{1+C_0\mathrm{e}^{-Mkt}}=\frac{M\mathrm{e}^{Mkt}}{\mathrm{e}^{Mkt}+C_0} \tag{11}$$

其中M、k和C_0为待定参数。当t很小时，$\mathrm{e}^{Mkt}+C_0\approx C_0+1$，于是可得

$$P(t)\approx\frac{M}{C_0+1}\mathrm{e}^{Mkt} \tag{12}$$

换句话说，马尔萨斯的指数增长人口模型可被视为逻辑斯谛人口模型的局部近似模型，这也就解释了为什么自1949年以来，我国人口数量大致呈指数增长。类似的泛性大小需要结合模型结果和现实数据进行检验，同时体现了三大传统的作用——数学传统提供分析工具，实验传统提供分析框架，博物志传统提供对检验结果的解释。

(6) 对平衡解的类型的审查。这常见于许多具有博弈色彩或能转化为博弈情景的问题中，例如，小明去菜市场买菜，和卖家讨价还价，最后的价格一般会逐渐稳定在小明和商贩双方的理想价格之间。此时，如果某一方突然改变讨价策略，那这个“妥协价格”是否还会存在？讨价还价行为的调整是否会导致交易无法成功？这就需要对平衡解的类型进行审查，通过变动关键参数的值和初始值，甚至在系统运行过程中加入某些随机的干扰（或摄动），看系统是否会依然收敛，收敛到何处，收敛位置是否会发生分裂或合并，是否会从收敛到某一点变为收敛到某一区域，甚至变为某种周期性循环变化。这对于模型的应用，尤其是面向决策的应用，都至关重要。由于篇幅所限，这里不再赘述，感兴趣的读者可以参考我在《面向建模的数学》第1讲、第11讲和第13讲中的相关论述。这一点同时体现了三大传统的作用，和第(5)条类似，数学传统提供分析工具，实验传统提供分析框架，博物志传统提供对检验结果的解释。

看来，模型检验里的说道还真不少，并不像我之前想象的那样，只是分析参数的灵敏性。

是的，在评价模型优缺点，以及探查可改进方向这两方面，模型检验自然有着举足轻重的作用，也集中体现了三大传统的融合。我们在后面还会更详细地讨论模型检验。

对话 21：

像科学家一样看待现象

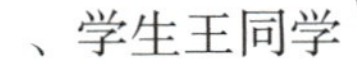

人物：数学老师朱老师、学生王同学

在面对问题时，我总是努力回想自己学过的哪些知识能够覆盖这个问题，但我往往发现，哪个知识都不能完全覆盖它，我又不敢也不知从何创造新的方法。结果，我要么束手无策，要么胡乱建立一个数学模型，却无法解决问题。朱老师，您有什么办法吗？

你之所以会遇到这个困境，是因为你在数学建模时没有释放你的生命力量，一直是那个表面的、打折扣的、机械式的“你”在面对问题。在解决问题时，你的生命体验、生活经验、学科观念、人生感悟和个人风格都被搁置在一旁，自然不会有什么深刻的见地。

啊？生命体验、生活经验、学科观念、人生感悟和个人风格，这些和数学建模也有关系吗？

不仅有关系，而且至关重要。数学建模的过程不是机械地套用已有知识和模型的过程，而是针对问题的特异环境和需求，创造性地调用学科观念和已掌握的学科素材，或者发展新的方法和知识。

你要基于你的个人视角和观点（基本假设）来构建数学理论：我该关注问题的哪些方面？因素之间的结构关系如何？应该朝哪个方向分析和演绎？哪些数学素材是构建理论时适切的材料？这些数学素材之间有何关系？为什么能够用数学解决这个问题？数学中的哪些思想和观念在解决这个问题时起到了作用？起到的又是哪些作用？脱离了生命体验、生活经验、学科观念、人生感悟和个人风格，这些问题都难以回答。

但我只是一个高中生啊！像您说的这些问题，我觉得对于一个高中生而言太难了，这是科学家才会思考的问题吧？我只是想建立一个数学模型而已……

问题就出在这里。你将数学建模当成了做数学习题，只想建立一个数学模型，赶紧完成任务，而不是真的想从科学角度去解决问题。你既然在乎数学模型的科学性和有效性，但又不肯进行我所说的那些思考，这样一来，你就会让自己陷入两难的境地——不进行那些思考，就无法保证模型的科学性和有效性，到头来，你只能胡乱拼凑出一个不伦不类、无法解决的问题，甚至是具有许多科学性错误的“仿冒的”数学模型；而要想建立科学、有效的模型，你必须敢于、愿意、善于像科学家一样思考。

但我并不是科学家啊，到底是先成为科学家，才能像科学家一样思考，还是先学会像科学家一样思考，才能成为科学家？

像科学家一样思考，并不需要先成为科学家。实际上，只有先养成像科学家一样思考的习惯，你将来才有更大可能成为科学家。这并不是一个“鸡生蛋、蛋生鸡”的问题，而是一个基础和表现的问题。“像科学家一样思考”是基础，而“成为科学家”是表现；而并非像你所理解的，“成为科学家”是基础，“像科学家一样思考”是表现。

怎么才能像科学家一样思考呢？

像科学家一样思考，并不要求你必须具有科学家的水平、成就，它其实包含如下四个方面：

- 像科学家一样看待现象；
- 像科学家一样继承知识；
- 像科学家一样调用观念；
- 像科学家一样理解结果。

首先，无论是在自然、社会中，还是在学科内，都有无穷多的现象，并非所有现象都适合用数学来解决；而这些现象往往具有许多方面，并非所有方面都指向问题的主要矛盾。所以，“像科学家一样思考”的首要一点就是“像科学家一样看待现象”。

您能举一个例子吗？

比如，你要研究足球射门的轨迹，你会怎么做基本假设？

嗯……我会将足球抽象为一个质点，将球门抽象为一个长方形区域，然后，结合重力和能量守恒定律建立空间直角坐标系，去研究这个质点在给定的初始速度和初始方向下，经由重力的影响，其运动轨迹与球门所在区域的交点。

很好的思路！这样确实能建立出很漂亮的数学模型，而且，所得的足球运行轨迹应该为标准的抛物线段。但你觉不觉得少了什么？你平时在看球赛时，经常会看到当球员射门时，足球的运行轨迹并非沿着抛物线，而是会出现“香蕉球”（即弧旋球，screw shot），这又是为什么呢？

因为在真正的比赛中，球会旋转啊！利用足球的旋转就能踢出不同的曲线。

是的，因为足球旋转时两侧的气压不同，会推动足球朝某个方向偏移（图 21-1）。那为什么刚才你没有考虑这一点呢？

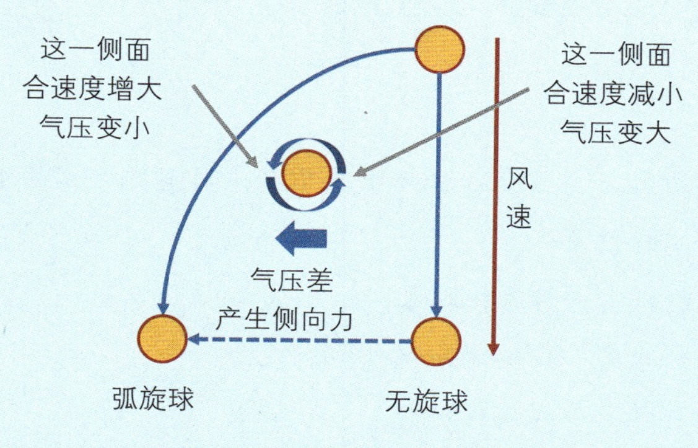

图 21-1 “香蕉球”原理示意图

刚才我以为，只需要研究一个简单情况就行了，毕竟，考虑足球的旋转会让模型变得更复杂。

这么说，你刚才建立的就不是针对“足球运动轨迹”的数学模型，而是针对“无旋转足球的运动轨迹”的数学模型。如果你要建立的是针对“足球运动轨迹”的数学模型，就需要考虑足球的旋转，因为这种旋转会在很大程度上影响足球的轨迹，它是主要矛盾的主要方面之一。

科学家做基本假设不是单纯为了简化，再简化也不能将问题的主要矛盾简化掉，否则所研究的就不再是同一个问题了。现象孕育理论，而非理论孕育现象。当建立理论遇到瓶颈时，就要回过头观察现象，以获得新的灵感；理解和发展理论的绝佳路径就是观察更丰富的现象，就像刚才，我们需要考虑足球的旋转。

但理论往往需要建立在对现象进行再抽象的基础之上，而抽象的目的难道不是简化问题吗？

抽象的目的是包含更多的具体，而不仅仅是简化问题。抽象常被人看作“简化”，因为它凸显了问题中的主要矛盾，忽略了对结果影响不大的次要矛盾，让问题变得更加清晰，但它其实也借此包含了更多的具体——某一类具体可能具有相同的主要矛盾和不同的次要矛盾，关注主要矛盾就能将这一类具体放到同一个范畴里去讨论。有人以为，抽象是为了让问题越来越简洁，其实它让问题越来越复杂，因为每一次抽象的结果都包含了更多的具体。也就是说，抽象泛化了一般的结构，让研究所能依赖的特异性越来越少。

您能举一个例子吗？

例如，我们在初中学过三角形。世界上的三角形有许多形状，比如等腰三角形、直角三角形、等边三角形等。如果我们去证明一个等腰直角三角形内角和为 180°，只需要关注它有一个直角和两个大小为直角一半（45°）的角的情况即可。但这种证明显然不适用于其他直角三角形或等腰三角形。

在中学时，我们把所有三角形抽象为“平面内用直线段顺次连接不在同一条直线上的三个点所构成的图形”。在这个定义下，我们再去研究三角形的内角和是多少，就必须发展平行线的相关判定和性质，进而对平行公理提出需求，而不仅仅是观察几个特殊角就能解决问题了。但解决这个问题后，我们就得到了对于所有三角形的内角和定理。在这个过程中，抽象的过程减少了特异性，也因此增加了研究的难度，但抽象的成果是包含了更多的具体。

我明白了，想构建理论，就要从现象出发，将主要矛盾作为研究对象，做适当的抽象是为了包含更多的具体。

仅仅将现象的主要矛盾作为研究对象，尚不足以建立理论——尽管这是重要的一步。想建立研究场域，除了研究对象以外，还需要关注对象之间的联系，以及对对象施加的合法操作。在科学里，包含了对象、对象间的合法变换，以及对象之间的结构关系的整体被称为“范畴”。范畴观是科学家在思考问题的基本习惯，一方面，它重视将现象的主要矛盾作为对象的实在性①，另一方面也重视对象间的抽象共性，从而形成结构化的认知和概念。不仅如此，范畴观还蕴含了更深刻的抽象路径——将对象之间的合法变换视为新的对象，新的对象之间的合法变换，即对合法变换的合法变换，可以被视为以合法变换为变量的映射，也就是合法变换的泛函。沿着这条路一直“抽象”，就能衍生出无限层抽象。

数学里有一个极为有趣的现象：如果一个范畴是线性化的，即对象的变换均为线性变换，那么合法变换的合法变换等价于对象本身，也就是说，合法变换的合法变换的合法变换，等价于合法变换，从而，这个不断泛函的过程对于线性结构来说只有两层。

……朱老师，您真把我绕进去了……您能举个例子，说得简单点儿吗？

好啊，我们考虑相似多边形这个范畴。对象是多边形（包含其内部），合法变换是相似变换（位似、平移、旋转和翻折），对象之间的结构关系为相似关系。我们在初中学习的相似三角形理论，都是在这个范畴下获得的。这个范畴是线性的，因为位似、平移、旋转和翻折都是线性的，任何两个相似多边形都能通过这四种变换或其组合互相转化。图 21-2 给出了三角形的例子。

现在，我们假设 φ 为某个相似变换，即某些位似、平移、旋转和翻折的组合，则对于任意多边形 $P_1P_2\cdots P_n$，$n\geqslant 3$，$n\in\mathbb{N}^*$，其在 φ 下的变换结果为 n 个顶点 P_1，P_2，…，P_n 在 φ 下的像点 $\varphi(P_1)$，$\varphi(P_2)$，…，$\varphi(P_n)$ 作为顶点所围成的多边形，即

① 本书中的实在性指的是物质的存在和独立性，并优先于其他特性。

$$\varphi\left(\text{多边形}P_1P_2\cdots P_n\right)=\text{多边形}\varphi\left(P_1\right)\varphi\left(P_2\right)\cdots\varphi\left(P_n\right) \tag{1}$$

其中允许退化情形，即$P_1=P_2=\cdots=P_n$的情形，此时多边形$P_1P_2\cdots P_n$为单点集$\{P\}$。注意到多边形为凸图形（即任意两点的连线依然位于此多边形中），且边为直线段，于是

$$\text{多边形}P_1P_2\cdots P_n\left(\text{含内部及边界}\right)=\left\{\sum_{i=1}^{n}\lambda_iP_i\middle|\sum_{i=1}^{n}\lambda_i=1,\lambda_i\geq 0,i=1,2,\cdots,n\right\} \tag{2}$$

其中的和指的是将点P_i的坐标自然地视为平面向量所得之向量和。通过这种方式，（1）式便可写为

$$\varphi\left\{\sum_{i=1}^{n}\lambda_iP_i\middle|\sum_{i=1}^{n}\lambda_i=1,\lambda_i>0,i=1,2,\cdots,n\right\}=\left\{\sum_{i=1}^{n}\lambda_i\varphi\left(P_i\right)\middle|\sum_{i=1}^{n}\lambda_i=1,\lambda_i\geqslant 0,i=1,2,\cdots,n\right\} \tag{3}$$

于是相似变换φ可以通过逐点定义的方式来实现。对任意的相似变换φ_1和φ_2，逐点定义它们的加法运算和数乘运算如下：

$$\left(\varphi_1+\varphi_2\right)\left(P\right)=\varphi_1\left(P\right)+\varphi_2\left(P\right) \tag{4}$$

$$\left(\lambda\varphi_1\right)\left(P\right)=\varphi_1\left(\lambda P\right),\quad\forall\lambda\in\mathbb{R} \tag{5}$$

在允许将单点集合视为退化的多边形的基础上，$\left(\varphi_1+\varphi_2\right)$和$\left(\lambda\varphi_1\right)$依然为相似变换，这是因为根据相似变换的定义

$$\varphi_1\left(P\right)=M_1\cdot P+N_1 \tag{6}$$

$$\varphi_2\left(P\right)=M_2\cdot P+N_2 \tag{7}$$

其中M_i为2×2矩阵，N_i为平面向量，$i=1,2$。P作为点的坐标也被视为平面向量，于是有

$$\left(\varphi_1+\varphi_2\right)\left(P\right)=\varphi_1\left(P\right)+\varphi_2\left(P\right)=\left(M_1P+N_1\right)+\left(M_2P+N_2\right)=\left(M_1+M_2\right)P+\left(N_1+N_2\right) \tag{8}$$

依然是相似变换，同时映射的复合$\varphi_1\circ\varphi_2$也是如此。于是，相似多边形的范畴具有线性结构。

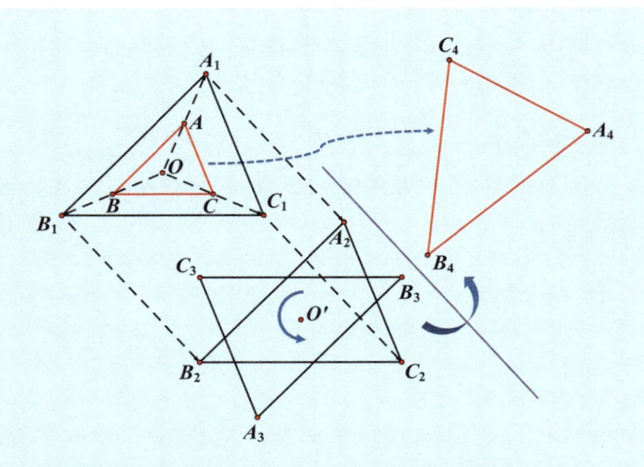

图 21-2　相似是位似、平移、旋转和翻折的组合

但是可惜的是，我们并没有

$$\varphi(P_1+P_2)=\varphi(P_1)+\varphi(P_2) \tag{9}$$

这是因为

$$\varphi(P_1+P_2)=M\cdot(P_1+P_2)+N \tag{10}$$

$$\varphi(P_1)+\varphi(P_2)=M\cdot P_1+M\cdot P_2+2N \tag{11}$$

于是（9）式成立当且仅当 $N=\mathbf{0}$，即平移为零。为了达成（9）式，必须引入等价关系

$$\text{多边形}\Omega_1\sim\text{多边形}\Omega_2\Leftrightarrow\Omega_1\text{和}\Omega_2\text{相差一个平移} \tag{12}$$

将两个等价的多边形视为同一个多边形，相当于考虑商集合

$$S=\{\text{多边形}\}/\sim=\{\text{多边形}\,|\,\text{若两个多边形相差一个平移，则视为同一元素}\} \tag{13}$$

方便起见，我们依然用 Ω 来表示多边形 Ω 所处的等价类。为了在（9）式中容纳 Ω 和 $-\Omega$ 的和，以使商集合 S 相对“加法”运算封闭，S 中需要包含一个零元素 θ，即单点集（视为退化的多边形）在等价关系（13）下的等价类。根据刚才的讨论，在商集合 S 中有如下两式成立：

$$(\varphi_1+\varphi_2)(\Omega)=\varphi_1(\Omega)+\varphi_2(\Omega) \tag{14}$$

$$\varphi(\Omega_1+\Omega_2)=\varphi(\Omega_1)+\varphi(\Omega_2) \tag{15}$$

考虑S上所有相似变换所构成的集合$\Gamma(S)$，其中的元素为相似变换φ。对于任意的多边形等价类$\Omega\in S$，定义映射

$$\phi_{\Omega}(\varphi)=\varphi(\Omega) \tag{16}$$

以及运算

$$\phi_{\Omega}(\varphi_1+\varphi_2)=\varphi_1(\Omega)+\varphi_2(\Omega) \tag{17}$$

$$(\lambda\phi_{\Omega})(\varphi)=\varphi(\lambda\Omega) \tag{18}$$

这是从集合$\Gamma(S)$到S的线性映射。显然，不同的Ω对应的ϕ_{Ω}不同，因为恒同映射将不同的Ω等价类对应到不同的Ω等价类自身。

下面我们将说明，任取从集合$\Gamma(S)$到S且满足结合性条件

$$\phi(\varphi_1\circ\varphi_2)=\varphi_1(\phi(\varphi_2))，\ \forall\varphi_1,\varphi_2\in\Gamma(S) \tag{19}$$

的线性映射ϕ，必存在某个Ω，使得$\phi_{\Omega}=\phi$。

事实上，任取集合$\Gamma(S)$到S的满足（19）式的线性映射ϕ，有$\phi(\varphi)\in S$，$\forall\varphi\in\Gamma(S)$。于是$\phi(id)\in S$，其中$id$为恒同映射，自然也是相似变换。设$\phi(id)=\Omega_0$，由于

$$\phi_{\Omega_0}(\varphi)=\varphi(\Omega_0)=\varphi(\phi(id))=\phi(\varphi\circ id)=\phi(\varphi) \tag{20}$$

因此

$$\phi_{\Omega_0}(\varphi)=\phi(\varphi)，\ \forall\varphi\in\Gamma(S) \tag{21}$$

以上相当于证明了如下命题：

$$\left\{\text{线性映射}\phi:\Gamma(S)\to S\,\middle|\,\phi(\varphi_1\circ\varphi_2)=\varphi_1(\phi(\varphi_2)),\forall\varphi_1,\varphi_2\in\Gamma(S)\right\}\cong S \tag{22}$$

其中“$\cong$”表示同构，即不仅（22）式两端的集合一一对应，且二者具有统一的线性结构，即

$$\phi_{\Omega_1+\Omega_2}(\varphi)=\varphi(\Omega_1+\Omega_2)=\varphi(\Omega_1)+\varphi(\Omega_2)=\phi_{\Omega_1}(\varphi)+\phi_{\Omega_2}(\varphi) \tag{23}$$

$$\lambda\phi_{\Omega}(\varphi)=\lambda\varphi(\Omega)=\varphi(\lambda\Omega)=\phi_{\lambda\Omega}(\varphi) \tag{24}$$

这由（15）式、（16）式、（18）式和（21）式可得。

这也太神奇了！在满足一些自然的条件时，线性结构上的线性映射的线性映射居然回到了线性结构本身。所以，对于线性结构而言，抽象是有限的。

没错。但是，相应的讨论对于非线性结构来说一般不再成立。这也就是为什么即使从整体看上去是一个非线性结构，数学家也要努力将局部结构做成线性结构。当我们观察一个现象时，如果能观察到其线性结构，或者局部上近似线性的结构（例如，曲线在某点处的切线），就可以更为方便地计算或分析。我记得在对话15中，我们也讨论过与之相关的思想，在那里利用对局部近似线性的观察，得到整体所满足的微分方程。放到数学建模中，局部的（近似）线性化往往对应着特殊情况、临界状态或时空中的局部情形，这也是科学研究往往从简单到复杂、从特殊到一般的原因之一。

通过这次讨论，我明白了如何努力像科学家一样看待现象：

第一，现象孕育理论，当理论构建遇到障碍时，可以更深入地观察现象以获得灵感；

第二，抽象过程因泛化了结构从而降低了可利用的对象的特异性，这增加了难度，却包含了更多的具体；

第三，看待现象时要具有范畴观，即关注对象、对象间的合法变换，以及对象之间的结构关系，这样往往可以挖掘出更深刻的规律；

第四，在观察现象时，如果能在整体或局部上挖掘出线性或近似线性结构，那么往往会更方便计算和分析，因为线性结构上的抽象是有限的抽象。

很好，下次咱们讨论如何“像科学家一样继承知识”吧。

对话 22：

像科学家一样继承知识

人物：数学老师朱老师、学生王同学

我理解的知识，就是学科的事实性成果。当然，从深度和数量上，科学家所了解的知识和我这个中学生所了解的知识可能会有所不同，但本质上，知识应该是一样的呀，只有认知的早晚和效率不同吧?

这是很多人对知识的理解的一大误区——觉得继承知识就是继承学科事实，也就是继承事实性知识。经济合作与发展组织（OECD）曾经给出了一套知识分类框架，其中包括“知道是什么”的知识、“知道为什么”的知识、“知道怎样做”的知识、“知道面向谁”的知识，有人将其概括为“事、因、法、人”四方面。认知心理学中将知识分为两大类，即陈述性知识和操作性知识（也叫过程性知识）。

但是，这两个知识分类框架无法恰当地容纳数学建模所需的知识。基于我对数学建模的理解和经验，参考前面的两个分类框架，我认为数学建模所需的知识可以分为以下五类。

(1) 事实性知识，即“知道是什么”的知识。数学定义、数学定理、事物的分类与命名、实验所采集的原始数据、度量衡与行业规范、法律与社会制度，这些都属于事实性知识。事实性知识就是通过定义、演绎、命名、采样、规定得来的结论性知识。

(2) 操作性知识，即“知道做的步骤”的知识。产品的说明书、计算机算法和流程图、各类计算机语言和软件，提供的都是典型的操作性知识。操作性知识的特点是不仅能教会人如何做一件事，而且能教会机器做这件事——如何将“输入”通过既定流程变为“输出”的相关知识，也就是机器可以替代人学习和利用的操作性知识。特别是从学习效果和学习目的来看，我个人认为，可以将中、小学教辅书上针对各种题型的所谓“解题方法”也归为这一类知识。

(3) 原理性知识，即“知道为什么是”的知识。各个学科的思想和理论、学科观念，都属于原理性知识。掌握原理性知识的人，不仅能够掌握做事的流程，而且可以很好地迁移和推广、举一反三。有的学生做完一道数学题，感觉不满意，要去改条件、换背景再做一做，或者将这道题的解法用于解决其他问题，借此获得的经验和认知属于原理性知识。

(4) 驱动性知识，即“知道为什么不是”的知识。当人们探索一个未知领域，或者解决一个尚未解决的问题时，往往最需要这种知识。驱动性知识不是针对“什么是对的”的知识，而是针对“什么是不对的”的知识。在做创新工作时，这类知识往往是本质性进展的支撑和推手，所以，我称之为“驱动性”知识。驱动性知识不能被传授，只能被实践和体验，通常有效的办法就是“试错”。例如，怎么做西红柿炒鸡蛋这道菜？如果仅仅认识了什么是西红柿炒鸡蛋，明白它应该有什么味道，那就是获得了事实性知识；如果严格按照菜谱去做，那就是获得了操作性知识；如果知道为什么这样操作，那就是获得了原理性知识；如果知道为什么不那样做、不那样做会导致什么后果，那就是获得了驱动性知识。驱动性知识往往能够帮助人们做出创新突破，将事情做得更好。

(5) 哲学性知识，即“知道为什么存在”的知识。这不是追求内容和形式的知识，而是追求意义的知识。我们还是以做西红柿炒鸡蛋这道菜为例：如果说知道了“为什么不那样做、不那样做会导致什么后果”是获得了驱动性知识，那么只有明白了“凭什么要做，做了有什么意义”，想通其行为和对象存在的合理性和必要性，才是获得了哲学性知识。我认为，哲学性知识是人类文明最高形态的知识，是柏拉图理念世界里的知识，是叔本华意志论中的意志，是佛教所说的“彼岸”，是道家所说的“道”，是儒家所说的“仁”，是不被框定在纯粹理性之内，却蕴含和规定了理性发生和发展的偶然性与必然性的知识。

这几类知识在数学建模中都有什么作用？

我举一个具体的例子。在建立人口模型时，知道人口数量的变化与出生率和死亡率有关，而出生率和死亡率又受资源限制，这就是基于事实性知识，是对这个世界客观表现的认识，是社会规定好了的内容和形式。如果你不知道

这些，就意味着你看不到现象，也无法挖掘出主要因素并进行因素分析；除此之外，事实性知识还为我们提供了丰富的数学结构，没有这些作为基石的结构，建立数学模型将寸步难行。

操作性知识则告诉我们构建人口模型的过程，我们需要在因素分析之后提出基本假设、建立数学模型、求解模型并检验；不仅如此，在此过程中，不可能每一步都是创新，总要进行非创新性的常规计算，比如解某个方程，或者画某个函数图像。面对这些常规计算所采用的具体计算方法，也就是经常被人们称为“基本功”的那些东西，也源自操作性知识。当然，只要你不是在考场上，就可以利用计算机去完成这些常规计算。

在日常做习题时，我们所调用的知识基本上都是事实性知识和操作性知识。但是，仅有这些知识是无法支撑我们建立出好的数学模型的，因为数学建模并不是套用既有模型。数学建模强烈地依赖原理性知识和驱动性知识——前者生成模型，后者促进改进，这很像前两年人工智能里比较“火爆”的生成对抗网络（简称 GAN）的思想范式。

“生成对抗”是什么意思？

回到人口模型这个例子中。一开始建立人口模型时，我们通过事实性知识了解到需要考虑的因素有“出生率”“死亡率”和“人口数量”。通过原理性知识，我们能列出它们之间的平衡关系：

$$\text{人口增量} = (\text{出生率} - \text{死亡率}) \times \text{人口基数} \tag{1}$$

进而转变为数学里的差分方程：

$$P(n+1) - P(n) = (\alpha - \beta) \cdot P(n) \tag{2}$$

其中 $P(n)$ 为第 n 年人口数量（单位：万人），α 为年出生率，β 为年死亡率。方便起见，假设 $\alpha > \beta$，即人口尚未负增长。这意味着数列 $\{P(n)\}$ 是以 $P(1)$ 为首项、以 $k = 1 + \alpha - \beta > 1$ 为公比的等比数列。我们很容易调用操作性知识求解出数列 $\{P(n)\}$ 的通项，即

$$P(n) = P(1) \cdot k^{n-1} \tag{3}$$

基于原理性知识，我们发现这意味着随着年份 n 的增长，人口数量将指数爆

炸。但是，驱动性知识提醒我们：这不可能，否则没几年地球就被人类“挤爆”了；显然，人类存在了这么久还没有“挤爆”地球，这意味着，肯定是所建的模型有问题。问题出在哪里呢？

（1）式的原理没有问题，问题出在（2）式中，我们错将年出生率α和年死亡率β假设为不变的常量了，而实际上，人口数量越大则资源越少，进而人口的“净增长率”（即年出生率减去年死亡率的值）就会变小。我们需要将基本假设调整为

$$P(n+1)-P(n)=\left(-a\cdot P(n)+b\right)\cdot P(n) \tag{4}$$

其中$a>0$、$b>0$为待定参数。我选取线性递减的结构，是因为这是对局部的线性近似描述。

没错，你能想到这些，是用了哪些类型的知识呢？

我想到需要考虑资源，是调用了事实性知识；想到净增长率随人口总数增加而减少，是利用了原理性知识；将净增长率设为关于$P(n)$的线性递减结构而非其他递减结构，是源自驱动性知识。噢，我明白了！没有原理性知识就无法构建出模型，但是，仅有原理性知识而没有驱动性知识，我们就无法看到其中的问题，也无法从多个待选的数学结构中选择相对更适切的那个，用以改进模型。

原理性知识就像一个不成熟的孩子，只管做事，不论对错；驱动性知识则像良师益友，提醒反思，并在试错中探索革新的方向。

没错。二者相辅相成，互相扶持，没有原理性知识，哪怕最初的数学模型也无法构建；没有驱动性知识，就无法看出模型的问题，并选择适合的替代结构予以改进。《道德经》第四十章开宗明义：“反者道之动，弱者道之用。”说的就是这个意思。原理性知识和驱动性知识在生成和对抗中，不断促进向对方的方向发展，在这个往复迭代的过程中完成了模型的进化。

那哲学性知识在数学建模中的作用又是什么呢？这样看来，似乎没有必要用到哲学性知识。

如果将这个模型当成一个被动的任务，确实没有必要用到哲学性知识。但是，如果像科学家经常面对的情况那样，没有他人向我们下达任务，或者，我们可以自主选择任务，那么，我们为什么还要选择建立人口模型呢？

因为人口问题很重要啊！

为什么人口问题很重要呢？

因为人口数量会从根本上影响一个国家的发展。

尽管我们国家人口众多，发展得很好，但很多人口密度很低的国家发展得也很好啊。人口多会降低用人成本，体现人口红利，但人口少也意味着利益分配的矛盾会降低，不能仅仅从人口的多少来判断好坏。

确实如此……但我们东方文化讲求“亲人”，就是要“以人为本”，将对人的考虑放在很重要的位置上。

那为什么要将人放在很重要的位置上呢？相对宇宙而言，人几乎是可以被忽略的存在。如果将宇宙想象为一个生命的话，宇宙甚至都不会去想人是否存在于其中。为什么要将如此渺小的人类放在重要的位置上呢？难道仅仅因为我们自己是人类吗？

我们自己是人类，只是一方面原因。我感觉，人类总有一些超越现实的意义，这些意义带给我们快乐、悲伤、幸福、沮丧，带给我们对亲友的珍视、对从前的回忆和对未来的憧憬。

所以你看，当你开始寻找它的意义的时候，就必须跳出理性。即使在理性主义主导的西方文明中，康德、叔本华和尼采都论证过理性的局限性。康德在《纯粹理性批判中》认为，必须引入先验综合判断，而先验综合判断类似于数学里的公理，是无法通过其他公理或命题通过逻辑推导出来的，属于一种先于纯粹理性活动的信念。

但是，这最多只是一种未经现实检验的信念，如何把它有效地使用到数学建模的过程中呢？

你刚才自己说过，这些意义带给我们对从前的回忆和对未来的憧憬。我们从哪里获得数据？建立人口模型的结果又是什么呢？

数据来自历史记录，结果是挖掘出了历史上人口数量变化的规律，并得到对未来人口发展趋势的定性或定量预测……啊，我明白了！历史数据就是我们对从前的回忆，挖掘出的人口变化规律就是我们从回忆中得到的真切感受，对未来趋势的预测就是憧憬。

没错！你现在回过头再看人口模型，心情上是否有一些变化了呢？

其实，这个数学模型并非只是一堆冰冷的数学符号，它还蕴含着对历史的人文怀念、对自然的无上敬畏、对自身的发展反思和对未来的无限遐想。这太神奇了，在追寻意义之后，我第一次感受到了数学模型在理性之外的情感，我突然产生了继续研究这个问题的热情和动力。

没错，这种热情和动力在历史上同样激励着无数科学家，他们不是一群苛己、劳碌的“真理的奴仆”，他们是活生生的人，是真善美的幸福感受驱动着他们完成了一次又一次的创新和突破。

当面对同一个问题时，不同的科学家之所以会建立不同的理论，会有争论和妥协，是因为他们并非在建立一套冰冷的逻辑体系，而是在建立人对生命的认识。

对，即使在数学这般严格、精确的学问中，人们面对同一结构却给出不同解释的情况也很常见。最典型的是导数。我们在高中课内就学习了导数，你对它应该很熟悉。

我知道，我是在高二这一年学习的导数。一点处的导数是用平均变化率的极限（即瞬时变化率）来定义的，即

$$f'(x) := \lim_{\Delta x \to 0} \frac{f(x+\Delta x) - f(x)}{\Delta x} \tag{5}$$

如果这个极限存在，那么函数$f(x)$在x处的导数就存在，否则就不存在。

没错，但还有其他的导数定义方式，比如用集合的办法。

用集合？您能展开说说吗？

假设我们有一个函数$f(x)$，它没有必要是光滑的，甚至没有必要是连续的，为方便起见，假设定义域为$\mathbb{R}$。首先我们定义其定义域中某点x_0的邻域如下：

$$U_r(x_0) := (x_0 - r, x_0 + r) \tag{6}$$

其中$r > 0$为可根据需要随意选取的某个实数。坐标平面内通过点$(x_0, f(x_0))$的直线有无穷多个，如果不考虑和x轴垂直的直线，这些直线都形如

$$y = k(x - x_0) + f(x_0) \tag{7}$$

为什么不考虑和x轴垂直的直线呢？

因为我们要定义的是一点处的瞬时变化率，和x轴垂直的直线的瞬时变化率为无穷，在通常的实函数中不予考虑。我们继续，直线（7）一定和函数$f(x)$的图像有交点$(x_0, f(x_0))$，因为直线就是以“经过这一点”为前提构造的，但函数$f(x)$在点$(x_0, f(x_0))$周围的图像不确定位于直线（7）的同侧还是两侧，甚至两者还可能有某段重合（例如当函数$f(x)$本身就是线性函数时），这就为导数的定义提供了新的方式。为此，构造集合

$$S_r^+(x_0) = \{k | k(x - x_0) + f(x_0) \geqslant f(x), \forall x \in U_r(x)\} \tag{8}$$

$$S_r^-(x_0) = \{k | k(x - x_0) + f(x_0) \leqslant f(x), \forall x \in U_r(x)\} \tag{9}$$

用这两个集合可定义一种新的导数（不妨就称之为“新导数”，以和典型情况区分）。

我想想……按照导数想要表达的直观图景，在 x_0 处导数存在，理应对应这点处的函数图像是“光滑”的，也就是没有“尖刺”，定义的方式可以从“光滑”的反面入手，即先来考虑“如果有‘尖刺’会发生什么”。

观察典型的“有尖刺”的函数 $y=|x|$，它的函数图像如图 22-1 左图所示，此时过“尖刺” $x=0$ 处的直线有无数条位于函数图像的一侧；如果如函数 $y=x^2$ 一样在 $x=0$ 处“光滑”，这样的直线只能有唯一的一条（图 22-1 右图）。

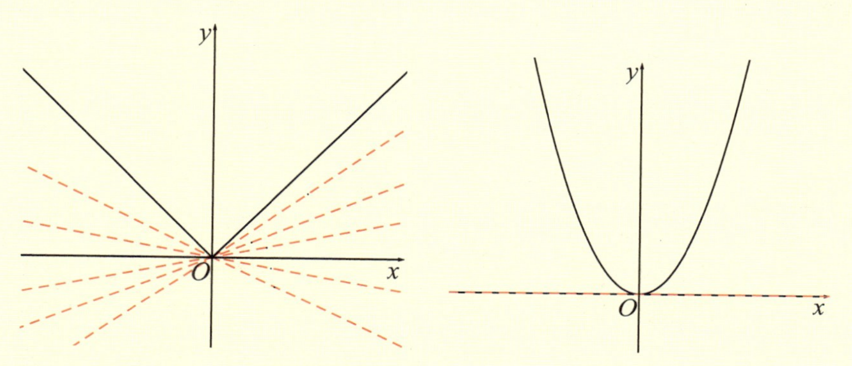

图 22-1 尖刺与光滑，左图中实线为 $y=|x|$ 的图像，右图中实线为 $y=x^2$ 的图像

啊，我知道了！只需要数一数您刚才定义的集合 $S_r^+(x_0)$ 和 $S_r^-(x_0)$ 中元素的个数就行了。比如，我来下一个定义。

定义 1：（新导数的尝试定义）符号约定同前。若存在正实数 r，使得集合 $S_r^+(x_0)\cup S_r^-(x_0)$ 为单元素集，则称函数 $f(x)$ 在 $x=x_0$ 处存在导数，且导数值即为这个单元素集之唯一元素。

你这个定义很有意思，只可惜，它只对于凸函数奏效——在这里，凸函数指的是函数图像上任取两点连线所构成的弦位于函数图像的同一侧或与函数的某部分图像重合的函数——对于那些非凸函数，这个定义就会失效。例如，我们观察 $y=x^3$ 的函数图像，如图 22-2 所示，就会发现在 $x=0$ 处，函数直观上是光滑的，用（5）式的定义去看也是可导的，但 $S_r^+(x_0)\cup S_r^-(x_0)$ 为空集，所以根据你新定义的导数定义，函数 $y=x^3$ 在 $x=0$ 处就并不可导。

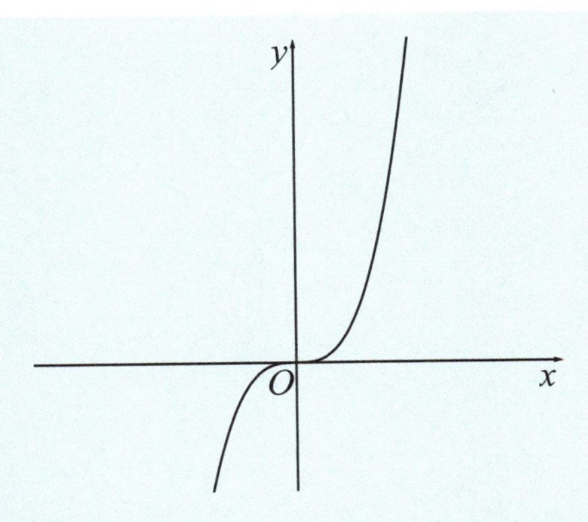

图 22-2 如果采用定义 1，函数$y=x^3$在$x=0$处就并不可导

原来如此啊，我的这种定义方式充其量对凸函数有效，我怎么没有想到考虑$y=x^3$呢？

没关系，科学家在创建理论时也不是一蹴而就的，大家经常要在不断试错的过程中改善自己的理论。理论的构建需要适应现象，而非现象适应理论，所以在建立了某个概念或理论之后，最好举一些不同类型的例子来观察其有效性，看能否容纳自己最初想要容纳的那些现象，以及是否会带来新的现象或麻烦——其实，这个思考过程蕴含着概念和理论改进的空间和方向。

您说得对，回到定义 1，受刚才的反例函数$y=x^3$启发，我觉得可以这样改进：

设

$$F_k(x)=\left|f(x)-L_k(x)\right| \tag{10}$$

其中

$$L_k(x)=k(x-x_0)+f(x_0) \tag{11}$$

这样一来，当函数$f(x)$连续时（注意，连续不一定可导），函数$F_k(x)$在$x=x_0$的某个邻域内就是凸函数了，相当于将函数$f(x)$沿着直线$y=L_k(x)$翻折到其上方（图 22-3）。

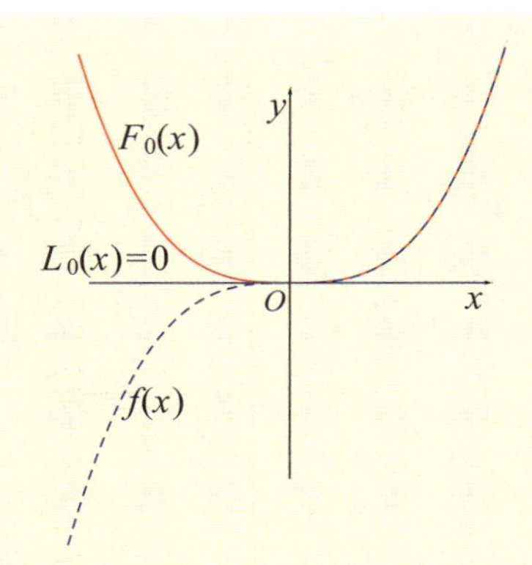

图 22-3 $f(x)=x^3$、$L_0(x)=0$和$F_0(x)=\left|f(x)-L_0(x)\right|$

如果存在某个k使得这个凸函数$F_k(x)$在$x=x_0$处是可导的，那么原来的函数$f(x)$就应该是在$x=x_0$处是可导的。这样一来，最大的好处就在于，可以利用刚才建立的只对凸函数有效的定义 1。最终，我可以给出一个导数的新定义。

定义 2:（导数的新定义）设函数$f(x)$在定义域上连续。记符号

$$F_k(x)=\left|f(x)-k(x-x_0)-f(x_0)\right| \tag{12}$$

$$S^+_{r,k_0}(x_0)=\left\{k\,\middle|\,k(x-x_0)+F_{k_0}(x_0)\geqslant F_{k_0}(x),\forall x\in U_r(x)\right\} \tag{13}$$

$$S^-_{r,k_0}(x_0)=\left\{k\,\middle|\,k(x-x_0)+F_{k_0}(x_0)\leqslant F_{k_0}(x),\forall x\in U_r(x)\right\} \tag{14}$$

若存在实数k_0，使得存在正实数r，集合

$$S^+_{r,k_0}(x_0)\cup S^-_{r,k_0}(x_0) \tag{15}$$

为单元素集（实际上为$\{0\}$，读者可思考为什么），则称函数$f(x)$在$x=x_0$处存在导数，此时k_0即为此处的导数值，也就是有

$$f'(x_0)=k_0\Leftrightarrow S^+_{r,k_0}(x_0)\cup S^-_{r,k_0}(x_0)=\{0\} \tag{16}$$

做得好！这个定义确实就能容纳我们在直觉上希望容纳的所有情况了。实际上，（16）式和（5）式是等价的。在你的定义中，通过做差取绝对值的方法，将一般函数的可导问题转化为凸函数可导问题，进而利用凸函数的可导性定义赋予了一般函数的可导性定义。这种先研究特殊情况，再将一般情况化归到特殊情况的思想方法，在数学上很常见，而且也很重要。

哇！谢谢朱老师的引导，我居然自己重新定义了导数！真是太不可思议了，超开心！

恭喜你！另外，你的定义 1 并非一无是处。首先，你的定义 2 是受了例子启发，根据定义 1 改进而来的，没有定义 1 的失败也就不会有定义 2 的诞生。不仅如此，当我们仅考虑凸函数的导数时，你的定义 1 就是完全正确的，并且可以将定义 1 中的 r 由“存在”放宽到“任意”。这样一来，它就比（5）式中利用极限的导数定义更简洁、更好用，从根本上避免了极限和邻域之间的概念壁垒。数学里有个分支叫“凸分析”，其中就采用了和你的定义 1 类似的办法，建立了凸函数可导理论。

真是太奇妙了！我之前从未想过原来数学结构的定义是可以有不同方式的，我一直将它们视作客观真理，视为不可更改的“经文”。

20 世纪著名的统计学家 C. R. 拉奥（C. R. Rao）在他的名著《统计与真理：怎样运用偶然性》中写道：

在终极的分析中，一切知识都是历史；
在抽象的意义下，一切科学都是数学；
在理性的基础上，所有的判断都是统计学。

我十分喜欢这段话。所有知识都是历史，知识的意义是其历史的意义，并不是真理的意义，真理本身不具备意义；按照哲学的观点，“意义”也并不存在于纯粹理性之中。没有任何知识可以被证明为真理，即使严格如数学，也是建立在若干公理上的演绎系统，其正确性依赖于公理的确切性，但哥德尔不完全性定理告诉我们，任何公理系统都至少有一个命题无法证明。所以，将知识迷信为真理，会限制对知识的运用和理解。

但我们得运用知识啊。如果不将知识视为科学事实，那我们怎么用它建立数学模型呢？

我们建立数学模型所用的并不是科学事实，而是现代各学科的观念传统。在观念传统下，不同的人对于同样的结构可以有不同的定义方式和发展方式。就像你刚才对导数的重新定义，从头到尾只是使用了“导数是函数的瞬时变化率，而瞬时变化率可以通过函数在某点周围的函数图像的特征予以描述”

这一观念，并不一定非要先验地使用极限的语言。只有继承传统而非简单的事实，才是真正继承了科学精神。对于数学而言，这样才能实现陈省身先生所说的数学工作的任务——“增加对于已知材料的了解，和推广范围”。

我明白了！我们在继承知识的时候，并不是继承具体的事实，而是继承观念和精神，并找到这种观念和精神对于我们自己的生命意义，这样才能实现“人做的科学”，并成为“做科学的人”。

我很赞同你说的这一点。“人做的科学”和“做科学的人”，这或许是我们欠缺的对科学的思考。我国著名的哲学家冯友兰先生在 20 世纪 50 年代末提出“抽象继承法”，是冯先生对中国哲学研究方法论的一大贡献。但我们又不能过分地重视理念而忽略现象、事实和例子。我们在前面的几个例子中已经看到，如果没有事实性知识和操作性知识，是建立不出数学模型的；在建立概念和模型之后不去关注丰富的例子，也无法发现和走出其潜在的困境。

这岂不是矛盾了吗？一方面要求继承抽象，另一方面却要求关注具体。

其实这并不矛盾，因为它们都在帮助我们更好地做事情、做自己。我的理解是：在继承科学传统时，继承抽象，抛弃具体；在解决科学问题时，发展抽象，面向具体。

对话 23：

像科学家一样调用观念

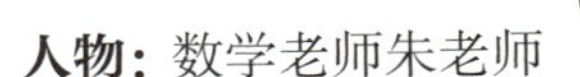

人物：数学老师朱老师、学生王同学

朱老师，您之前还说过要“像科学家一样调用观念”，为什么这里是“调用观念”而非“调用知识”呢？

这里的“知识”，指的是我们上次所说的“事实性知识”“操作性知识”，以及“原理性知识”，这也是目前大众对“知识”的一般理解；这里的“观念”，指的是“驱动性知识”和“哲学性知识”，也就是对知识的试错体验，以及对其存在价值的认识。我们下面的讨论都遵从这些含义。

或许和一般大众的理解相悖，我们能继承的并非知识，而是观念。知识是无法继承的，只能检索和查阅，因为它太具体、繁杂；但是，观念则是贯通的、精纯的、体验式的。这就好比，你虽然无法记住曾经和好朋友说过的每句话，却能精准地感受你们之间的交情深浅。你在中学所学的具体知识，过了若干年后，你也许都会忘掉。如果你随机地问一位大学教授，全等三角形的判别法有几个，他大概率说不出初中生耳熟能详的“角边角、角角边、边边边”，但是，这并不影响他对于几何对象刚性变换的认识。更何况，证明三角形全等的命题有无穷多个，并非只有写在初中教材上的那些，很多判定尚未提出，已提出的判定中也有许多尚未广为人知。因此，靠“调用知识”来解决问题，就相当于作茧自缚，我们终将沦为井底之蛙，抬头只能看到巴掌大的天。

那么，我能将“观念”理解为“学科知识背后的思想范式”吗？

我觉得可以这样理解。实际上，即便强大如数学定理，其使用条件也往往十分苛刻。比如，著名的高斯－博内－陈定理（图 23-1）能计算分片光滑

流形上的多边形内角和，例如球面三角形内角和（在球面上，内角和会大于180°，不是定值）；但如果把问题放到一个被分形曲线“割开一段缝隙”的曲面上，这条定理就丧失了它的能力，因此，我们需要发展新情景下的新定理。即使在新情景下，经典的高斯－博内－陈定理中“曲边多边形内角和与曲面面积、曲面曲率、边界测地曲率、欧拉示性数相关”的观念仍将被继承下来，作为推广和创新的基础。[①]

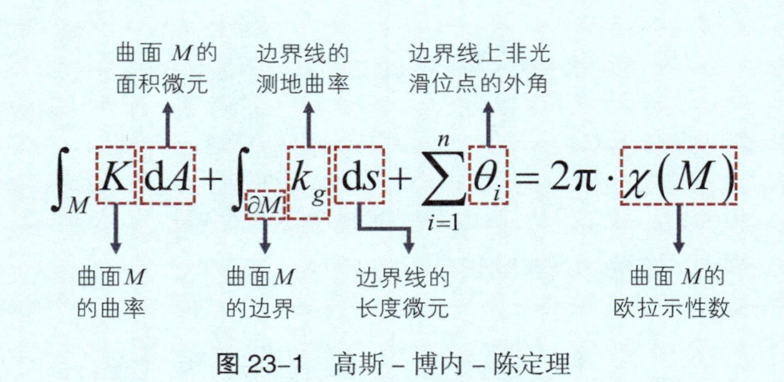

图 23-1 高斯－博内－陈定理

我明白了，在解决问题时，不拘泥于调用具体学科知识，而是调用其思想观念，并根据具体情况具体分析，就能大大扩展知识的使用范围。

没错，抽象包含了更多具体，所以，调用观念就有利于拓展知识的疆域。另一种拓展知识疆域的途径是借用其他学科的观念。

这个我知道，您在对话 19 中把泰勒展开作为数学中“测量术”的例子，说明了实验传统对数学的作用。

这个例子还是在数学内部，因为现代数学自身就蕴含数学传统、实验传统和博物志传统。我们不妨看一个哥尼斯堡七桥问题的新颖解法，体会一下物理电学中“同性相斥、异性相吸”的观念是如何被调用在数学上的。

我知道哥尼斯堡七桥问题。哥尼斯堡就是今天俄罗斯的加里宁格勒，是世界上著名的“飞地”之一。在 18 世纪，这里还是普鲁士的首府。哥尼斯堡的普雷戈利亚河上有 7 座桥，把河中心小岛和河岸连接起来（图 23-2 左图），

---

① 对于连通、可定向的曲面而言，欧拉示性数等于$2-2g$，其中g为曲面所含有的“洞”的数量，即曲面上最多能画出多少条闭合曲线同时不将曲面分开。

所谓的七桥问题就是“能否不重复地走过所有 7 座桥”。如果我们将桥抽象为线，将岛抽象为点，左图就变为一张简化的图（图 23–2 右图），问题就变为：“这张图能否被一笔画出？”

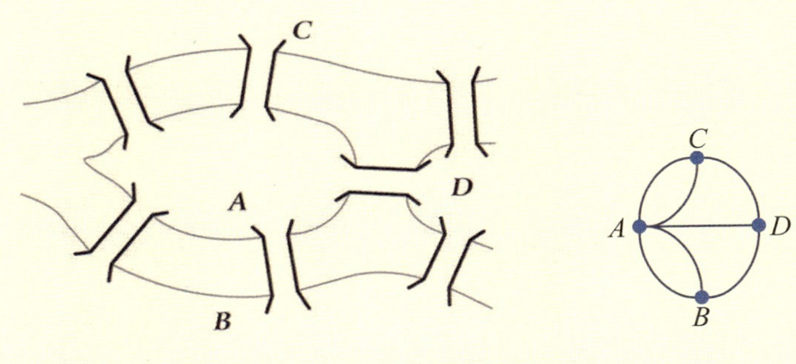

图 23–2　哥尼斯堡七桥问题

是的。面对这个问题，经典的处理办法是考虑图中结点的“度”，即与结点相连的线的数量。容易证明：如果一张图可以一笔画出，则图中只能有 0 个或 2 个结点的度数为奇数（图 23–3）。图 23–2 右图中度数为奇数的结点有 4 个，所以该图不能被一笔画出。相传，这个方法是瑞士数学家欧拉（1707—1783）在 29 岁时给出的，这在数学上被视为拓扑学的开端，也被视为用数学模型解决现实问题的一个经典案例。

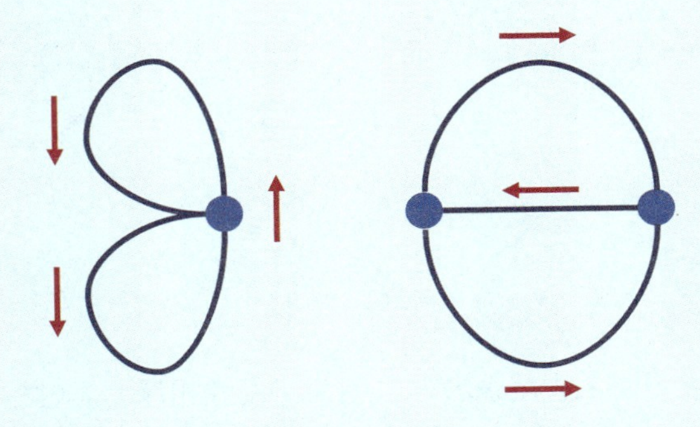

图 23–3　一笔画出的图中奇度数结点数量只能为 0（左图）或 2（右图）

您刚才说，调用物理学中“同性相斥、异性相吸”的观念也能解决它？

为了方便表达，我们先来临时定义一些名词。给定一个“正则平面图”（简称“正则图”），它由若干“结点”和若干“边”构成，并且要求：

(1) 结点之间可以有边，也可以没有边；连接结点的边可以是一条，也可以是多条（允许某些结点自己连接自己）；两条边最多只能有两个公共点，且均为结点；

(2) 从任意结点出发，不重复地顺次经过有限条边，总能到达任意结点（包括回到这个结点自己）。

图 23–2 右图和图 23–3 中的两张图均为正则平面图。从中可以看到，正则性并不能保证一笔画出。

我们称正则图中的一个面积有限的区域为“面”，如果它的边界为图中若干条边顺次首尾相连构成的封闭曲线，且其所包围的内部区域不含其他结点或边。例如，图 23–2 右图中有 4 个面，图 23–3 左图中有 2 个面，图 23–3 右图中也有 2 个面。两个面被称为是“相邻的”，当且仅当它们有公共边。

我们可以将正、负点电荷（电荷量相同，正电荷均为 1，负电荷均为 −1）放到正则平面图的面中。称一张正则图可以合理分配电荷，当且仅当相邻的面的电荷属性相反，即正电荷面仅能和负电荷面相邻，反之亦然。图 23–4 中给出了若干电荷分配成功和失败的例子，尤其要注意，并非所有的正则平面图均可合理分配电荷。

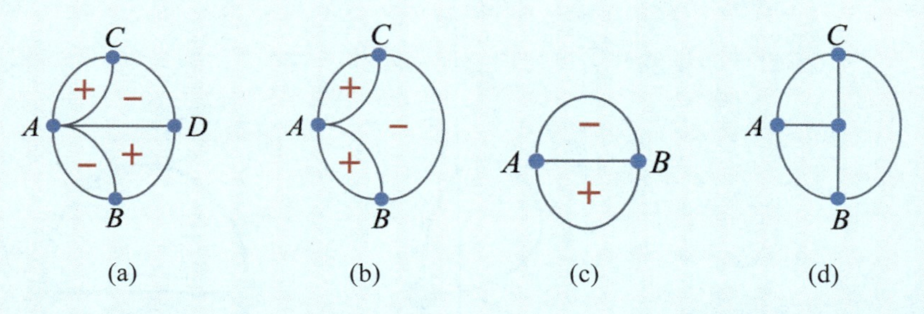

图 23–4 若干电荷分配的例子，其中图 (a)(b) 和 (c) 可以合理分配电荷，图 (d) 则不能

这从直观看上去就很合理，因为“同性相斥、异性相吸”啊。

没错。接下来，如果一张正则图可以合理分配电荷，则每个结点可以继承其所在面的电荷，继承方式为将其所在面的总电荷相加。例如图 23–4 中，图 (a) 中结点 A、B、C、D 所继承的电荷量分别为 0、0、0、0，图 (b) 中结点 A、B、C 所继承的电荷量分别为 +2、0、0，图 (c) 中结点 A、B 所继承的电荷量分别为 0、0。我们称继承电荷量为 0 的结点为“绝缘的”。

根据以上定义和语言，可以证明如下定理，它在本质上和欧拉判断结点度数奇偶性的方法是等价的（证明留给读者作为练习）。

定理 1：一张正则平面图可以一笔画出，当且仅当它可以合理分配电荷，且绝缘结点的个数不超过 2。

作为例子，图 23-4a 中绝缘结点个数为 4，不能一笔画出；图 23-4b 和图 23-4c 中绝缘结点个数为 2，可以一笔画出；图 23-4d 不能合理分配电荷，不能一笔画出；图 23-3 左图可以合理分配电荷，且无论如何分配，其绝缘结点个数只能是 0 或 1，可以一笔画出。

特别是，根据正则图对封闭性和连通性的限制，任何只有 1 个结点或 2 个结点的正则图一定可以一笔画出，于是作为定理 1 的推论可知，任何只有 1 个结点或 2 个结点的正则平面图一定可以合理分配电荷，无论它看上去多么复杂（图 23-5）。

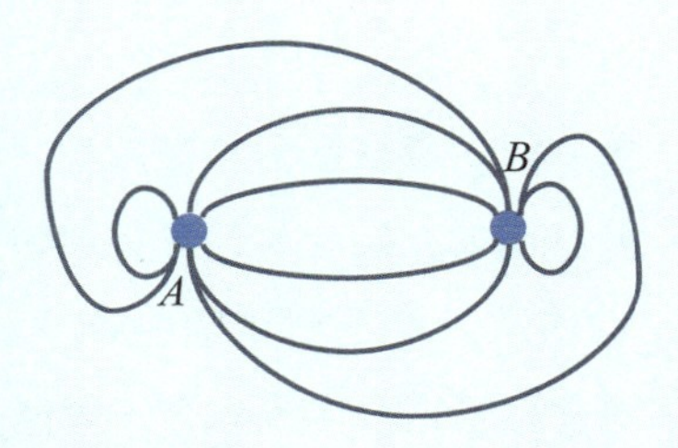

图 23-5 无论含有 2 个结点的正则平面图看上去多么复杂，一定都可以合理分配电荷

这真的太神奇了！一笔画出居然能够由满足“同性相斥、异性相吸”的电荷分配方式决定！

类似的方法在数学上屡见不鲜。1987 年，日本数学家福原在研究纽结不变量时提出了一种类似的设想：假定一个纽结由一条一定长度的柔软的线首尾相接而成，且这条线上带有分布均匀的同种静电荷，则根据同性相斥的原理，纽结的任何一部分都会尽可能远离其余部分，从而使得整个纽结的总静电势能最小，这个最小能量显然是一个“同痕不变量”，即不撕裂、不粘连地在纽结进行变形的过程中保持不变的量。

无独有偶，O. V. 博罗金（O. V. Borodin）在研究图论时创造性地发明了一种“放电（discharging）法”，通过对图上结点进行“充电”和“放电”，他用不到 2 页 A4 版面的篇幅证明了，任取没有长度为 4 到 9 的“圈”的平面图，该图一定可以 3- 染色。这些数学方法都是对物理学中电磁学相关观念的调用。

看来，科学真是一个有机的整体！理解其他学科的观念，对于解决数学问题大有裨益！

可惜，许多同学甚至老师不仅没有将科学视为一个整体，也没有将数学视为一个整体。由于当前教材大多采用分章节的写作手法，因此许多学生只会用刚学完的章节中的知识和方法去解决该章节的课后习题，而在面对需要综合多个章节的内容才能解决的问题时，就手足无措了。

您能举一个具体的例子吗？

那就举一个挖掘等宽图形判别法则的例子吧。你知道等宽图形吗？

我在科普书中读到过，有些图形被做成轮子，放在木板和水平底面之间滚动时不会发生颠簸。比如，圆就是最典型的等宽图形，其各个方向的宽度均为直径。相传，古埃及人就是利用圆的这个特点，以圆木作为轮轴来搬运巨石，建造金字塔，尽管这个传说到今天依然无法被证实。

没错，等宽图形家族其实很庞大，不是只有圆才是等宽图形。图 23-6 中展示了著名的勒洛三角形。

这个我知道。勒洛三角形相传是 F. 勒洛（F. Reuleaux）在研究机械分类时发现的。它能在距离等于圆弧半径的两条平行线间转动时保持与两直线均相切（图 23-6 左图）。工业上，人们利用横截面为勒洛三角形的钻头实现了对正方形孔洞的切钻。

那你还能找出不同于圆和勒洛三角形的其他等宽图形吗？

……呀，这我就不清楚了。

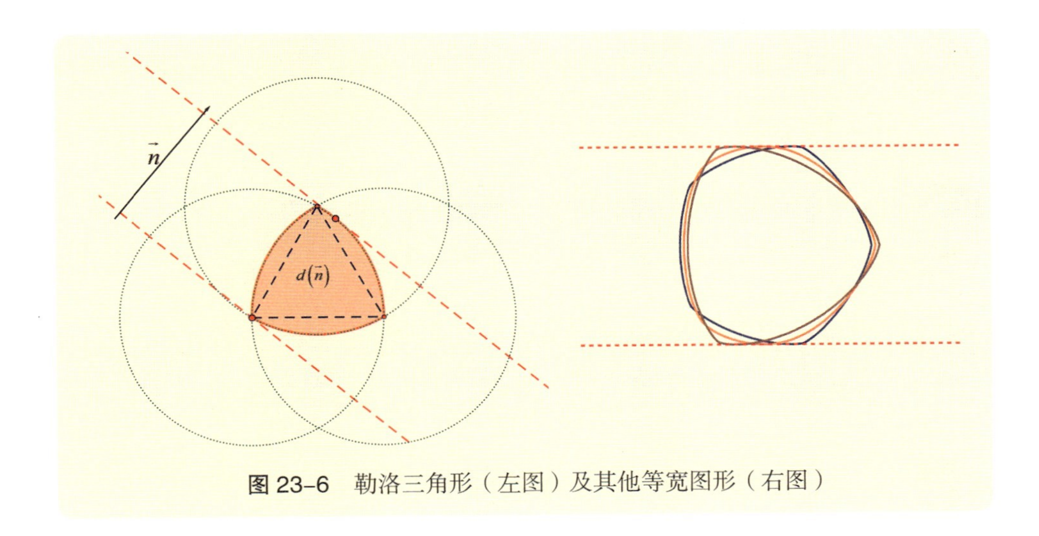

图 23-6 勒洛三角形（左图）及其他等宽图形（右图）

实际上，利用三角函数、平面向量、导数和解析几何，我们无须复杂计算，就可以得到一般等宽图形的判别条件（充分条件）。

但是，我怎么知道要使用这四大部分知识呢？在高中课程里，它们每一个都是重点，而且我们用了将近一年才全部学完。

没有人事先知道需要使用这些知识，我们的目的并不是使用某些特定知识，而是调用观念来解决问题——在解决问题的过程中，需要调用哪些观念，就调用哪些观念；能用到哪些知识，就用哪些知识。我们甚至可能会面对未接触过的新结构，那就要创建新的数学结构来承载和分析它们。

对于等宽图形来说，我们该如何入手研究呢？

当我们要研究一个对象时，首先必须“看到它”。所谓“看到它”，就是既要注意到其整体性，又要能够将其解构为构成元素，并挖掘这些元素之间、元素和整体之间的关系。

对等宽曲线而言，除了它的等宽性可算作整体条件以外，对于其他整体性质，我们一无所知。经过解构，等宽曲线是一条连续曲线，是由点构成的。

没错。但是，一堆点的随机堆积显然无法构成等宽曲线，甚至不一定能构成连续曲线。

这些点必须是“连续衔接”的才行……我的意思是，如果要在等宽曲线上放一个沿曲线运动的动点，那么这个动点的横、纵坐标必须是连续变化的。

好，从这个视角，我们该如何确定研究的切入点呢？

既然动点的运动遍历这条曲线，那我们就可以通过研究动点的运动规律来研究这条曲线了。

但曲线上有无数的动点，我们选择研究哪个动点呢？

一定要选择性质更集中的点……比如，平行线和曲线的切点，也就是图 23-7 中的点 P。

说得好！我们不妨称这样的点为“支撑点”。但是，这里有一个数学上的隐患：等宽图形虽然是连续的，但不一定是光滑的，也就是说，不见得每个点都存在切线。例如，图 23-6 中的勒洛三角形在其三段圆弧的衔接点处就是不光滑的——在那里不能平稳放置切线。可以想象，一块木板被放置在一个尖角上，它会摆动不定，类似于我们日常玩耍的跷跷板。

那我们就没法以支撑点作为研究对象了，因为，不见得在每个方向都能找到“切点”——就像您说的，存在尖角的情况，而尖角处没有切线。

可是，我们可以添加一些限制条件，跨越这个障碍，使研究得以继续，这也是数学和科学研究常用的方式：通过增加条件来讨论理想情况。

那就可以假设曲线是光滑的，这样，在每个点处就都可以找到切线了！

没错！有了光滑性的假设，你的研究设想就可以进一步落实了。

这样一来，我们就可以将等宽图形视为支撑点 $P_t\left(x(t),y(t)\right)$ 的轨迹，其中 $x(t)$ 和 $y(t)$ 为关于时间 t 的光滑函数（即无限次可导函数，下同）。

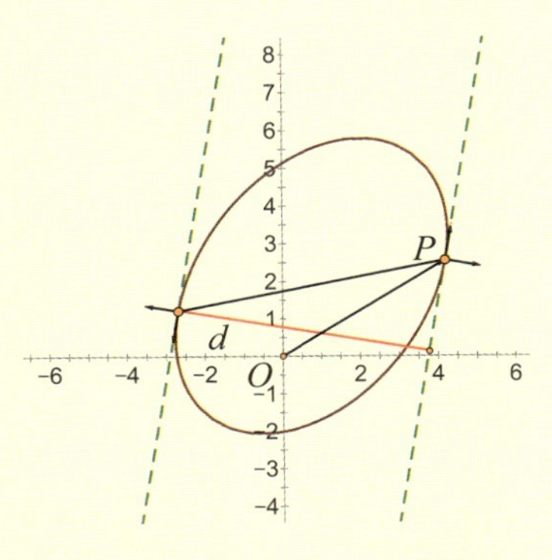

图 23-7 将等宽图形视为支撑点的轨迹（示意图）

接下来，根据等宽图形的定义，我们需要一个单位向量来描述“宽度方向”。利用同角三角函数基本关系，不妨设这个表征宽度方向的单位向量为

$$\overrightarrow{n_t}=\left(\cos t,\sin t\right) \tag{1}$$

它随着时间 t 匀速逆时针转动，转动的方向为 $\overrightarrow{n_t}$ 逆时针旋转 90°，即如下的单位向量：

$$\overrightarrow{\alpha_t}=\left(\cos\left(t+\frac{\pi}{2}\right),\sin\left(t+\frac{\pi}{2}\right)\right)=\left(-\sin t,\cos t\right) \tag{2}$$

根据平面向量基本定理，$\overrightarrow{OP_t}$ 有线性分解

$$\overrightarrow{OP_t}=u(t)\cdot\overrightarrow{n_t}+v(t)\cdot\overrightarrow{\alpha_t} \tag{3}$$

其中 $u(t)$ 和 $v(t)$ 为关于时间 t 的光滑函数，代入计算并用横、纵坐标分量表示，可得

$$\begin{cases}x(t)=u(t)\cos t-v(t)\sin t\\ y(t)=u(t)\sin t+v(t)\cos t\end{cases} \tag{4}$$

由于宽度方向每隔 2π 旋转一圈，因此自然有

$$\begin{cases}u(t)=u(t+2\pi)\\ v(t)=v(t+2\pi)\end{cases} \tag{5}$$

显然，另一个支撑点为宽度方向旋转到 $t+\pi$ 时刻对应的支撑点，即 $P_{t+\pi}\left(x(t+\pi),y(t+\pi)\right)$，根据等宽图形的定义，向量 $\overrightarrow{P_{t+\pi}P_t}$ 在宽度方向 $\overrightarrow{n_t}$ 上的投影数量应为给定的常数 d（$d>0$）。

$$\overrightarrow{P_{t+\pi}P_t}\cdot\vec{n}(t)=d \tag{6}$$

将（4）式代入计算可得（计算中会用到诱导公式，留给读者作为练习）

$$u(t)+u(t+\pi)=d \tag{7}$$

由于我们找到了有效的切入点，因此上面这些推导看起来很自然，并没有什么难度。

没错。但目前为止，我们还没有用数学方程将动点 P_t 的前进方向与宽度方向的旋转方向 $\overrightarrow{\alpha_t}=(-\sin t,\cos t)$ 联系起来，你有没有什么好的办法？

动点 P_t 的前进方向由其速度决定，而其速度又有水平和竖直两个分量，分别为 $x'(t)$ 和 $y'(t)$，于是动点 P_t 的前进速度向量为 $\left(x'(t),y'(t)\right)$。从等宽图形与平行线之间的相切关系上看，动点 P_t 的前进方向 $\left(x'(t),y'(t)\right)$ 和宽度方向的旋转方向 $\overrightarrow{\alpha_t}=(-\sin t,\cos t)$ 应该是共线的，于是可得

$$\left(x'(t),y'(t)\right)\parallel(-\sin t,\cos t) \tag{8}$$

利用向量平行定理，可得

$$x'(t)\cos t+y'(t)\sin t=0 \tag{9}$$

对（4）式求导可得

$$\begin{cases}x'(t)=u'(t)\cos t-u(t)\sin t-v'(t)\sin t-v(t)\cos t\\ y'(t)=u'(t)\sin t+u(t)\cos t+v'(t)\cos t-v(t)\sin t\end{cases} \tag{10}$$

代入（9）式计算并化简，可得

$$u'(t)=v(t) \tag{11}$$

进而（4）式可改写为

$$\begin{cases}x(t)=u(t)\cos t-u'(t)\sin t\\ y(t)=u(t)\sin t+u'(t)\cos t\end{cases} \tag{12}$$

做得很好！但是，（12）式或与其等价的（8）式，只能保证动点 P_t 的前进方向 $\left(x'(t),y'(t)\right)$ 和宽度方向的旋转方向 $\overrightarrow{\alpha_t}=(-\sin t,\cos t)$ 共线。我们希望二者不仅共线，而且方向相同，你觉得接下来可以怎样做呢？

现在 $\left(x'(t),y'(t)\right)$ 和 $(-\sin t,\cos t)$ 已经共线，也就是说，存在实数 λ 使得

$$\left(x'(t),y'(t)\right)=\lambda(-\sin t,\cos t)$$

等一下。上式左右均随 t 变化，为什么你确信作为系数的 λ 一定是与 t 无关的常数呢？

……确实没理由说 λ 是常数。那就将 λ 也视为关于 t 的函数 $\lambda(t)$，这样上式要改写为

$$\left(x'(t),y'(t)\right)=\lambda(t)\cdot(-\sin t,\cos t) \tag{13}$$

想要 $\left(x'(t),y'(t)\right)$ 和 $(-\sin t,\cos t)$ 方向相同，只需上式中 $\lambda(t)>0$ 恒成立。

接下来计算（13）式左端。将（11）式代回（10）式可得

$$\begin{cases}x'(t)=-u(t)\sin t-u''(t)\sin t=-\sin t\cdot\left(u(t)+u''(t)\right)\\ y'(t)=u(t)\cos t+u''(t)\cos t=\cos t\cdot\left(u(t)+u''(t)\right)\end{cases} \tag{14}$$

对比（13）式，可得

$$\lambda(t)=u(t)+u''(t) \tag{15}$$

这样一来，为了保证 P_t 的前进方向和宽度的旋转方向一致，就只需要

$$u(t)+u''(t)>0 \tag{16}$$

恒成立即可。

做得好。这里其实还有另外一种办法：观察图 23-7 可知，当 $t\in(0,\pi)$ 时，切线方向位于 $\left(\frac{\pi}{2},\frac{3\pi}{2}\right)$（回忆：切线方向为宽度方向逆时针旋转 90°）。随着 t 值的增大，切线斜率由正到负，且其倾斜角逐渐增大。由于切线方向是动点 P_t 的瞬时速度方向，P_t 为逆时针运动，且曲线一直位于切线一侧（容易证明等

宽图形一定是凸图形，于是整个图形一定保持在切线的一侧），可得 P_t 横坐标 $x(t)$ 单调递减，即

$$x'(t)<0\text{，}\quad \forall t\in(0,\pi) \tag{17}$$

将（12）式代入计算可得

$$u(t)\sin t+u''(t)\sin t>0 \tag{18}$$

注意到 $t\in(0,\pi)$ 时 $\sin t>0$，可得

$$u(t)+u''(t)>0\text{，}\quad \forall t\in(0,\pi) \tag{19}$$

同理，当 $t\in(\pi,2\pi)$ 时，横坐标 $x(t)$ 递增，计算可得（16）式对 $t\in(\pi,2\pi)$ 也成立。

不仅如此，由于我们假设了 $u(t)$ 具有光滑性，且一开始建立坐标系时总可以通过旋转和平移保证 $u(t)+u''(t)$ 在 $t=0$ 和 π 处不为零，于是可得（16）式对 $\forall t\in[0,2\pi)$ 均成立。

原来共线方向的判定还能与函数单调性建立起这样的联系！

无论如何，我们得到了对于光滑等宽图形的可计算的判别条件（在不考虑空间刚性平移的前提下，这个定理实际上是充分必要条件）。

定理 2：（卢切 · 帕乔蒂）光滑等宽图形 $\{P_t(x(t),y(t))|t\in[0,2\pi)\}$ 具有参数表达式：

$$\begin{cases}x(t)=u(t)\cos t-u'(t)\sin t\\ y(t)=u(t)\sin t+u'(t)\cos t\end{cases}$$

其中 $u(t)$ 为关于 t 的光滑函数，且满足如下约束条件：

(a) $u(t)+u(t+\pi)=d$，$\forall t\in[0,2\pi)$；

(b) $u(t)+u''(t)>0$，$\forall t\in[0,2\pi)$；

(c) $u(t)$ 可延拓为实数集 $\mathbb{R}$ 上的光滑函数，且保证 $u(t)=u(t+2\pi)$，$\forall t\in\mathbb{R}$。

图 23-8 给出了若干具体的例子，你能从中看出什么规律吗？

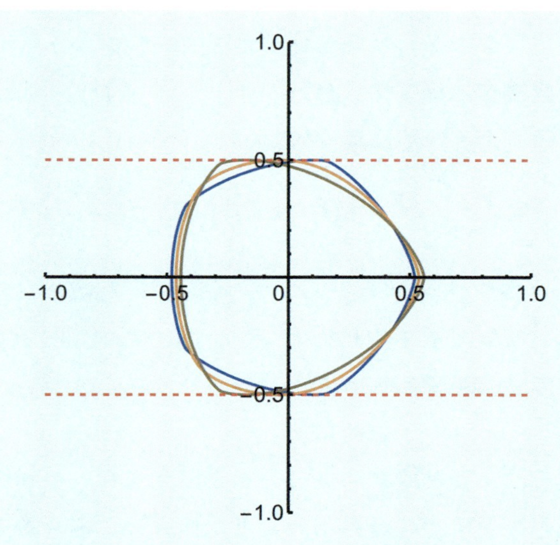

图 23-8　$u_1(t)=\frac{1}{2}+\frac{1}{48}\cos(5t)$（蓝色）、$u_2(t)=\frac{1}{2}+\frac{1}{16}\cos(3t)$（棕色）、$u_3(t)=\frac{1}{2}+\frac{1}{2}\left(\frac{1}{48}\cos(5t)+\frac{1}{16}\cos(3t)\right)$（橙色）

我发现，在图 23-8 中，$u_3(t)=\frac{1}{2}\left(u_1(t)+u_2(t)\right)$。难道通过对不同等宽图形对应的 $u(t)$ 取平均数就能得到新的 $u(t)$ 吗?

你说得没错！为了弄明白这一点，你回头再看看定理 2 中对 $u(t)$ 的要求。

……我明白了！定理 2 中对 $u(t)$ 的三个要求都是线性结构，也就是说，如果 $u_1(t)$ 和 $u_2(t)$ 都满足要求，那么 $u_3(t)=\frac{1}{2}\left(u_1(t)+u_2(t)\right)$ 也必然满足要求。尤其重要的是，u_1 和 u_2 需要同时满足

$$u_1'(t)+u_2'(t)=\left(u_1(t)+u_2(t)\right)' \tag{20}$$

$$u_1(t)+u_1''(t)+u_2(t)+u_2''(t)=\left(u_1(t)+u_2(t)\right)+\left(u_1(t)+u_2(t)\right)'' \tag{21}$$

而导数运算是线性的，使得上面两个式子成立。

你能将上面的这个规律推广吗?

既然定理 2 中 $u(t)$ 所需条件都是线性的，那么任意 n 个 $u(t)$ 的加权平均应该也符合要求。即如果 $u_1(t)$，$u_2(t)$，⋯，$u_n(t)$ 均满足定理 2 的要求（即各自对应于某个等宽图形），那么

$$u(t)=\lambda_1u_1(t)+\lambda_2u_2(t)+\cdots+\lambda_nu_n(t) \tag{22}$$

也符合要求，这里 λ_1，λ_2，⋯，λ_n 均为正实数，且满足 $\lambda_1+\lambda_2+\cdots+\lambda_n=1$。这里之所以要求 λ_i 的和为 1，是为了使得加权平均后所得的 $u(t)$ 依然满足等宽宽度 d（定理 2 条件 (a)）。

非常好。上面的推广实际上利用了数学里的“叠加原理”这个大观念——如果一个命题对于某种结构的要求是线性的，那么若干满足要求的结构的加权平均依然满足要求。这一点在数学里用处很多，例如在解微分方程和差分方程时，叠加法可以帮助我们构造通解。

这太神奇了！我们使用的都是高中课内最基本的核心知识和观点，却推导出了这么奇妙的结果！我以前从没想过居然能将三角函数、向量、导数和解析几何联合起来使用，并且用得如此自然。看来，在解决问题时可不能先入为主地给自己扣下一个“笼子”，限定只能用某个模块的知识。在学科大观念的统领下，整个数学都可以随需要重新组合，并为我所用！

没错。数学是一个整体，至今为止，我还没有发现不能产生关联的两个数学概念。虽然我们或许碍于不能“一心多用”，不得不逐个模块地学习，但通过广泛地阅读（尤其是阅读科普书）和尝试解决一些问题，我们就能深入认识不同模块的知识之间的关联。最终的答案依然会指向数学的学科大观念，也就是你之前所说的“学科知识背后的思想范式”。

您今天说的“像科学家一样调用观念”，其实包括三个方面：(1) 调用观念而非调用事实；(2) 善于调用和迁移其他学科的观念；(3) 将数学乃至科学看作一个整体。是这样吧？

总结得很好，下次我们来讨论如何“像科学家一样理解结果”。

对话 24:
像科学家一样理解结果

人物： 数学老师朱老师 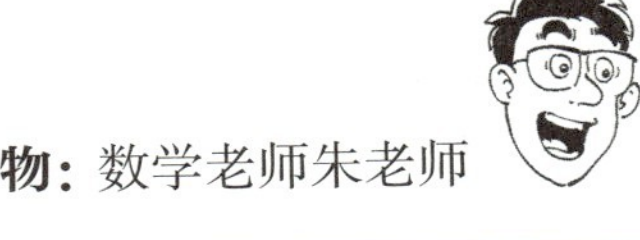  、学生王同学 

通过前三次讨论，我渐渐明白了如何看待、继承和调用知识，如何将知识以及背后的科学、哲学思想视为构成自身人格和世界观的一部分。您还说过要“像科学家一样理解结果”，但结果对于所有人都是一样的啊。比如，牛顿的三大运动定律，您看是三大运动定律，我看也是三大运动定律，难道有什么不同吗？

你提了一个很好的问题。确实，现代科学对结果的陈述，对于所有人而言都是可见的，任何人都可以从网络、文献中去查找现有的结果。但正如你举的例子，未必所有知道并能熟练运用牛顿三大运动定律的人，都能理解其背后的深远意义。

我的理解是，这三大运动定律是力学的三条符合自然现象的基本假设，牛顿基于这些基本假设构建了力学体系，在解决宏观层面的物体运动问题时，牛顿力学体系至今仍然卓有成效。

没错，但三大定律还有更深层次的意义。在牛顿和伽利略之前，人们觉得力是物体保持运动的原因，甚至在伽利略之前，自然科学研究的数学传统尚未确立，人们在研究运动时并没有将定量研究和对力的研究摆在核心的位置，以至于，困扰亚里士多德的“毒刺”——抛体运动，在很长时间里没能动摇人们对“物性自然”范式的坚定信念。人们还想着用各种各样的方式去解决“将石头抛出后，即便没有外物的推动依然能够上升一会儿，而没有立马下降”的现象与“物性自然”中“石头呈土性，理应向地心自发运动”的认识之间的矛盾。

伽利略关于自由落体和惯性的发现，以及他得到的朴素结果，不仅确立了定量研究的数学传统在自然科学研究中的重要地位，还确定了“力是改变物体运动状态的原因，而非保持运动状态的原因”的认知。伽利略也有局限性，他将匀速圆周运动而非匀速直线运动视为物体的自然运动状态。

牛顿出生在伽利略去世后的第二年，他是伽利略数学传统的继承和发展者。牛顿用三大运动定律改变了人们对运动学的研究模式，将运动学的研究范畴直接革命性地发展为力学范畴，并利用万有引力定律打破了源自古希腊的“‘月上天’和‘月下天’的物理规律不同”的观点，打碎了“天球”从哲学上对人类世界的“包裹”。牛顿的墓碑得配英国威斯敏斯特大教堂最辉煌的一角，因为他是英国对世界文明做出卓越贡献的代表人物。

牛顿在知识上的成就只是一方面，更重要的是，他在科学范式的革命上做出了巨大贡献。直到现在，即便是在研究微观量子世界的粒子运动时，人们依然会以量子力学为先导和核心，在思想上，量子力学依然部分沿袭了牛顿构建的“用力学范畴的研究实现对运动学范畴的研究”的传统。

原来，三大运动定律看似简单，却蕴含了这么深刻的意义！但是，假如我们不去追问科学结果背后的哲学意义，而仅仅从其形式上去看，科学家看到的和非科学家看到的就没有什么不同了吧？

也不尽然。面对爱因斯坦著名的“质能方程”——$E=mc^2$，物理学家可能更喜欢它的等价形式$m=\frac{E}{c^2}$，因为这个式子从能量角度解释了质量。注意，这里的E不是能量而是“静能”，即静止物体内部具有的所有能量之和。再比如，海森伯的“不确定性关系”的数学形式为

$$\Delta x \cdot \Delta p \geqslant \frac{h}{4\pi} \tag{1}$$

其中Δx表示位置改变量、Δp表示动量改变量、h为普朗克常量。在通俗读物中，这经常被解读为“粒子的位置与动量不可能同时被精确测量”。

这个我知道，高中物理课上就介绍过这方面的内容，我觉得，这是大自然给观察者设下的无法突破的观测极限。

对于物理学家而言，量子力学关注的是粒子在微观尺度下的运动——根据（1）式，粒子的活动区域被限制在越小的空间内，它就一定具有越大的速

度。再根据爱因斯坦光速不可超越的假设，粒子的活动区域就不可能一直小下去——存在一个“下界”，这个下界便成为量子尺度。

这些现代物理的结果感觉离我们好远啊……我们身边更基本的数学模型，也会有这种“在不同视角下存在不同理解”的例子吗？

其实有很多。比如我们常说的逻辑斯谛人口模型

$$p'(t)=\mu\left(1-\frac{p(t)}{M}\right)p(t) \tag{2}$$

其中$p(t)$代表t时刻的人口数量，$p'(t)$为其导数，μ代表内禀增长率，M代表环境所能容纳的稳定极限人口数量。按照（2）式去理解，就是将人口变化量视为人口数量的二次函数，在这种理解下，很容易根据二次函数的性质推出“人口增长速度最快的时刻即人口达到其稳定极限数量一半时”的结论。

这很简单，只需要将（2）式右侧视为关于$p(t)$的开口向下的抛物线，计算其对称轴位置，即可得到结论。

但如果将（2）式变形为

$$\frac{p'(t)}{p(t)}=\mu-\frac{\mu}{M}p(t) \tag{3}$$

进而变为

$$\frac{\mathrm{d}\ln\left(p(t)\right)}{\mathrm{d}t}=\mu-\frac{\mu}{M}p(t) \tag{4}$$

我们就得到了一个线性关系——人口数量级（$\ln\left(p(t)\right)$）的变化速度是与人口数量负相关的线性函数。由于在现代科学的认知观念中，线性结构总是最基础的结构（回忆三大定律：物体在不受外力的作用下，沿直线做匀速运动），因此（4）式虽然和（2）式等价，但（4）式显得更加本质和优美。

的确如此。您刚才举的都是物理学或生活中的例子，有没有纯粹数学中的例子呢？

有啊，就是我们上次提到过的高斯－博内－陈定理（图 23－1）。如果我们仅仅将这个定理视为计算曲面上曲边多边形外角和的公式，就没有看到这个定理真正的强大之处——它将微分几何与代数拓扑两大领域联系起来：左侧的曲率是微分几何的关键结构之一，右侧的欧拉示性数则是代数拓扑中著名的同胚不变量。这个公式以一种不可思议的简洁形态，连接处于现代数学核心位置的两大领域，堪称一座了不起的桥梁。

您还有其他更初等的例子吗？

有的。例如，我们在高中学习角的弧度制定义时，利用了比例关系

$$\frac{\alpha}{180^{\circ}}=\frac{a}{\pi} \quad (5)$$

其中 a 为角度 α（单位：°）所对应的弧度（单位：rad）。随后，我们在定义一般角的三角函数时也使用了比例形式，即

$$\sin\alpha=\frac{y}{\sqrt{x^2+y^2}} \quad (6)$$

其中 (x,y) 为角 α 终边上与坐标原点相异的任意一点的坐标。之后，我们在学习解三角形时，还学习了正弦定理，它能够处理所有相似三角形的情况，形式上也是一组比例：

$$\frac{\sin A}{a}=\frac{\sin B}{b}=\frac{\sin C}{c} \quad (7)$$

其中 A、B、C 为三角形的三个内角，a、b、c 分别为内角 A、B、C 所对边的长度。

是的，这些是高中课内的内容，大约在高一下学期就会讲到。

但是你有没有想过，为什么和角度有关的这些量都是用比例形式描述的呢？如果真的有平行宇宙，或者，在宇宙的另一个遥远角落真的存在外星文明，它们在定义弧度和三角函数时，也会使用比例或和比例等价的结构吗？

啊，我确实没有想过这个问题……我觉得，他们完全有可能采用其他结构，因为数学世界太丰富了，大千世界无奇不有，说不定其他结构也能定义弧度和三角函数。朱老师是怎么看的？

我们做个思想实验吧。我们都知道，角由顶点和两条射线构成，射线和点是没有粗细和大小的。如图 24-1 所示，如果用高倍率放大镜观察角的顶点，我们在视野中看到的角依然是同样的图形，和没有用放大镜看并不会有什么不同——其实，无论用多大倍率的放大镜，看到的结果都会一样。

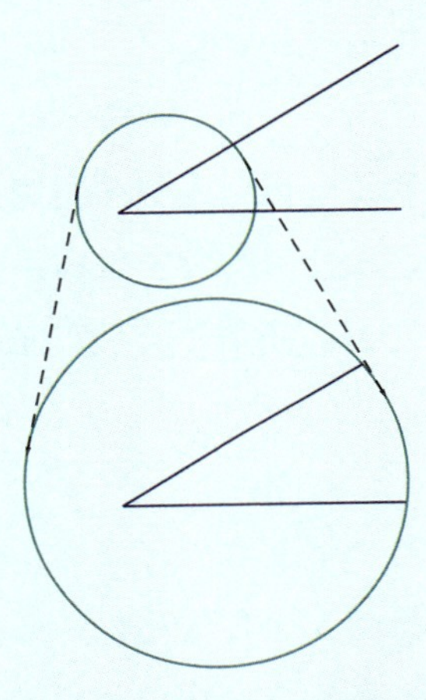

图 24-1 角度是数学中联系微观和宏观的几何结构

确实啊！

所以，角度是数学中联系微观和宏观的一种几何结构。实际上，目前为止还没有其他几何结构具有这种特性。虽然场论中有些几何对象也具有类似的联系微观和宏观的能力，但它们也可以被视为由无数个局部的角“拼接”而成。我们刚刚谈的是几何结构，你再想想，在数学里，能够承载微观和宏观的联系的代数结构又是什么呢？

……是比例吗？

说说你的理由。

例如 $\frac{0.000\,001}{0.000\,002}=\frac{1\,000\,000}{2\,000\,000}$，对于比例而言，分子和分母只有相对大小，没有绝对大小。分子和分母同时乘以或除以一个非零的实数，比例的值保持不变，这就意味着，分子和分母既可以任意大，又可以任意小。从这个角度来看，比例就联系了微观和宏观。

没错啊。不仅如此，实际上，代数结构中只有比例才有这种性质。虽然在场论中有些代数对象也具有类似的联系微观和宏观的能力，但也可以将之视为由无数个局部的比例“串联”而成。现在，你觉得为什么定义弧度和任意角的三角函数要用比例结构呢？

因为比例结构呈现了一样东西的不同侧面——角度和比例都是数学里联系微观和宏观的结构，从几何的角度来描述，这个结构就是角度；从代数的角度来描述，它就是比例。所以，当我们要用代数符号去表达几何角的大小时，一定离不开比例。

很好。如果你在高中学习数学时能够体会到这一点，那么将来当你遇到难缠的与角有关的问题时，你自然就会想到使用比例结构去尝试解决；当你遇到需要联系微观和宏观的问题时，自然就会使用角度和比例作为描述和分析的工具——这其实就是量子物理中引入“自旋”这一概念的原因之一，也是能将一般光滑向量场分解为无散场和梯度场（即无旋场）的霍奇分解定理在数学中十分重要的原因。

我可否认为，“像科学家一样理解结果”就是要从多角度、多侧面去看待一个结果，不停留在其表面，而要深挖其哲学内涵，建立结果之间的联系？

你说的只是一方面，但是，能做到这些的前提之一，就是认识到结果的局限性，否则就无法想到要观察结果的不同侧面，也就无法构建结果之间的联系。就像我们看一个事物，如果这个事物没有局限性，在空间和时间上无限广延且处处性质均匀，那我们就很难感知和研究它——就像物理学中对待“真空”一样，直到近几十年，人们才了解到“真空”并非“虚空”，而是时刻有丰沛的能量涨落。

结果的局限性的根源在哪里呢？

根源在于基本假设。只要是科学研究，就一定有基本假设，就像数学一定建立在公理体系上一样。用康德的话说，基本假设是一种“先验综合判断”，是先于演绎逻辑产生的对世界的先验认识。正因为是“先验”认识，所以它不一定是正确的，于是就为局限性的产生创造了土壤。

您能举一个通俗的例子吗？

我们在建立人口模型时，首先假设人口的增长率和人口数量的比值为常数，即

$$\frac{p'(t)}{p(t)}=k \tag{8}$$

这样会导致

$$p(t)=\mathrm{e}^{kt}+C_0 \tag{9}$$

这样得到的人口数量是随时间呈指数变化的函数，与现实矛盾了！出现矛盾的根源在于基本假设，于是我们调整基本假设，将（8）式中的常数k视为与人口数量和时间相关的函数：

$$k=k\big(t,p(t)\big) \tag{10}$$

我们前面经常提到的逻辑斯谛人口模型（3）实际上是（10）式取

$$k=k\big(t,p(t)\big)=\mu-\frac{\mu}{M}p(t) \tag{11}$$

的特例。不同国家的制度、历史、文化、经济情况不同，往往对应不同的$k\big(t,p(t)\big)$形式，这要具体问题具体分析。不仅如此，处于不同阶段的$k\big(t,p(t)\big)$也可能形式不同。例如，当种群刚开始繁衍时，尚未达到资源挤兑的阶段，可以被视为资源无限，此时对应的$k\big(t,p(t)\big)$就十分接近常数，即种群增长十分接近指数增长。但种群增长不了多久，就会因为种群规模过大而引起越来越严重的资源挤兑，从而使得$k\big(t,p(t)\big)$发生变化。

我能否这样理解：空间、时间、自然环境和社会环境的差异，会导致基本假设的不同，但为了建立模型，我们往往需要预设一个先验的基本假设，而基于先验的基本假设建立出来的模型结果可能会与现实相悖，于是，我们就需要根据从相悖中所得的经验来修正基本假设，进而实现模型的迭代改进？

没错。不仅如此，基本假设还反映了建模者的个人观点，以及选择了哪种立场，所以，模型的结果只能提供一种视角、立场和观点下的观察，即使面对不同模型的不同结果，也不能说其中至少有一个是错误的。这也就是在对话 8 中，我们强调“多模型思维”的原因。

也就是说，如果检验模型之后，我们发现它不符合现实，其实这并不意味着模型的失败，而是走向成功的一个必要步骤——通过反思结果中的不合理成分所对应的不合理假设，我们就能发现其中或其对面所蕴含的正确道路。这是不是就是人们常说的“失败乃成功之母”？

我赞同你的想法。在科学研究中，错误结果的比重比成功结果大得多。实际上，一个科学家如果不能坦然接受日常中会有无数的错误，成功却极少出现，那他就无法展开研究，甚至无法作为科学家生活。我们要向科学家学习这种不仅敢于试错，而且甘于试错的精神。就像我们小时候蹒跚学步那样，仅有大人的引导还不够，真正让我们健步如飞的，正是无数次的跌倒。

那么，世界上就没有完美的理论了吗？或者，就没有一个终极理论作为我们努力的方向了吗？如果没有这个终极理论，人们又该朝哪里努力？这些努力的意义又是什么呢？

科学哲学以及绝大多数的学者都认可，没有“终极真理”这件事——正如我们在对话 22 中提到的，“在终极的分析中，一切知识都是历史”。实际上，近现代科学研究的驱动力并不是达到满是真理的彼岸，人们在科学革命[①]时期就已经确知这一点了，因为并不存在“月上天”和“月下天”的分别。打破天球，解放了人类，也将“终极真理”拉下了神坛。

① 科学革命由托马斯·库恩在《科学革命的结构》中提出，指科学范式的整体变革，包括三个方面：感兴趣的问题、处理这些问题的工具集和方法论、这些问题如何才算解决好了的判断标准。

庞加莱认为，科学理论的构建和选择是为了方便，是一种面向心智的雅致统一的追求。换句话说，从哲学层面而言，科学的前进动力和人们努力的意义是“审美”——即便跌倒和失败，也是一种豪迈的悲壮之美，并且，这种美还孕育着新生之美。

在和您展开这一系列讨论之前，我可能无法理解您说的这句话，但现在，我似乎有些明白了——我们无法确知终极真理是否存在，那么，科学的走向就不是朝着“终极真理”，而是朝着在不断试错中展现出的“审美价值”。这种审美价值让我们人类找到了面向心智的雅致统一的感受，确证了自己作为人的“自由”精神。

这或许也是古希腊将数学以及自然哲学视为“自由之艺”的原因吧。

真有意思！

对话 25：

对度量的理解

人物：数学老师朱老师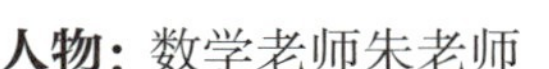、数学老师孙老师

在数学建模的过程中，经常需要衡量或比较某些事物的大小，或者对其范围做出限制，这就需要对其进行“度量”。此时学生和老师往往会很头疼，因为度量的方式有许多，我们总是难以确定哪一种才是合理的，或者是否存在更好的选择。随便选择的度量方式经常会使模型推出一些很奇怪的结果，明显不符合现实。朱老师对此有无好的建议？

度量的确是数学建模过程中一个常见的要素。从广义上看，任何数学模型都离不开度量，因为只有度量才能将各个变量、参数和因素的影响数值化，从而建立平衡方程，或者列出约束条件。但对于刚接触数学建模不久的人而言，因为缺少数学和数学建模两方面的经验积累，往往只能盲人摸象，不管抓住什么结构，拿来就用。这样做其实很危险，因为有些度量具有不同的直觉，是完全不能相容的。我觉得要加深对度量的理解，需要回到“度量作为量的叠加”的认识。

这我明白。就像力是作用量，在空间中的叠加就是力所做的功，在时间上的叠加就是物体的动量增量。

没错。但这种叠加可以有许多种不同的方式，而不同的叠加方式很可能对应不同的度量。例如，当我们用逼近法求单位圆的面积时，可以采用图 25-1 中的两种方式。

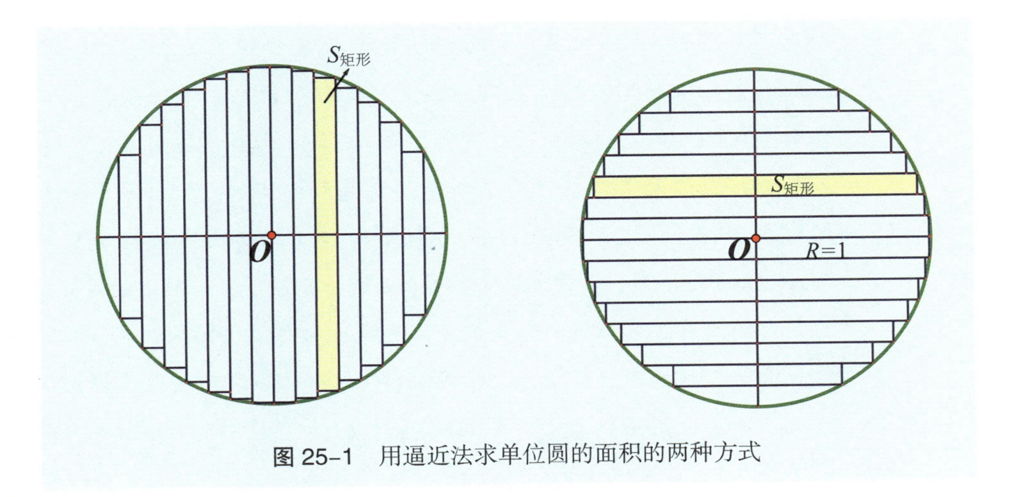

图 25-1　用逼近法求单位圆的面积的两种方式

这两种方式有什么区别吗？

因为圆充分光滑且有完全的对称性，所以这两种方式看起来一样。但当图形没有这么高的对称性，或者其边缘并非如此光滑时，两种方式所得的结果则有可能不同。

可否举个例子？

最典型的例子可能是求下列函数

$$f(x)=\begin{cases}1, x为无理数\\0, x为有理数\end{cases} \tag{1}$$

在 $x\in[0,1]$ 中与 x 轴所夹区域的面积。如果采用第一种方式，将 x 轴上的 $[0,1]$ 区间从 0 开始分为长度为 $\dfrac{2}{\lambda}$ 的许多小线段，过每一条小线段的端点引 x 轴的垂线，可以想象这些垂线与函数图像的交点以及边界点构成了许多小四边形。奇妙的是，当 λ 为无理数时，$k\cdot\dfrac{2}{\lambda}$ 也是无理数，进而 $f\left(k\cdot\dfrac{2}{\lambda}\right)=1$，这意味着每个小四边形的面积为 $\dfrac{2}{\lambda}$；当 λ 为有理数时，$k\cdot\dfrac{2}{\lambda}$ 也是有理数，进而 $f\left(k\cdot\dfrac{2}{\lambda}\right)=0$，这意味着每个小四边形的面积为 0，结果矛盾！所以用这种方法无法计算函数 $f(x)$ 在 $x\in[0,1]$ 中与 x 轴所夹区域的面积。

但是，用图 25-1 中的第二种方式能计算函数 $f(x)$ 在 $x\in[0,1]$ 中与 x 轴所夹区域的面积。此时依据函数值对横坐标进行分段，上面的函数 $f(x)$ 有且仅有两个取值，于是分两种情况即可，即 $f(x)=1$ 和 $f(x)=0$。使得 $f(x)=1$ 的 x 为 $[0,1]$ 中的无理数，记为集合 A；使得 $f(x)=0$ 的 x 为 $[0,1]$ 中的有理数，记为集合 B。于是函数 $f(x)$ 在 $x\in[0,1]$ 中与 x 轴所夹区域的面积应该等于 $1\cdot m(A)+0\cdot m(B)$，其中 $m(A)$ 为集合 A 的"测度"——测度的定义是非初等的，需要使用博雷尔集，但我们可以直观地将测度理解为：将 A 中元素拼接到一块所占据的数轴的长度。对于 $m(B)$，可以用类似的方式理解。可以证明 $m(A)=1$ 而 $m(B)=0$，于是函数 $f(x)$ 在 $x\in[0,1]$ 中与 x 轴所夹区域的面积应该等于 1，是可以计算出结果的。

为什么 $m(A)=1$ 而 $m(B)=0$？

首先补充一下对于 $m(B)=0$ 的证明，这要分为两步——先说明 B 中元素（即 $[0,1]$ 区间中的有理数）是可数的，即可以和正整数建立一一对应的关系；再利用 B 中元素的可数性证明其测度为 0。

第 1 步：关于 $[0,1]$ 中的有理数与正整数的对应关系，可以通过图 25-2 直观体现出来。其中的红色"×"代表去掉和之前重复的数值。很显然，用这种方式可以遍历 $[0,1]$ 中的所有有理数，并且和正整数集形成一一对应的关系。

第 2 步：由于 $[0,1]$ 中所有的有理数可以和正整数形成一一对应的关系，于是可以依据集合 B 与正整数的对应关系，将其中元素重新编号为 λ_k，$k=1,2,3,\cdots$。$\forall\varepsilon>0$，构造闭区间

$$D_k=\left[\lambda_k-\frac{\varepsilon}{2^{k+1}},\lambda_k+\frac{\varepsilon}{2^{k+1}}\right] \tag{2}$$

显然区间 D_k 的长度为 $\dfrac{\varepsilon}{2^k}$。注意有理数在实数中的稠密性，即在任意实数所处的任意开区间中，都存在有理数（只需对照有理数对 π 的逼近就能想象），于是有 $B\subseteq\bigcup_{k=1}^{+\infty}D_k$，进而有

$$0\leqslant m(B)\leqslant m\left(\bigcup_{k=1}^{+\infty}D_k\right)\leqslant\sum_{k=1}^{+\infty}D_k=\sum_{k=1}^{+\infty}\frac{\varepsilon}{2^k}=\lim_{n\to+\infty}\varepsilon\cdot\frac{1}{2}\cdot\frac{1-\left(\frac{1}{2}\right)^n}{1-\frac{1}{2}}=\varepsilon \tag{3}$$

又由于正数ε的选取具有任意性，必有$m(B)=0$，即$[0,1]$中所有有理数构成的集合测度为零。

因为$A\cup B=[0,1]$，$A\cap B=\varnothing$，于是自然地有

$$m(A)+m(B)=1 \tag{4}$$

又因为$m(B)=0$，于是$m(A)=1$。

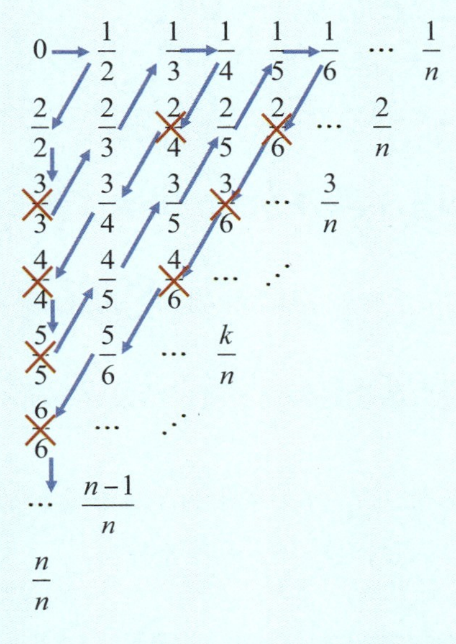

图 25-2 $[0,1]$区间中有理数的可数性

看来，如果没有选取好叠加方式，就难以完成度量。

确实如此。这两种方式实际上分别体现了黎曼积分和勒贝格积分的基本思想。作为黎曼积分的推广，勒贝格积分改变了叠加的方式，使某些原本用黎曼积分无法求出但又很重要的度量变得可求。

统计学里也有一些不同的叠加方式，例如期望、一阶矩、二阶矩等，它们也对应着不同的度量。如果要解决实际问题，则需要根据问题来选取适合的度量方式。朱老师有没有这方面的例子？

有，我们可以构造一个这样的例子。例如：在数轴上生活着n户人家，第k户人家的位置用数轴上的点x_k表示，$k=1,2,3,\cdots,n$，每户人家的人口数量可

能不同，第 k 户人家的人口数量占人口总数的比例为 p_k。显然 $p_k \in (0,1)$，且 $p_1 + p_2 + \cdots + p_n = 1$。公平起见，以人口数量占人口总数的比例为权重来选取服务站在数轴上的位置 λ，使得人口比例越高的人家越方便。那么该如何确定 λ 的最优取值呢？

那得看如何度量服务站与人家之间的“距离”。如果用通常的绝对值表示“距离”，那么问题可以转化为求函数

$$h(\lambda) = \sum_{k=1}^{n} p_k \cdot |x_k - \lambda| \tag{5}$$

的最小值。如果用差的平方度量“距离”，那么问题可以转化为求函数

$$g(\lambda) = \sum_{k=1}^{n} p_k \cdot (x_k - \lambda)^2 \tag{6}$$

的最小值。选取的度量方式不同，结果会有所不同。

的确如此。如果选用（6）式中的平方和叠加的方式，则 $g(\lambda)$ 为关于 λ 的开口向上的二次函数，将（6）式展开得到

$$\begin{aligned} g(\lambda) &= (p_1 + p_2 + \cdots + p_n)\lambda^2 - 2(p_1x_1 + p_2x_2 + \cdots + p_nx_n)\lambda + (p_1x_1^2 + p_2x_2^2 + \cdots + p_nx_n^2) \\ &= \lambda^2 - 2(p_1x_1 + p_2x_2 + \cdots + p_nx_n)\lambda + (p_1x_1^2 + p_2x_2^2 + \cdots + p_nx_n^2) \end{aligned} \tag{7}$$

于是 $g(\lambda)$ 在其对称轴 $\lambda = p_1x_1 + p_2x_2 + \cdots + p_nx_n$ 处取到最小值，刚好是表 25-1 中随机变量 X 的期望值。特别地，λ 的最优取值可以不是任何一个 x_k。

表 25-1 随机变量 X 的分布列

X	x_1	x_2	$\cdots$	x_n
P	p_1	p_2	$\cdots$	p_n

这也是最小二乘法的基本思想——使用平方叠加作为对偏差总量的度量。

但如果（5）式作为总偏差的度量，结果一般就不是随机变量 X 的期望。例如 $n = 2$、$x_1 < x_2$ 的特殊情况，此时（5）式变为

$$
\begin{aligned}
h(\lambda) &= p_1|x_1-\lambda|+(1-p_1)|x_2-\lambda| \\
&= \begin{cases} p_1x_1-p_1\lambda+(1-p_1)x_2-(1-p_1)\lambda, \text{当}\lambda\leqslant x_1\text{时} \\ -p_1x_1+p_1\lambda+(1-p_1)x_2-(1-p_1)\lambda, \text{当}x_1<\lambda\leqslant x_2\text{时} \\ -p_1x_1+p_1\lambda-(1-p_1)x_2+(1-p_1)\lambda, \text{当}x_2<\lambda\text{时} \end{cases} \\
&= \begin{cases} -\lambda+p_1x_1+(1-p_1)x_2, \text{当}\lambda\leqslant x_1\text{时} \\ (2p_1-1)\lambda+(1-p_1)x_2-p_1x_1, \text{当}x_1<\lambda\leqslant x_2\text{时} \\ \lambda-p_1x_1-(1-p_1)x_2, \text{当}x_2<\lambda\text{时} \end{cases}
\end{aligned}
$$

注意，这是一个两端延伸到正无穷的折线函数，这意味着一定可以在某个 x_k 处取最值。同样的规律可以推广到任意大小的 n。

这意味着，以绝对值作为叠加的度量，实际上是在备选位置进行筛选，而非产生新的位置！

没错，所以从稳健性上来看，以绝对值的叠加为度量的方式更好，因为它会自动将最优解约束在备选位置上，而以平方的叠加为度量的方式则可能产生备选位置外的新位置；但以绝对值的叠加为度量不方便计算，因为绝对值函数不是光滑函数，不能求导数，但二次函数则可以求导。

这么来看，在寻找度量方式时，要考虑的方面还真不少——既要算得出结果，又要符合实际意义，还要考虑稳健性和计算的复杂程度。而且最让人头痛的是，居然没有一种方式能够在所有的方面都占优势！

这也许就是说数学建模是一门艺术的原因吧！不同的人在不同的环境下，处理不同问题时可能会采取不同的方式，这些方式可能互不等价，但任凭哪一方都难以说服其他人，因为任何一方都有比其他人所选择的方式更好的理由……

即使存在分歧，也肯定会存在一些基础性的共识，符合大家对于度量的直觉。

十分赞同。如果让我选择的话，可能会将“非负性”“对称性”和“单位分解性”作为这样的共识中最重要的三条。

非负性和对称性我明白。非负性指的是我们对于度量的直觉是非负的，对称性指的是事物 A 对事物 B 的差别的度量应该等于事物 B 对事物 A 的差别的度量。至于单位分解性，我不了解，你可以具体说说吗？

单位分解性用集合的语言来描述很方便。假设全集为 U，它被分解为若干集合（允许无限，甚至不可数）

$$U=\bigcup_{\tau\in\Omega}U_{\tau} \tag{8}$$

其中 Ω 为某个指标集，并满足

$$U_{\tau_1}\cap U_{\tau_2}=\varnothing,\quad \forall\tau_1\neq\tau_2 \tag{9}$$

那么如果我们在 U 上建立度量 $m(\ )$，至少需要满足

$$\sum_{\tau\in\Omega}m(U_{\tau})=m(U) \tag{10}$$

这里及下面的求和符号“$\sum_{\tau\in\Omega}$”表示对指标集 Ω 中所有的 τ 求和。

如果再默认 $m(U)>0$，$m(U_{\tau})\geqslant 0$，并记 $p(U_{\tau})=\dfrac{m(U_{\tau})}{m(U)}$，则有

$$\sum_{\tau\in\Omega}p(U_{\tau})=1 \tag{11}$$

这就是单位分解性。

这样一来，$p(U_{\tau})\in[0,1]$，结合（11）式，也可以将 $p(U_{\tau})$ 视为概率。

没错。所以我理解的是，单位分解性就是概率里“互斥事件概率的加法原理”的一般形态。

我记得，数学里对“度量”的定义还需要符合三角不等式，即

$$d(A+B)\leqslant d(A)+d(B) \tag{12}$$

其中 $d(A)$、$d(B)$ 和 $d(A+B)$ 分别代表对事物 A、事物 B 和事物 A 与事物 B 的联合物的度量。

确实如此，这其实是对单位分解性的一个方向上的补充。假如（9）式不成立，即

$$U_{\tau_1} \cap U_{\tau_2} \neq \varnothing，\ \exists \tau_1 \neq \tau_2 \tag{13}$$

则（10）式变为

$$\sum_{\tau \in \Omega} m(U_\tau) \geqslant m(U) \tag{14}$$

这个式子很好理解，因为左侧的和式多算了 U_{τ_1} 和 U_{τ_2} 重叠部分的度量。

是的。（14）式改写后即为

$$\sum_{\tau \in \Omega} m(U_\tau) \geqslant m\left(\bigcup_{\tau \in \Omega} U_\tau\right) \tag{15}$$

这就是三角不等式的一般形态。

你刚才强调，三角不等式是对单位分解性的“一个方向上的”补充，难道还会有另一个方向上的补充吗？

的确有，而且它也十分常见和重要，那就是我和王同学在对话 13 中讨论过的信息熵。

我记得。对表 25-1 中的随机变量 X，它的二进制信息熵（以下简称信息熵）就是

$$H(X) = \sum_{k=1}^{n} p_i \log_2 \frac{1}{p_i} \tag{16}$$

它的含义是确定随机变量 X 的取值所需的“是 / 否”型问题的个数，即对随机变量 X 所含不确定性大小的度量。由于（16）式的定义和随机变量 X 的可能取值无关，只和其概率分布有关，因此也将 $H(X)$ 记为 $H(\vec{p})$，其中 $\vec{p} = (p_1, p_2, \cdots, p_n)$ 为概率分布向量。

你说得没错，但信息熵其实还有另一种公理化的定义方式，如下所示。

定义 1：（信息熵的公理化定义）设m为定义在离散概率分布空间

$$S=\left\{\vec{p}\mid\vec{p}=(p_1,p_2,\cdots,p_n),\sum_{i=1}^{n}p_i=1,p_i\geq 0,n\in N^*\right\} \tag{17}$$

上的映射$m:S\to\mathbb{R}$。如果m满足

i. 非负性：即对于任意的$\vec{p}\in S$，$m(\vec{p})\geq 0$。

ii. 对称性：$H(\sigma(\vec{p}))=H(\vec{p})$，其中$\sigma(\vec{p})=(p_{\sigma(1)},p_{\sigma(2)},\cdots,p_{\sigma(n)})$，$(\sigma(1),\sigma(2),\cdots,\sigma(n))$是对有序数组$(1,2,\cdots,n)$的重新排序，即将原来$X$各可能取值所对应的概率重新分配，但依然不多也不少，还是这些概率值，只不过每个概率值所对应的事件可能会和原来不同。

iii. 光滑性：$H(\vec{p})$对于随机变量X分布列中任意概率p_i的偏导数存在且连续。

iv. 最大化：当且仅当$\vec{p}$为均匀分布，即$p_i=\frac{1}{n}$时，$H(X)$取最大值。

v. 归零性：当且仅当$\vec{p}$的某个分量为 1、其余分量为 0 时，$H(\vec{p})=0$。

vi. 可分解性：若$\vec{p}=(p_{11},p_{12},\cdots,p_{1m},p_{21},p_{22},\cdots,p_{2m},\cdots,p_{n1},p_{n2},\cdots,p_{nm})$，则

$$H(\vec{p})=H\left(\sum_{k=1}^{m}p_{1k},\sum_{k=1}^{m}p_{2k},\cdots,\sum_{k=1}^{m}p_{nk}\right)+\sum_{i=1}^{n}H\left(p_{i1}\Big/\sum_{k=1}^{m}p_{ik},p_{i2}\Big/\sum_{k=1}^{m}p_{ik},\cdots,p_{im}\Big/\sum_{k=1}^{m}p_{ik}\right) \tag{18}$$

注意$\left(\sum_{k=1}^{m}p_{1k},\sum_{k=1}^{m}p_{2k},\cdots,\sum_{k=1}^{m}p_{nk}\right)$和$\left(p_{i1}\Big/\sum_{k=1}^{m}p_{ik},p_{i2}\Big/\sum_{k=1}^{m}p_{ik},\cdots,p_{im}\Big/\sum_{k=1}^{m}p_{ik}\right)$亦均为$S$中的概率分布。

可以证明，信息熵（16）式为唯一满足如上六条要求的映射（允许相差正数倍）。证明过程此处不再赘述。

（18）式似乎和前述直觉（15）式相悖——联合分布$\vec{p}$的信息熵比每个子分布$\left(p_{i1}\Big/\sum_{k=1}^{m}p_{ik},p_{i2}\Big/\sum_{k=1}^{m}p_{ik},\cdots,p_{im}\Big/\sum_{k=1}^{m}p_{ik}\right)$的信息熵的和还要大！该如何去理解它呢？

这在我们的生活中很常见。例如，警察抓到某起案件的四个嫌疑人，为了避免串供，警察要单独审讯四人，当然，审讯时四人所说的信息不一定正确，都可以被视为随机变量，都具有各自的不确定性；警察不仅要单独审问四人，而且还得调查四人之间的关系，这种调查出的关系也含有不确定性，因为调查不可能尽善尽美，于是四人之间的关系也具有不确定性（例如谁是主谋，

谁是从犯）；警察在审讯过程中所得所有信息的不确定性，应该是四个嫌疑人的供词中的不确定性，与四人之间关系的不确定性的总和。

这样一来，会不会和你刚才说的“单位分解性”相矛盾？

并不矛盾。回到刚才的例子中，如果四个嫌疑人没有任何相关性，那么所有信息的总的不确定性，就直接等于每个嫌疑人的供词的不确定性之和，这正是单位分解性所描述的。放到（18）式中，即对应 $H\left(\sum_{k=1}^{m} p_{1k}, \sum_{k=1}^{m} p_{2k}, \cdots, \sum_{k=1}^{m} p_{nk}\right) \to 0$ 的情形——因为四个嫌疑人没有任何相关性，意味着其中只有一人具有确定的嫌疑，其余人的可能性均可被排除，此时分布的某个分量近似为 1、其余分量近似为 0。但若四个嫌疑人互相关联，则联合分布的不确定性（信息熵）就会大于四人各自的不确定性（信息熵）之和。

这样一来，岂不是信息熵就不满足三角不等式了?!

是的。实际上，信息熵满足如下的不等式链。

$$\frac{H\left(\vec{p}\right)+H\left(\vec{q}\right)}{2} \leqslant H\left(\frac{\vec{p}+\vec{q}}{2}\right) \leqslant \frac{H\left(\vec{p}\right)+H\left(\vec{q}\right)}{2}+\frac{D\left(\vec{p}\,\|\,\vec{q}\right)+D\left(\vec{q}\,\|\,\vec{p}\right)}{4} \tag{19}$$

其中 $D\left(\vec{p}\,\|\,\vec{q}\right)=\sum_{k=1}^{n} p_i \log_2 \frac{p_i}{q_i}$ 为分布 $\vec{p}$ 对分布 $\vec{q}$ 的“相对熵”。利用詹生不等式容易证明 $D\left(\vec{p}\,\|\,\vec{q}\right) \geqslant 0$，但一般来说 $D\left(\vec{p}\,\|\,\vec{q}\right) \neq D\left(\vec{q}\,\|\,\vec{p}\right)$。相对熵用来衡量分布 $\vec{p}$ 和分布 $\vec{q}$ 的“差别”，但由于没有对称性，因此有时也使用下式作为对这种“差别”的衡量。

$$D\left(\vec{p},\vec{q}\right)=\frac{1}{2}\left(D\left(\vec{p}\,\|\,\vec{q}\right)+D\left(\vec{q}\,\|\,\vec{p}\right)\right) \tag{20}$$

显然，如此定义的 $D\left(\vec{p},\vec{q}\right)=D\left(\vec{q},\vec{p}\right) \geqslant 0$。如果使用符号 $D\left(\vec{p},\vec{q}\right)$，（19）式可被改写得更简洁：

$$\frac{H\left(\vec{p}\right)+H\left(\vec{q}\right)}{2} \leqslant H\left(\frac{\vec{p}+\vec{q}}{2}\right) \leqslant \frac{H\left(\vec{p}\right)+H\left(\vec{q}\right)}{2}+\frac{1}{2}D\left(\vec{p},\vec{q}\right) \tag{21}$$

这说明了信息熵具有上凸性——平均分布的信息熵大于各自分布信息熵的平均值。这是否就是信息熵和欧氏距离的不同直观图景的来源？

我十分赞同你的观点！实际上欧氏距离是下凹的，和信息熵的上凸刚好相反。

怎么看出欧氏距离是下凹的？

如图 25-3 所示，假设现在有平面向量 $\vec{a}$、$\vec{b}$，记 $\vec{c}=\frac{\vec{a}+\vec{b}}{2}$。根据三角不等式 $\left|\vec{a}+\vec{b}\right|\leqslant\left|\vec{a}\right|+\left|\vec{b}\right|$，可以推出 $\left|\vec{c}\right|\leqslant\left(\left|\vec{a}\right|+\left|\vec{b}\right|\right)/2$，这便体现了欧氏距离的下凹性。

我明白了。所以从这个意义上来说，欧氏度量是“下凹的”，而熵是“上凸的”。那么，二者就没有共性的几何直观吗？

这也是有的。记 $\vec{d_1}=\vec{a}-\vec{b}$，$\vec{d_2}=-\vec{d_1}=\vec{b}-\vec{a}$，则有 $\vec{c}=\vec{a}+\frac{\vec{d_2}}{2}$，$\vec{c}=\vec{b}+\frac{\vec{d_1}}{2}$，进而可得

$$\left|\vec{c}\right|\leqslant\left|\vec{a}\right|+\frac{1}{2}\left|\vec{d_2}\right|,\quad \left|\vec{c}\right|\leqslant\left|\vec{b}\right|+\frac{1}{2}\left|\vec{d_1}\right|$$

两式相加可得

$$\left|\vec{c}\right|\leqslant\frac{1}{2}\left(\left|\vec{a}\right|+\left|\vec{b}\right|\right)+\frac{1}{4}\left(\left|\vec{d_1}\right|+\left|\vec{d_2}\right|\right) \tag{22}$$

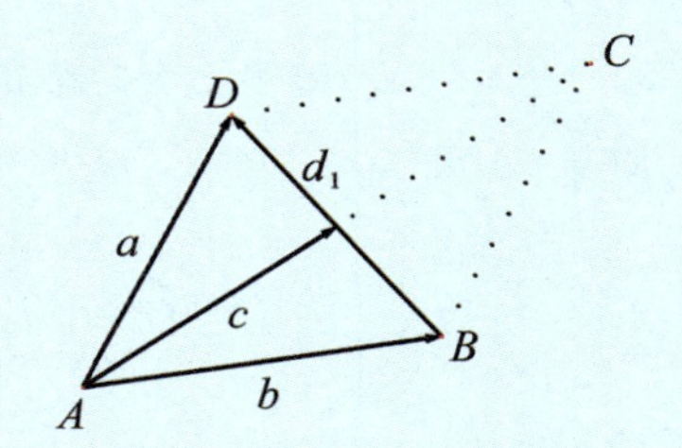

图 25-3 $\left|\vec{c}\right|\leqslant\frac{1}{2}\left(\left|\vec{a}\right|+\left|\vec{b}\right|\right)+\frac{1}{4}\left(\left|\vec{d_1}\right|+\left|\vec{d_2}\right|\right)$

如果将 $\vec{a}$ 和 $\vec{b}$ 类比为概率分布 $\vec{p}$ 和 $\vec{q}$，将 $\vec{c}$ 类比为平均分布 $\left(\vec{p}+\vec{q}\right)/2$，将模长 $\left|\vec{a}\right|$ 和 $\left|\vec{b}\right|$ 类比为 $\vec{p}$ 和 $\vec{q}$ 信息熵 $H\left(\vec{p}\right)$ 和 $H\left(\vec{q}\right)$，将模长 $\left|\vec{d_1}\right|$ 和 $\left|\vec{d_2}\right|$ 类比为相对熵

$D(\vec{p}\|\vec{q})$和$D(\vec{q}\|\vec{p})$，则（19）式和（22）式的形式相同。虽然这个类比不是很严格（比如$|\vec{d_1}|=|\vec{d_2}|$，但$D(\vec{p}\|\vec{q})\neq D(\vec{q}\|\vec{p})$）。从这个意义上，虽然相对熵不像欧氏空间一样满足三角不等式，但它们也有部分吻合的直观图景。但是，如果尝试用同样的类比改写（19）式的第一个不等号，就会得到“$|\vec{c}|\geq(|\vec{a}|+|\vec{b}|)/2$”，正如前面所述，这一般是不正确的。

怪不得每当我在建模时使用信息熵，总觉得和欧氏距离有所不同。

的确如此。不同的度量给我的感觉，就像心理学中的“格式塔”。

什么是“格式塔”？

格式塔可以被视为一种对事物理念的共识，例如，我们在大街上见到朋友，他的打扮可能和平时大不相同，但我们依然能够认出他；再比如，我们听到一段被升调或降调的音乐，依然可以分辨出它原本的曲目。格式塔心理学起源于20世纪初在德国柏林发起的一项心理学运动，该理论认为，人类是以整体模式而非对局部细节的拼凑的形式去感知事物的。对空间赋予不同的度量，就仿佛规定了这个空间的“观察法则”，决定了我们对这个空间所产生的整体模式的直觉——我们在日常生活中的空间直觉是符合欧氏度量的，不会感觉时空互相影响；在宇宙尺度上，因为时空的不均匀性，我们需要使用非欧度量，那里的时空可以互相影响；而在微观尺度上，我们甚至无法确定粒子的位置，只能以概率密度的形式去描述它们的位置分布。

这个类比很有趣，度量的不同方式确实形成了我们看待问题的不同方式，决定了我们对问题分析的直觉。回到最初的问题，在面对某个问题建立数学模型时，该如何选取度量的方式呢？

我认为至少可以从如下五个方面来总结。

(1) 保证所建立的度量满足“非负性”“对称性”和“单位分解性”这些基础原则，否则我们的直觉就失效了。

(2) 考察所研究的现象内在的模式，考察我们所希望的度量与运算的交换关系，即“事物的和的度量”与“事物的度量的和”之间的大小关系：如果前者小于后者，就体现出了下凹性，更偏向欧氏度量；如果前者大于后者，就体现出了上凸性，更偏向信息熵；如果前者等于后者，就认为现象中被度量的各元素没有相关性，是纯然的单位分解。

(3) 从使用的数学结构的角度来考虑，对离散结构的度量使用数列求和，对连续结构的度量使用积分，对概率分布的度量使用信息熵或其他数字特征。

(4) 从稳定性上考虑，如果我们为系统所建立的度量极其不稳定，就会造成模型稳健性的丧失，这时候就很难确定模型的合理参数，因为任何截断误差或测量误差都会造成系统的崩溃。

(5) 还需要适当考虑计算的复杂度，这对于应用领域尤其重要，因为在应用领域，效率和效果有时同等重要。一般来说，分段线性的结构的计算复杂度更低，因为其求解指向线性方程组。

这个总结很全面。感谢！

对话 26：

微分动力系统（1）

人物： 数学老师朱老师  、学生王同学 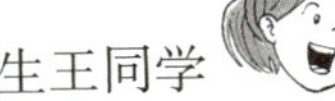

朱老师，我又想请教一个问题。许多问题都含有多个相互影响的变量，例如 SIR 传染病模型中，就同时含有易感染者 $S(t)$、感染者 $I(t)$ 和移出者 $R(t)$（痊愈者和死亡者）。这些变量既随时间 t 变化，也受彼此影响，形成一种随时间演化的系统。在对这类问题建模时，可以采用什么策略呢？

这种随时间变化，且受彼此影响的系统被称为动力系统，如果各变量是光滑的（可导且导数连续），则称之为微分动力系统。针对这类系统建立数学模型时，首要的是弄清楚各变量之间的动力学关系。例如，当我们要对两个敌对国家 A 和 B 之间的军备竞赛进行建模时，考虑 A 和 B 从第 0 年到第 t 年的军备总量，这可以用第 0 年到第 t 年的军费总开支 $x(t)$ 和 $y(t)$（单位：美元）来描述。我们需要在建立方程前首先考虑它们之间是如何相互影响的——比如，一方的军费增加，另一方的军费如何变化？

既然是军备竞赛，一方的军费增加肯定会刺激另一方的军费也增加。

那该如何列方程呢？

二者正相关，可以列为

$$y(t)=a\cdot x(t)+b \tag{1}$$

其中 $a>0$ 为正相关系数，$b\geqslant 0$ 为 B 国自然军费开支（即当没有 A 国威胁时的军费开支）。

参数 a 有什么实际意义呢？

a 的大小可以反映 A 国的军费开支对 B 国所形成的威慑力。

那 B 国的军费开支对 A 国就没有威慑力了吗？

肯定也有，并且 B 国对 A 国的威慑力，和 A 国对 B 国的威慑力还不见得一样。

那应该如何调整方程（1）呢？

那就得变成方程组了，比如

$$\begin{cases} y(t) = a \cdot x(t) + b \\ x(t) = c \cdot y(t) + d \end{cases} \tag{2}$$

其中 $c > 0$ 为正相关系数，可以反映 B 国的军费开支对 A 国的威慑力，$d \geqslant 0$ 为 A 国的自然军费开支。

但是这样一来，从方程组（2）中就能解出（当 $ac < 1$ 时）

$$\begin{cases} x(t) = \dfrac{d + bc}{1 - ac} \\ y(t) = \dfrac{b + ad}{1 - ac} \end{cases} \tag{3}$$

$x(t)$ 和 $y(t)$ 就变为常函数了。这合理吗？

啊……好像不是很合理，因为军备竞赛中两国的军费肯定是动态变化的，不可能像大家事先商量好一样，维持在一个常数水平上——那也就称不上是军备竞赛了。

是的。对于系统而言，如果仅仅考虑同一时刻各方状态量之间的关系，通常只能得到对状态的静态观察，并不能够体现系统的演化规律。那么，有什么办法可以改善这一点呢？

可以考虑前后两个时刻的状态量之间的关系。例如，将方程组（3）改为

$$\begin{cases} y(t+1)=a\cdot x(t)+b \\ x(t+1)=c\cdot y(t)+d \end{cases} \tag{4}$$

注意，这里$x(t)$和$y(t)$作为状态量是对各自国家历史军费总开支的描述，由其历史上每一年的开支之和所决定。方程组（4）体现的是两国直到第$t+1$年的军费开支受其直到第t年军费开支的影响，但这种影响其实并不符合逻辑——因为直到第t年的军费开支无法影响过去的军费开支，只能影响未来新增的军费开支，即第$t+1$年新增的军费开支。

哦，我明白了，所以方程组（4）应该再改进为

$$\begin{cases} y(t+1)-y(t)=a\cdot x(t)+b \\ x(t+1)-x(t)=c\cdot y(t)+d \end{cases} \tag{5}$$

方程组（5）改善了刚才的问题。我们再考虑，即使B国对A国的威慑力再强，倘若A国的军费开支已经大到其举国经济难以支撑的程度，A国的军费还会猛涨吗？

应该会有所下降，毕竟军费开支还要考虑本国的经济情况……我明白了，还需要在方程组（5）中引入本国历史军费总开支对本国新增军费开支的影响——历史总开支越大，新增的开支就会越少，因为随着军备占全国资源的比重越来越大，军费开支理应受到约束。所以方程组（5）应当再次改进为

$$\begin{cases} y(t+1)-y(t)=a\cdot x(t)-e\cdot y(t)+b \\ x(t+1)-x(t)=c\cdot y(t)-f\cdot x(t)+d \end{cases} \tag{6}$$

其中$e>0$、$f>0$为参数，反映历史军费开支对新增军费开支的钳制力。

那为什么不能是下面这种形式呢？

$$\begin{cases} y(t+1)-y(t)=a\cdot\dfrac{x(t)}{y(t)}+b \\ x(t+1)-x(t)=c\cdot\dfrac{y(t)}{x(t)}+d \end{cases} \tag{7}$$

这样不仅也能反映“本国历史军费总开支越大，新增军费开支越少”这一规律，参数还少了两个。

确实如此……等等，方程组（7）有问题！因为它无法反映新增军费开支为负的情况。但是完全有可能出现这样一种情况：对方国家的威胁与其国内经济压力相比，已经不占主导地位，国内的经济压力迫使其新的一年将部分军备转化为其他经济物资（例如向第三方国家销售军备或改为民用设施），以缓解国内经济压力。所以方程组（7）是不行的。

没错！于是我们确立了模型（6）在现实意义和数学意义两方面的合理性。那么如何分析它呢？

可以将方程组（6）变为如下形式：

$$\begin{cases} y(t+1)=a\cdot x(t)+(1-e)\cdot y(t)+b \\ x(t+1)=c\cdot y(t)+(1-f)\cdot x(t)+d \end{cases} \tag{8}$$

这就形成了状态量的递推方程组——方程右侧都是关于上一时刻的状态量，方程左侧都是关于下一时刻的状态量。接下来，就可以使用数列递推的方法来分析它。

没错，这是一个有效的途径。如果学习了线性代数之后，还可以将（8）式改写为

$$\begin{pmatrix} x(t+1) \\ y(t+1) \end{pmatrix}=\begin{pmatrix} a & 1-e \\ 1-f & c \end{pmatrix}\begin{pmatrix} x(t) \\ y(t) \end{pmatrix}+\begin{pmatrix} b \\ d \end{pmatrix} \tag{9}$$

利用矩阵的运算可以帮助化简对于上述递推方程组的分析。除此之外，其实还有一种办法，就是将（6）式改写为微分方程组。

但是微分方程组需要含有变量的导数，但是（6）中并没有导数啊！

确实，但是我们可以添加一些光滑性假设和同伦性假设，利用导数的定义来改写。

同伦性假设是什么呢？您可以具体说说吗？

既然我们有了（6）式，给出了时间间隔为 1 年的状态量增量。那么添加假设：当时间增长为 $\Delta t \in (0,1)$ 时，增长量等比例变为间隔为 1 年的增长量的 $\Delta t/1 = \Delta t$ 份，即

$$\begin{cases} y(t+\Delta t) - y(t) = \left(a \cdot x(t) - e \cdot y(t) + b\right)\Delta t \\ x(t+\Delta t) - x(t) = \left(c \cdot y(t) - f \cdot x(t) + d\right)\Delta t \end{cases} \tag{10}$$

这听起来很合理，类似于对时间做了一个线性插值。

将方程组（10）左右两侧分别除以 Δt，得到

$$\begin{cases} \dfrac{y(t+\Delta t) - y(t)}{\Delta t} = a \cdot x(t) - e \cdot y(t) + b \\ \dfrac{x(t+\Delta t) - x(t)}{\Delta t} = c \cdot y(t) - f \cdot x(t) + d \end{cases} \tag{11}$$

接下来我就知道了。假设 $y(t)$ 和 $x(t)$ 均为可导函数，则当 Δt 很小时，方程组（11）得以近似变为如下微分方程组：

$$\begin{cases} y'(t) = a \cdot x(t) - e \cdot y(t) + b \\ x'(t) = c \cdot y(t) - f \cdot x(t) + d \end{cases} \tag{12}$$

这个近似过程类似于对话 15 中欧拉近似法的逆过程，也是利用导数的定义所构造的近似。

没错，正是如此。有了微分方程组，虽然我们依然很难求出 $x(t)$ 和 $y(t)$ 的解析解，但可以使用向量场分析法来观察其解的性态。方便起见，我们取 $a = e = b = c = f = d = 1$，一般情况类似。这样一来，方程组（12）变为

$$\begin{cases} y'(t) = x(t) - y(t) + 1 \\ x'(t) = y(t) - x(t) + 1 \end{cases} \tag{13}$$

于是在相平面$x-o-y$中，以$x(t)$为横坐标、$y(t)$为纵坐标，二者确定相平面内的动点坐标为$\left(x(t), y(t)\right)$。每给定一个相平面中的坐标$\left(x(t), y(t)\right)$，就能代入方程组（13），得到动点当前的前进速度向量$\left(x'(t), y'(t)\right)$——其模长为动点$\left(x(t), y(t)\right)$的速率大小，其方向为动点$\left(x(t), y(t)\right)$的运动方向。进而可以在相平面中的每一点处如此放置一个“速度指针”，如图 26-1 所示。为了避免模长变化所造成的一部分“速度指针”过长，而另一部分“速度指针”过短，带来读图的障碍，图 26-1 中箭头仅表示方向，以颜色代表模长，颜色越深代表模长越大，即动点在箭头颜色越深的区域的运动速率越大。

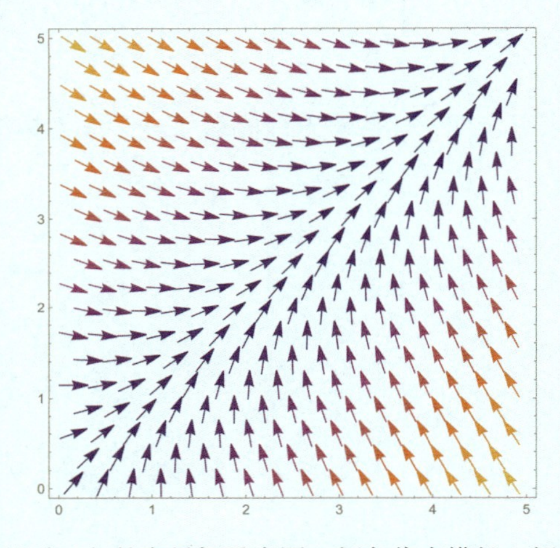

图 26-1 微分方程组（13）的向量场示意图，颜色代表模长，颜色越深代表模长越大

这样好直观，就像水流一样！

是的，如果我们规定动点的初始位置，就仿佛将一个粒子放入这个“水流”中，它会随着水流而运动，形成自己的运动轨迹。在数学上，这个运动轨迹被形象地称为“流”。图 26-2 中用红线标出了不同初始位置下粒子的流。

这样一来，就能分析出系统的未来趋势了——在$a=e=b=c=f=d=1$的情况下，A、B 两国的军费开支都会增长到正无穷。但是两国放不下无限多的军备，必须进行倾泻，这时候就会发生战争，因为军备倾泻的对象只能是其他国家。那在其他参数取值的情况下有没有可能不会发生战争呢？

这也是可能的，例如当 $a=0.4$，其余参数不变，即方程组变为如下形式时：

$$\begin{cases} y'(t)=0.4x(t)-y(t)+1 \\ x'(t)=y(t)-x(t)+1 \end{cases} \tag{14}$$

其向量场及流如图 26-3 所示。可以看到此时的流将汇聚到一点。可以计算这个点的坐标为 $\left(\frac{10}{3},\frac{7}{3}\right)$，恰好为令方程组（14）右端均为零时所对应的如下方程组的解：

$$\begin{cases} 0.4x-y+1=0 \\ y-x+1=0 \end{cases} \tag{15}$$

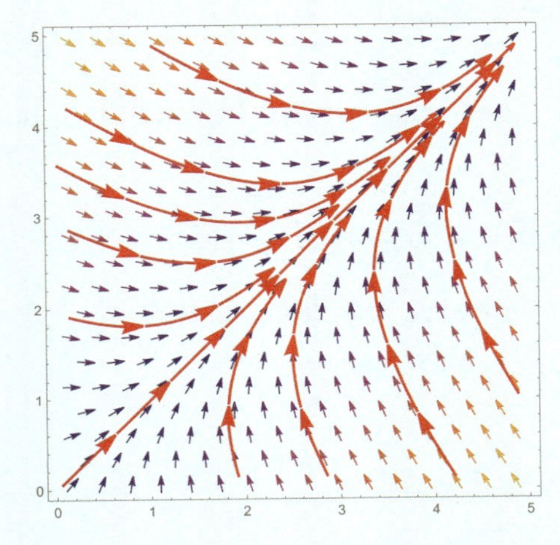

图 26-2　向量场（13）及其流（红色箭头轨迹）

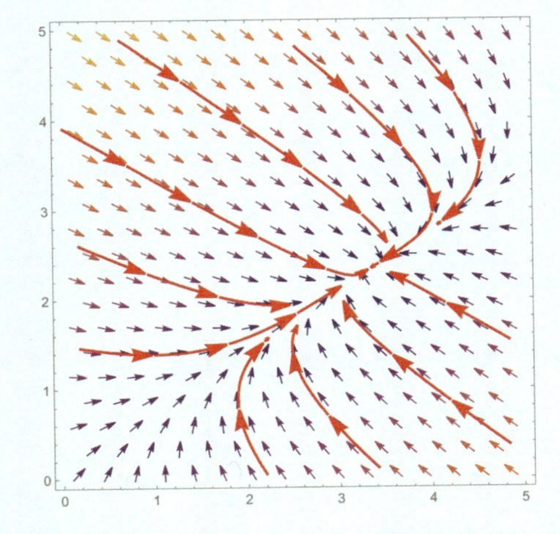

图 26-3　向量场（14）及其流（红色箭头轨迹）

这个点很特殊，因为在此处 $x'(t)=y'(t)=0$ 。也就是说，如果动点的初始位置在此处，它将保持在该位置静止不动。但是，如何脱离图形来严格证明相平面的所有点向它汇聚呢？毕竟我们连 $x(t)$ 和 $y(t)$ 的具体解析式也求不出。

并不需要求出 $x(t)$ 和 $y(t)$ 的具体解析式，可以采用“能量法”帮助我们证明。

能量法？

我们构造一个势能函数，如下所示：

$$U(t)=\frac{1}{2}\left(\left(x-\frac{10}{3}\right)^2+\left(y-\frac{7}{3}\right)^2\right) \tag{16}$$

这个势能函数衡量了动点 $(x(t),y(t))$ 与平衡点 $P\left(\frac{10}{3},\frac{7}{3}\right)$ 的距离大小——距离越大，势能越大；距离越小，势能越小。为了分析势能函数 $U(t)$，对其求导，根据链式法则可得

$$U(t)'=\left(x-\frac{10}{3}\right)x'+\left(y-\frac{7}{3}\right)y' \tag{17}$$

将（14）式代入，可得

$$\begin{aligned}U(t)'&=\left(x-\frac{10}{3}\right)(y-x+1)+\left(y-\frac{7}{3}\right)\left(\frac{2}{5}x-y+1\right)\\&=-\frac{17}{3}+\frac{17}{5}x-x^2+\frac{7}{5}xy-y^2\\&=-\left(y-\frac{7}{10}x\right)^2-\frac{51}{100}\left(x-\frac{10}{3}\right)^2\leqslant 0\end{aligned} \tag{18}$$

我知道了，这样一来 $U(t)$ 就单调递减，并且

$$U'(t)=0\Leftrightarrow\begin{cases}y-\frac{7}{10}x=0\\x-\frac{10}{3}=0\end{cases}\Leftrightarrow\begin{cases}x=\frac{10}{3}\\y=\frac{7}{3}\end{cases} \tag{19}$$

这意味着一旦动点没有到达平衡点 P，$U(t)$ 就将一直减小，即动点越来越

靠近平衡点 P；直到动点达到平衡点 P，则势能不再变化，动点也不再运动。

此时如果外界给系统一个瞬间的扰动，使得动点偏离平衡位置 P，动点会如何运动呢？

动点在受到微扰偏离平衡位置后，会在向量场的作用下回到平衡位置。

所以这样的平衡点 P 被称为“稳定平衡点”，就是指位于此点的动点受到微扰后还能回到此点。你可以想一下，能不能构造一个含有“不稳定平衡点”的动力系统？

“不稳定平衡点”？那应该就是满足“一旦位于此点的动点受到扰动就不能再回到此点”的平衡点……我知道了！将动力系统（14）的每个方程右端乘以一个负号，使得动点在相平面的每个位置的运动反向即可（图 26-4），即

$$\begin{cases} y'(t) = -0.4x(t) + y(t) + 1 \\ x'(t) = -y(t) + x(t) + 1 \end{cases} \tag{20}$$

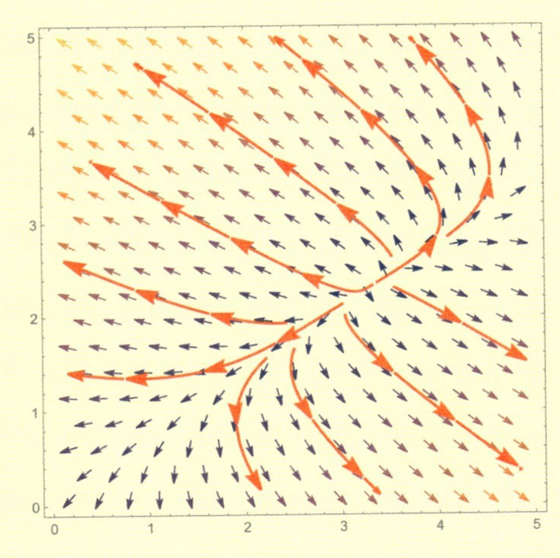

图 26-4 将动力系统（14）反向即可出现不稳定平衡点

没错。其证明过程和刚才类似，只不过此时 $U'(t) > 0$，当 $(x, y) \neq P$ 时。

除了稳定平衡点和不稳定平衡点，还能够造出具有其他特征的向量场吗?

我在《面向建模的数学》的第 11 讲构造了如下具有四个参数的向量场：

$$\begin{cases} x'(t)=a\cdot y+b\cdot x\left(x^2+y^2-1\right) \\ y'(t)=c\cdot x+d\cdot y\left(x^2+y^2-1\right) \end{cases} \quad (21)$$

其中 a、b、c、$d\in\{-1,0,1\}$ 为参数。通过改变这些参数，向量场具有截然不同的特征。比较有趣的是下面四种情况，它们对应的向量场和流如图 26-5 所示。

- 在 $a=-1$，$b=0$，$c=1$，$d=0$ 的情形下，微分方程组（21）变为

$$\begin{cases} x'(t)=-y \\ y'(t)=x \end{cases} \quad (22)$$

此时向量场中的动点将沿着同心圆运动，形成封闭轨道。其坐标原点是一个孤立平衡点——所谓孤立，指的是向量场中既没有朝向该点，也没有远离该点的方向；一旦动点的初始位置位于此点，则动点将不再运动。

- 在 $a=1$，$b=1$，$c=1$，$d=1$ 的情形下，微分方程组（21）变为

$$\begin{cases} x'(t)=y+x\left(x^2+y^2-1\right) \\ y'(t)=x+y\left(x^2+y^2-1\right) \end{cases} \quad (23)$$

此时向量场中存在一个半稳定平衡点（指在该平衡点处，有的方向向此点汇聚，有的方向从此点发散）和两个不稳定平衡点。

- 在 $a=-1$，$b=1$，$c=1$，$d=1$ 的情形下，微分方程组（21）变为

$$\begin{cases} x'(t)=-y+x\left(x^2+y^2-1\right) \\ y'(t)=x+y\left(x^2+y^2-1\right) \end{cases} \quad (24)$$

此时，向量场中存在一个稳定平衡点和一个不稳定极限环——如图 26-5 左起第三幅图所示，单位圆周上的点沿着单位圆周逆时针运动，如果稍加扰动，它就会脱离单位圆周远去——看起来有点儿像洗衣机甩干桶里的景象。不仅如此，类似地，如果将方程组（24）的两个方程的右端均乘以 -1，则可得到稳定极限环——那时单位圆周上的点沿着单位圆周顺时针运动，如

果稍加扰动，脱离单位圆后还会在向量场的作用下回到（逼近）单位圆。

- 在 $a=1$，$b=-1$，$c=1$，$d=1$ 的情形下，微分方程组（21）变为

$$\begin{cases} x'(t)=y-x\left(x^2+y^2-1\right) \\ y'(t)=x+y\left(x^2+y^2-1\right) \end{cases} \tag{25}$$

这是最复杂的类型，但是从方程的形式上来看，仅仅是将方程组（24）的第一个方程右端乘以 -1，即使得动力系统（24）中 x 方向的运动反向，所产生的改变就使得向量场和流面目全非。动力系统（25）是比较简单的一种“湍流”——正如它的名字那样，如果在其中放入一个小球，让其跟随向量场运动，我们就会很难预测它的未来位置，这是因为，初始状态的微小变化将会在时间的积累下获得难以预料的巨大偏差，我在对话 14 中也讨论过这一点（图 14-2）。

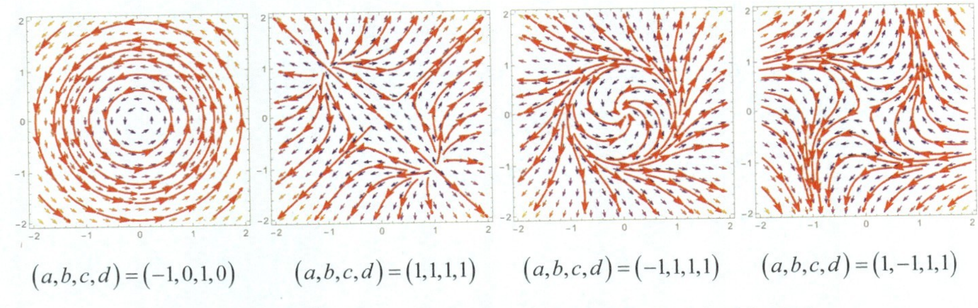

图 26-5 微分动力系统（21）在不同参数下的向量场和流

这些向量场真的好有趣，它们仿佛规定了相平面中的一种秩序，使得放入其中的粒子按照既定的规则受控运动。

你的这个感觉很有哲学的味道。实际上，动力系统是机械决定论这一哲学观点下的一种分析方式。它认为，系统中对象的初始状态一旦确定了，就将沿着既定的路径运动，到达既定的位置——虽然未来的位置在计算层面可能很难精准预测，但它是已经被决定的，是一定存在且唯一确定的。

这种说法很有宿命论的感觉。

确实如此。但我们的生命其实并非宿命使然——虽然禅宗经常讲缘分，构成了我们中国古典哲学的文化底色之一，但在我看来，缘分更具有系统论的味

道：全世界的所有人和所有事物的缘分既是一个相互交融的整体，每个活生生的人又各自具有不同的解释权，并不可能由某些既定事实所决定，而是不断被激励、不断被调整、时刻具有文化塑造和美学张力的复杂系统。但话说回来，尽管动力系统承载的是机械决定论，但它通过考虑系统状态量和边际量（变化量）之间的关系，导出平衡方程的思想，还是很有价值的，这种思想可以帮助我们解释和描述很多问题。

向量场中的流不会有交点吗？人生总有许多岔路口，与人生类比，我觉得向量场也许也会有一些“岔路口”。

很可惜，如果向量场的性质足够好——例如非奇异向量场，即不存在平衡点，也就是相平面 $x-o-y$ 中不存在使得 $x'(t)=y'(t)=0$ 的状态量 (x,y) 时（图 26-2），向量场中的流就一定不会有交叉点。一般来说，如果一个动力系统的向量场在相平面内每个位置的速度仅由其位置唯一决定，就称其为自治动力系统。在自治动力系统中，流不会有交叉点，这很容易用反证法证明。如果两个流在某点处交叉（图 26-6），此点处就有两个不同的前进方向，这与自治动力系统的定义矛盾。

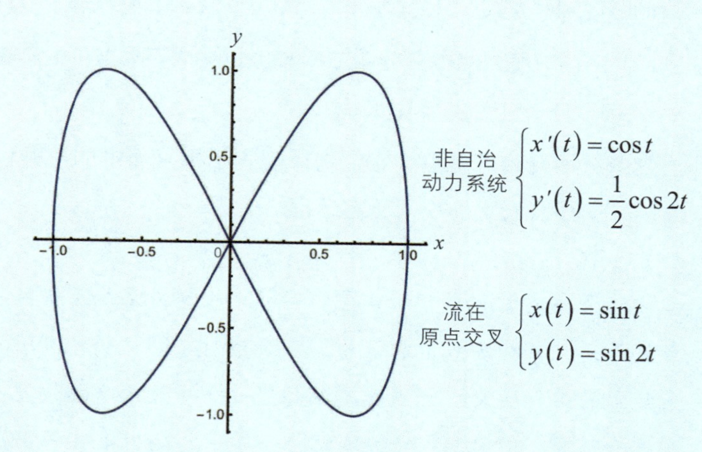

图 26-6 非自治动力系统的流有交叉点的例子

我们的人生、家庭和社会的相平面看起来都是奇异向量场或非自治动力系统，所以才会有那么多相聚与别离、生死与悲欢、获得与失去。对数学结构的理解看来还能促进我们对自己人生和世界的理解！

确实如此。我一直认为，数学乃至一切科学的精髓在于人自身——是人的热爱、探索和好奇，促进了数学和科学的发展，科学并不是指向彼岸真理的单程列车，而是指向对不朽的精神和心智的自由探索。我特别喜欢电影《美丽心灵》中的一段台词，是主人公约翰·纳什在诺贝尔经济学奖领奖台上的一段演讲，我认为它很美妙地诠释了爱和数学的关系：

“我一直相信数字、方程式和逻辑关系，它们指引我找到真理。穷其一生，我不断问自己，什么是真正的逻辑？真理又由谁来决定？对这些问题的思索，让我经历了从生理上到精神上再到幻觉上的洗礼。最终，我回到现实，找到一生中最重要的发现：在爱的指引下，任何逻辑关系和真理才能被发掘。”

对话 27：

微分动力系统（2）

人物： 数学老师朱老师 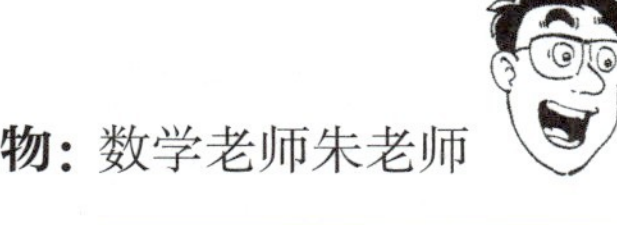 、学生王同学 

朱老师，我发现在列微分方程时，经常会面对变化量与状态量成正比的现象。例如：速度的变化量与力的状态量成正比，病毒感染人数与未感染人数和已感染人数的状态量之积成正比，等等。当然，还有一些数学模型是在此基础上进一步根据叠加原理建立的，例如您在上次对话中介绍的军备竞赛模型：在面临国外威胁方面，A 国军费随时间变化的函数 $x(t)$（单位：美元）在 t 时刻的变化量 $x'(t)$ 与 t 时刻 B 国的军费状态量 $y(t)$ 成正比；在承受国内经济压力方面，又与 A 国国内的剩余资源 $C-x(t)$ 成正比。前者给出关系

$$x'(t)=\lambda y(t) \tag{1}$$

后者给出关系

$$x'(t)=\mu\big(C-x(t)\big) \tag{2}$$

其中 $\lambda>0$、$\mu>0$ 均为系统参数。效果（1）和效果（2）的线性叠加对 A 国军费的变化量 $x'(t)$ 形成了综合控制，即

$$x'(t)=\lambda y(t)+\mu\big(C-x(t)\big) \tag{3}$$

这里之所以采用线性叠加，一方面是因为符合现实情况，另一方面也符合导数运算的线性结构（和的导数等于导数的和，即 $\big(f(x)+g(x)\big)'=f'(x)+g'(x)$）。在您看来，这种“变化量与状态量成正比”的现象是否是数学建模中很关键且普遍的现象呢？

你的体会很深刻，的确如此。实际上，“变化量与状态量成正比”这一规律支配着自然和社会的很多方面——微观如电流和电压的关系（即欧姆定律）、宏观如热的扩散过程及流体力学、长期如化石中碳 –14 的测定、短期如血液中的药物浓度变化规律，都受其支配。

哇！我以前从未想过，这些看起来毫不相干的领域居然会被同样的规律所支配。

这个规律的根源其实是热力学第二定律（熵增定律），影响着几乎所有的自然或社会现象；但它有很多伪装的形态，正因如此，我们虽然处于受其支配且无法逃离的旋涡中，却不见得能认出它。

有没有例子？

比如渗透压原理和半衰期原理。

我知道渗透压原理，比如，在建立药剂量模型时，它起到了关键作用。它指出单次注射药物之后 t 时刻血液中的药物浓度 $C(t)$（单位：mg/L）的变化速度 $C'(t)$，与血液中的药物浓度 $C(t)$ 与细胞中的药物浓度之差成正比；如果认为药物一旦进入细胞即被吸收，即细胞内药物浓度为 0，那么这个差在数值上就等于 $C(t)$。于是我们得以建立血液中药物浓度的动力学模型

$$C'(t) = -k \cdot C(t) \tag{4}$$

其中 $k > 0$ 为吸收率常数，k 的前面之所以带一个负号，是因为这个过程中药物浓度一直递减。

没错。那么半衰期原理呢？

这个我就不清楚了，我只记得生物书上讲述过通过测定碳 –14 的含量来判断化石年份的案例。

在物理学中，半衰期指的是“放射性元素的原子核有半数发生衰变所需的时间，在宏观尺度上和原子核的最初体量无关”。碳 –14 是碳元素的一种具有放射性的同位素，在 1940 年由美国科学家马丁 · 卡门（Martin Kamen）与同事塞缪尔 · 鲁宾（Samuel Ruben）共同发现，它通过宇宙射线撞击空气中的氮原子产生。由于它的半衰期对于人类生命尺度而言极为漫长（5700 年到 5800 年）、相对稳定（上下偏差一般不超过 40 年），并且在有机物中广泛存在，因此之后被美国科学家威拉德 · 利比（Willard Libby）加以利用，发明了碳 –14 年代测定法——这项发明也使其获得了 1960 年的诺贝尔化学奖。自发明之日起，碳 –14 年代测定法便被广泛用于考古学和地质学等领域。

为什么要强调“在宏观尺度上”呢？又为什么要强调“和最初体量无关”呢？

之所以强调“在宏观尺度上”，是因为半衰期原理并不能针对一团数量极少的原子核簇，而是面对数量庞大的原子核团时在宏观上显现出来的统计现象，只不过这个原子核团可以在宏观尺度上具有任意的大小——在微观尺度上，特别是面对单个原子核，我们很难预测其何时衰变以及是否衰变。之所以强调“和最初体量无关”，是因为如果半衰期受宏观体量大小影响，就会导致测定出来的年份受被测物品的大小影响，而这显然是不科学的。

那半衰期原理和渗透压原理又有什么关系呢？

血液中的药物浓度变化符合渗透压原理（4），它就一定也存在半衰期，并且和药物浓度的初始状态无关。实际上，通过方程（4）很容易解出

$$C(t)=C_0\mathrm{e}^{-kt} \tag{5}$$

其中 $C_0=C(0)$ 为血液中药物的初始浓度。如果设经过 T 时间血液中药物浓度变为最初的一半，你能计算出 T 的表达式吗？

这个容易，只需要解如下指数方程

$$\frac{1}{2}C_0=C_0\mathrm{e}^{-kT} \tag{6}$$

解得 $T=\frac{1}{k}\ln 2$。啊！我明白了，这个 T 和 C_0 无关，仅和吸收率常数 k 有关！这就意味着 $C(t)$ 的变化规律符合半衰期原理！

神奇的是，在一定条件下，反过来也对——符合半衰期原理就一定符合渗透压原理！

您能解释一下吗？

假设函数 $f(t)$ 满足半衰期原理，我们推导它符合渗透压原理。由于半衰期和初始状态无关，因此可以认为对于函数 $f(t)$ 而言，存在常数 T，使得无论 t 为何值时，均有

$$f(t+T)=\frac{1}{2}f(t) \tag{7}$$

这显然可以推出

$$f((n+1)T)=\frac{1}{2}f(nT) \tag{8}$$

于是利用高中所学的等比数列相关知识可得

$$f(nT)=f(0)\cdot 2^{-n} \tag{9}$$

观察变化量

$$f((n+1)T)-f(nT)=f(0)\cdot 2^{-(n+1)}-f(0)\cdot 2^{-n}=-f(0)\cdot 2^{-(n+1)}=-f((n+1)T)$$

可得

$$\frac{f((n+1)T)-f(nT)}{T}=-\frac{1}{T}\cdot f((n+1)T) \tag{10}$$

这个式子左侧为 $f(x)$ 在时段 $[nT,(n+1)T]$ 中的平均变化率，不妨记为 $k_f((n+1)T)$。如果再将 $\frac{1}{T}$，即半衰期频率记为 ω（单位：赫兹），则有

$$k_f((n+1)T)=-\omega\cdot f((n+1)T) \tag{11}$$

这就和前面的渗透压原理方程（4）很像了。

有没有办法将离散的（11）式变为光滑形态下的（4）式，使得二者真正一致呢?

有办法，但是需要添加两个条件。一个是光滑性条件，即$f(t)$可求导且其导函数连续。另一个条件是半衰期原理（7）式符合所谓的“同伦插值性”，即对于$\forall\lambda\in[0,1]$均有

$$f(t+\lambda T)=\frac{1}{2^{\lambda}}f(t) \qquad (12)$$

这很容易理解——既然经过时间T，函数值$f(t)$降低到原来的$\frac{1}{2}$，那么经过$\lambda T\in[0,T]$时间后，函数值就应当降低到原来的$\frac{1}{2^{\lambda}}$。

没错，这可以理解为对条件（7）的一个连续性延拓。之所以称为“同伦插值性”，是因为如果对（4）式和（12）式两边同时取对数，我们就会发现（12）式的对数形式是对（7）式的对数形式的线性插值，即

$$f(t+T)=\frac{1}{2}f(t)\Leftrightarrow \ln f(t+T)=\ln f(t)+\ln\frac{1}{2} \qquad (13)$$

$$f(t+\lambda T)=\frac{1}{2^{\lambda}}f(t)\Leftrightarrow \ln f(t+\lambda T)=\ln f(t)+\lambda\ln\frac{1}{2} \qquad (14)$$

一旦有了（12）式，（9）式就可以变为

$$f(n\lambda T)=f(0)\cdot 2^{-\lambda n} \qquad (15)$$

设$x=n\lambda T$，则上式可变为

$$f(x)=f(0)\cdot 2^{-x/T}=f(0)\cdot \mathrm{e}^{-\ln 2/T\cdot x}=f(0)\cdot \mathrm{e}^{-kx} \qquad (16)$$

其中$k=\ln 2/T$为常数。根据光滑性条件，对（16）式两边求导可得

$$f'(x)=-k\cdot f(0)\cdot \mathrm{e}^{-kx}=-k\cdot f(x) \qquad (17)$$

这就和（4）式的形式彻底相同了！

所以在光滑性假设和同伦插值性假设下，渗透压原理（4）式等价于半衰期原理（7）式。这简直太奇妙了！原来，渗透压原理和半衰期原理其实是一回事。

没错，但更加奇妙的还在后面。刚才我们的讨论都集中在无源扩散上，即系统在没有持续不断的补充的情况下，仅仅消耗存量——血液中的药物没有持续的额外补充，碳-14也是如此。但当我们考虑有源情形时，半衰期原理就不再适用了，因为物质的量一直通过外部能量的补充维持在某一水平上——但此时渗透压原理依然成立，一个最典型的例子就是高中物理课上讲到的欧姆定律——在稳定电路中，电流与电压成正比，比例系数为电路中总电阻的倒数（实际上这也是电阻的一种定义方式），即

$$I=\frac{U}{R}\propto U \tag{18}$$

看来，和生物学毫不相干的电学中居然也有这种符合渗透压原理的例子。

其实，并不能说二者毫不相干，实际上它们都是扩散方程的特例。历史上对欧姆定律的发现过程也体现了这层关系——欧姆定律的研究最初就是受到了傅里叶的热传导方程的启发，那时候傅里叶就认为，导热材料中两点间的热流量与这两点的温度之差成正比。以现代观点来看，傅里叶的假设与“导电材料中两点间的电流与这两点间的电势之差成正比”具有很强的相似性。

您刚才说到热传导方程，又说到扩散方程，它们都是什么啊？

热传导方程是用来描述热量传导规律的方程。简便起见，我们考虑二维情况，它的形式如下：

$$\frac{\mathrm{d}}{\mathrm{d}t}\rho_t=\lambda\left(\frac{\partial^2}{\partial x^2}\rho+\frac{\partial^2}{\partial y^2}\rho\right) \tag{19}$$

其中 $\lambda>0$ 为热传导系数，为系统参数。温度密度函数 $\rho_t=\rho(t,x,y)$ 为以时间

t 和平面内位置 (x,y) 为自变量的三元函数，且对每个变量充分光滑（可无限阶求导）。简便起见，可假设其空间定义域（即位置 (x,y) 所处的范围）为整个二维欧氏平面 $\mathbb{R}^2$。

什么是“温度密度函数”？

首先来理解关于温度的“密度函数” $\rho(x,y)$（单位 ℃/m^2），它在定义域所处空间的每个点 (x,y) 处均有取值，但其取值是该点处的温度密度而非温度——只有取某个具有面积的小区域，求这个函数在此区域的累加值（即积分），才对应该小区域的温度。

也就是说，单点处的温度密度可能非零，但单点处的温度值为零——就像一块铁板上的一点处的密度非零，但因为点没有大小和厚度，所以单点处的质量为零。

说得没错。现在再考虑这个温度密度函数 $\rho(x,y)$ 随时间 t 的变化，即每个时刻空间中的温度密度分布允许随时间 t 变化，于是需要引入一个时间参数 t，这就构成了三元函数 $\rho(t,x,y)$。

根据我的理解，$\frac{\mathrm{d}}{\mathrm{d}t}$ 是将 ρ 看成关于 t 的一元函数 ρ_t，对其求导函数。$\frac{\partial^2}{\partial x^2}$ 是什么呢?

$\frac{\partial}{\partial x}$ 为偏导算符，可以将其理解为固定除了变量 x 外的所有自变量的取值，仅考虑 x 的变化，这时函数 ρ 就变为关于 x 的单变量函数，$\frac{\partial}{\partial x}\rho$ 为这个单变量函数关于 x 的导函数，$\frac{\partial^2}{\partial x^2}\rho$ 为该单变量函数的二阶导函数，即 $\frac{\partial^2}{\partial x^2}\rho=\frac{\partial}{\partial x}\left(\frac{\partial}{\partial x}\rho\right)$。对“$\frac{\partial^2}{\partial y^2}$”的理解与此类似。

我能从数学上理解 $\frac{\partial^2}{\partial x^2}\rho+\frac{\partial^2}{\partial y^2}\rho$ 的含义，可它有什么实际意义吗?

其实，它的实际意义很明确，代表了(x,y)周围的温度与(x,y)处温度之差的平均值。

可以说得再明确一些吗？

观察图 27-1，我们取定义域平面内的一个九宫格区域，它由 9 个边长为 d 的小方格组成。d 可以取得很小，再基于$\rho(t,x,y)$随位置变化的光滑性假设，可认为每个小方格中的温度密度为常数，等同于每个小方格中心点（即图 27-1 中红色点）的温度密度。于是外围四个红点所在绿色小方格的温度（单位：°C）分别为（注意：温度密度乘以区域面积才是温度）

$$\rho(t,x+d,y)\cdot d^2、\rho(t,x-d,y)\cdot d^2、\rho(t,x,y+d)\cdot d^2、\rho(t,x,y-d)\cdot d^2$$

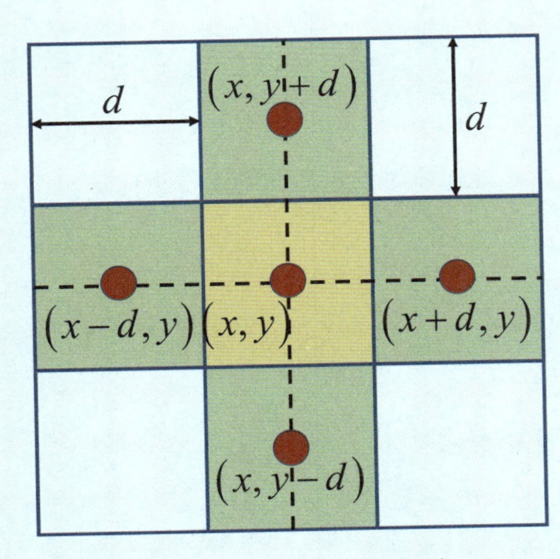

图 27-1 温度势差解释图

中心红点所在黄色小方格的温度为$\rho(t,x,y)\cdot d^2$，于是黄色小方格与它周围四个绿色小方格的温度之差的和（单位：°C）为

$$\begin{aligned}\Delta T(t,x,y)=&\left(\rho(t,x+d,y)\cdot d^2-\rho(t,x,y)\cdot d^2\right)+\left(\rho(t,x-d,y)\cdot d^2-\rho(t,x,y)\cdot d^2\right)+\\&\left(\rho(t,x,y+d)\cdot d^2-\rho(t,x,y)\cdot d^2\right)+\left(\rho(t,x,y-d)\cdot d^2-\rho(t,x,y)\cdot d^2\right)\\=&d^2\Big(\left(\rho(t,x+d,y)-\rho(t,x,y)\right)+\left(\rho(t,x-d,y)-\rho(t,x,y)\right)+\\&\left(\rho(t,x,y+d)-\rho(t,x,y)\right)+\left(\rho(t,x,y-d)-\rho(t,x,y)\right)\Big)\end{aligned}\tag{20}$$

注意到

$$\rho(t,x+d,y)-\rho(t,x,y)\approx\frac{\partial\rho}{\partial x}(t,x,y)\cdot d \tag{21}$$

$$\rho(t,x-d,y)-\rho(t,x,y)\approx-\frac{\partial\rho}{\partial x}(t,x-d,y)\cdot d \tag{22}$$

$$\rho(t,x,y+d)-\rho(t,x,y)\approx\frac{\partial\rho}{\partial y}(t,x,y)\cdot d \tag{23}$$

$$\rho(t,x,y-d)-\rho(t,x,y)\approx-\frac{\partial\rho}{\partial y}(t,x,y-d)\cdot d \tag{24}$$

这是因为根据导数定义，当 d 的绝对值很小时，有近似

$$f'(x)\approx\frac{f(x+d)-f(x)}{d} \tag{25}$$

于是有

$$f(x+d)-f(x)\approx f'(x)\cdot d \tag{26}$$

我记得，这是前面讨论过多次的欧拉近似法。

没错。将（21）~（24）式代入（20）式可得

$$\begin{aligned}\Delta T(t,x,y)&\approx d^3\left(\left(\frac{\partial\rho}{\partial x}(t,x,y)-\frac{\partial\rho}{\partial x}(t,x-d,y)\right)+\left(\frac{\partial\rho}{\partial y}(t,x,y)-\frac{\partial\rho}{\partial y}(t,x,y-d)\right)\right)\\&\approx d^3\left(\frac{\partial^2\rho}{\partial x^2}(t,x,y)\cdot d+\frac{\partial^2\rho}{\partial y^2}(t,x,y)\cdot d\right)\\&=d^4\left(\frac{\partial^2\rho}{\partial x^2}(t,x,y)+\frac{\partial^2\rho}{\partial y^2}(t,x,y)\right)\end{aligned} \tag{27}$$

再考虑到小正方形的面积为 d^2，用上面的温度差除以面积，则得到单位面积上的平均温度差（单位：$°C/m^2$）

$$\overline{\Delta T}(t,x,y)=\frac{1}{d^2}\Delta T(t,x,y)\approx d^2\left(\frac{\partial^2\rho}{\partial x^2}(t,x,y)+\frac{\partial^2\rho}{\partial y^2}(t,x,y)\right) \tag{28}$$

我想到了！如果将（19）式左右两边分别乘以小正方形面积d^2，左边就变为

$$d^2 \cdot \frac{\mathrm{d}}{\mathrm{d}t}\rho_t = \frac{\mathrm{d}}{\mathrm{d}t}\left(\rho_t d^2\right) = \frac{\mathrm{d}}{\mathrm{d}t}T_t \tag{29}$$

其中$T_t = \rho_t d^2$为图 27-1 中间的黄色小方格在时刻t的温度（再次回顾：温度密度乘以区域面积才是温度）。将（28）式和（29）式代入（19）式，注意在光滑性假设下，当$d \to 0$时，这些公式中的“≈”变为“=”。于是有

$$\frac{\mathrm{d}}{\mathrm{d}t}T_t = \frac{\mathrm{d}}{\mathrm{d}t}\left(\rho_t d^2\right) = \lambda d^2\left(\frac{\partial^2}{\partial x^2}\rho + \frac{\partial^2}{\partial y^2}\rho\right) = \lambda \cdot \overline{\Delta T}(t,x,y)$$

即

$$\frac{\mathrm{d}}{\mathrm{d}t}T_t = \lambda \cdot \overline{\Delta T}(t,x,y) \tag{30}$$

这就意味着方程（19）的含义其实和渗透压原理类似——一点周围与此点处的平均温度差越大，温度变化速度就越快。

没错，所以热传导方程其实和欧姆定律、渗透压原理具有相同的观念——差别越大，边际效应越明显。

那么扩散方程又是什么呢？

扩散方程在形式上和热传导方程相同，为

$$\frac{\mathrm{d}}{\mathrm{d}t}f_t = \lambda\left(\frac{\partial^2}{\partial x^2}f + \frac{\partial^2}{\partial y^2}f\right) \tag{31}$$

其中$f = f(t,x,y)$为某种扩散量（比如热量，但不只是热量）的密度函数，且充分光滑（可无穷阶求导）。这个方程的适用范围很广泛，只要是符合“差别越大，边际效应越明显”这种规律的系统都可以用扩散方程加以描述。同时，它也很容易从平面被推广到三维甚至更高维，只需要将右侧变为

$$\frac{\mathrm{d}}{\mathrm{d}t}f_t = \lambda\left(\frac{\partial^2}{\partial x^2}f + \frac{\partial^2}{\partial y^2}f + \frac{\partial^2}{\partial z^2}f\right) \tag{32}$$

或添加更多的二阶偏导项即可。有时候为了方便，引入算符“Δ”（拉普拉

斯算符）。

$$\Delta f=\frac{\partial^2}{\partial x^2}f+\frac{\partial^2}{\partial y^2}f+\frac{\partial^2}{\partial z^2}f \tag{33}$$

则任意维度的扩散方程形式均为

$$\frac{\mathrm{d}}{\mathrm{d}t}f_t=\lambda\cdot\Delta f \tag{34}$$

回到平面情形，我有一种感觉：$f(t,x,y)$会天然地诱导出一个场。

这个感觉很好，你能展开说说吗？

我觉得可以用如下方式想象$\rho(t,x,y)$——平面上撒了一些沙子，有的地方沙层厚一些，有的地方沙层薄一些，形成了平面上不同点处的沙堆质量分布，这个分布函数会随着时间变化，就像平面上的沙子随时间游走一样。这时，如果关注每个时刻、每个位置上沙子的运动速度（方向和大小），就得到了平面上的一个向量场$\vec{v}(t,x,y)$。反过来，给出这个平面向量场$\vec{v}(t,x,y)$，以及初始密度分布函数$\rho(0,x,y)$，相当于已知沙子的初始分布和每个时刻的运动速度，进而就能恢复出任意时刻t的密度分布函数$\rho(t,x,y)$了！

你的想法很好，但是有一点缺陷。那就是你所谓的$\rho(t,x,y)$诱导出的向量场其实可以有多个，这就像沙粒甲流到 A 处、沙粒乙流到 B 处，和沙粒甲流到 B 处、沙粒乙流到 A 处，对于密度分布函数而言没有区别。所以刚才的这种对应关系并非一一对应。

确实，这里面存在一对多的情况。

为了弥补这个缺陷，在数学和物理上通常以$\left(\rho(t,x,y),\vec{v}(t,x,y)\right)$来唯一确定流体系统。也就是既要考虑密度分布函数$\rho(t,x,y)$，也要考虑向量场$\vec{v}(t,x,y)$，只有把二者都搞清楚了，才能说对整个流体系统有了清楚的认识。

但我认为二者肯定不是相互独立的，否则可以想象，如果向量场一直从某点发散，这一点处的密度就会一直下降，直到真空，这显然是不合理的。

你的直觉很准确。如果流体系统是封闭的，那么它至少必须符合质量守恒定律。换句话说，一个区域的质量变化量，一定等于流入该区域的质量与流出该区域的质量之差——根据质量守恒定律，我们就能得到 $\rho(t,x,y)$ 和 $\vec{v}(t,x,y)$ 之间所需满足的关系。

您能具体说说吗？

设 $\vec{v}=(v_1,v_2)$，其中 $v_1=v_1(t,x,y)$、$v_2=v_2(t,x,y)$ 为关于向量场 $\vec{v}(t,x,y)$ 沿着横、纵坐标的分量函数。依然使用图 27-1 进行局部考察。在时刻 t 沿水平方向流入 (x,y) 所处中心黄色小方格的质量为

$$m_{x入}=\rho(t,x-d,y)v_1(t,x-d,y)d \tag{35}$$

沿水平方向流出 (x,y) 所处中心黄色小方格的质量为

$$m_{x出}=\rho(t,x,y)v_1(t,x,y)d \tag{36}$$

所以沿水平方向净流入中心黄色小方格的质量为

$$m_x=d\big(v_1(t,x-d,y)\rho(t,x-d,y)-v_1(t,x,y)\rho(t,x,y)\big)=-d^2\cdot\frac{\partial(v_1\rho)}{\partial x}(t,x,y) \tag{37}$$

最右边的等号再次用到了欧拉近似。同理，沿竖直方向净流入中心黄色小方格的质量为

$$m_y=d\big(v_2(t,x,y-d)\rho(t,x,y-d)-v_2(t,x,y)\rho(t,x,y)\big)=-d^2\cdot\frac{\partial(v_2\rho)}{\partial y}(t,x,y) \tag{38}$$

于是净流入中心黄色小方格的总质量为

$$m_x+m_y=-d^2\left(\frac{\partial(v_1\rho)}{\partial x}(t,x,y)+\frac{\partial(v_2\rho)}{\partial y}(t,x,y)\right)=-d^2\cdot\left(\frac{\partial}{\partial x},\frac{\partial}{\partial y}\right)\cdot\vec{v}\rho \tag{39}$$

其中最后一个等号在形式上利用了向量的数量积的运算方式，以简化表达。再注意到

$$\frac{\mathrm{d}\rho}{\mathrm{d}t}\cdot d^2=\frac{\mathrm{d}m}{\mathrm{d}t}=m_x+m_y \tag{40}$$

进而可得

$$\frac{\mathrm{d}\rho}{\mathrm{d}t}=-\left(\frac{\partial}{\partial x},\frac{\partial}{\partial y}\right)\cdot\vec{v}\rho \tag{41}$$

如果用 $\nabla=\left(\frac{\partial}{\partial x},\frac{\partial}{\partial y}\right)$ 代表梯度算符，那么上式则可简化表达为

$$\frac{\mathrm{d}\rho}{\mathrm{d}t}=-\nabla\cdot\vec{v}\rho \tag{42}$$

其中 $\nabla\cdot\vec{v}\rho$ 表示梯度算符和场 $\vec{v}\rho$ 作为向量的数量积。方程（42）在流体力学中被称为连续性方程，它的物理意义就是质量守恒定律。

原来质量守恒定律还有这样的作用，居然能用它得到密度分布和向量场之间的关系！

不仅如此，密度分布函数 $\rho(t,x,y)$ 天然地和概率密度函数也有关联——$\rho(t,x,y)$ 在每点 (x,y) 处的取值非负，且定义域内取值之和（积分）为定值，不妨设为 1（如果和为 $S\neq1$，则可用 $\frac{\rho}{S}$ 代替原来的 ρ，使和变为 1）。涉及概率分布，有一种办法来衡量它的混乱程度……

我记得，是信息熵！我们之前讨论过多次。

没错。但之前讨论的信息熵都是对离散随机变量而言的，其定义在形式上是离散求和。对于密度分布函数 $\rho(t,x,y)$，如果将其视为概率密度函数，那么是否也可以定义出类似于信息熵的结构，从而度量其密度分布的混乱程度呢？

我觉得，可以把针对离散随机变量的有限和变为针对连续随机变量的积分。比如，可以定义 t 时刻密度分布函数 $\rho(t,x,y)$ 的“熵”为

$$E(t)=\int_{\Omega}\rho\ln\frac{1}{\rho}\,\mathrm{d}s=-\int_{\Omega}\rho\ln\rho\,\mathrm{d}s \tag{43}$$

其中“$\int_{\Omega}$”代表对 $\rho(t,x,y)$ 所定义的整个平面积分，“ds”代表面积微元 $\mathrm{d}x\mathrm{d}y$。

很好。给定密度分布函数 $\rho(t,x,y)$，这个积分值是关于时间 t 的单变量函数。这个式子其实并没有显式地反映出流体场 $\vec{v}$ 的作用，你觉得这是为什么呢？

我觉得这很自然，因为不同的流体场可能对应着同样的混乱程度，即熵。

确实如此。但这也就意味着，作为时间的函数的变化，熵其实受到了流体场 $\vec{v}$ 的影响。换句话说，有的 $\vec{v}$ 会使熵的变化快一些，有的 $\vec{v}$ 会使熵的变化慢一些。

这让我想起了梯度的概念，梯度就是用来衡量一个函数沿着哪个方向变化最快。我们是否可以类似地求出，熵在哪个流体场 $\vec{v}$ 下的变化最快呢？

很好的问题，其实它就等价于求熵 $E(t)$ 的梯度。

我想不到计算的方法，具体如何计算呢？

回忆 $\rho_t=\rho(t,x,y)$ 为 t 时刻的密度分布函数，为了计算 $E(t)$ 变化最快的方向，自然要计算 $E(t)$ 的导函数

$$\frac{\mathrm{d}}{\mathrm{d}t}E(t)=-\int_{\Omega}\rho_t'\ln\rho_t\,\mathrm{d}s-\int_{\Omega}\rho_t\frac{\rho_t'}{\rho_t}\,\mathrm{d}s=-\int_{\Omega}(1+\ln\rho_t)\rho_t'\,\mathrm{d}s \tag{44}$$

注意到质量守恒定律，或等价地，考虑流体的连续性方程（42），可得

$$\int_{\Omega}\rho_t'\,\mathrm{d}s=-\int_{\Omega}\nabla\cdot\left(\vec{v}\rho_t\right)\mathrm{d}s=-\int_{\partial\Omega}\vec{v}\rho_t\,\mathrm{d}\tau=0 \tag{45}$$

其中导数中的第二个等式是斯托克斯公式，即

$$\int_{\tau\in\Omega}\nabla\cdot\vec{v}(x,y)\mathrm{d}s=\int_{\tau\in\partial\Omega}\vec{v}(x,y)\mathrm{d}\tau \tag{46}$$

其中左侧为通常积分，右侧为曲线积分，$\partial\Omega$ 表示 Ω 的边界。（不熟悉的读者可以承认（46）式，不影响进一步阅读。）（45）式最后一个等号之所以成立，是因为根据之前的假设，Ω 为整个平面，$\partial\Omega$ 作为 Ω 的边界为空集，其上的积分值自然为 0。将连续性方程（42）式和（45）式代入（44）式可得

$$\begin{aligned}\frac{\mathrm{d}}{\mathrm{d}t}E(t)&=\int_{\Omega}\ln\rho_t\ \nabla\cdot\left(\vec{v}\rho_t\right)\mathrm{d}s\\&=\int_{\Omega}\nabla\cdot\left(\ln\rho_t\ \vec{v}\rho_t\right)\mathrm{d}s-\int_{\Omega}\nabla\left(\ln\rho_t\right)\cdot\vec{v}\rho_t\mathrm{d}s\\&=-\int_{\Omega}\left(\nabla\left(\ln\rho_t\right)\rho_t\cdot\vec{v}\right)\mathrm{d}s\end{aligned}\tag{47}$$

其中第二个等式实际上根据分部积分公式

$$\int_{\Omega}\left(f\cdot g\right)'\mathrm{d}s=\int_{\Omega}\left(f'\cdot g\right)\mathrm{d}s+\int_{\Omega}\left(f\cdot g'\right)\mathrm{d}s\tag{48}$$

只不过将导数换成了多元情形下的梯度，其微分形式就是两个函数乘积的求导运算的运算律

$$\left(f\cdot g\right)'=f'\cdot g+f\cdot g'\tag{49}$$

（47）式中的第三个等式也是使用斯托克斯公式

$$\int_{\Omega}\nabla\cdot\left(\ln\rho_t\ \vec{v}\rho_t\right)\mathrm{d}s=\int_{\partial\Omega}\ln\rho_t\ \vec{v}\rho_t\ \mathrm{d}\tau=0\tag{50}$$

因为 $\vec{v}$ 和 $\nabla\left(\ln\rho_t\right)\rho_t$ 均为向量形式，所以（47）式第三个等式中的 $\nabla\left(\ln\rho_t\right)\rho_t\cdot\vec{v}$ 为向量的数量积运算。基于这个结果，你能看出沿着哪个流场 $\vec{v}$ 运动时 $E(t)$ 变化最快吗？

$E(t)$ 变化最快，也就是当 $\frac{\mathrm{d}}{\mathrm{d}t}E(t)$ 取最值时，根据（47）式，也就是 $\int_{\Omega}\left(\nabla\left(\ln\rho_t\right)\rho_t\cdot\vec{v}\right)\mathrm{d}s$ 取最值，只需每一点处向量场 $\vec{v}$ 和向量场 $\nabla\left(\ln\rho_t\right)\rho_t$ 平行即可……我明白了，由于 ρ_t 为标量函数，不影响 $\nabla\left(\ln\rho_t\right)\rho_t$ 的方向，因此上述结果相当于指出了 $\nabla\left(\ln\rho_t\right)$ 就是使得 $E(t)$ 变化最快的流场方向。换句话说，熵 $E(t)$ 的梯度场 $\vec{v}$ 应平行于梯度场 $\nabla\left(\ln\rho_t\right)$。

非常好！还可以进一步化简，实际上我们有

$$\vec{v}\parallel\nabla\left(\ln\rho_t\right)=\frac{\nabla\rho_t}{\rho_t}\parallel\nabla\rho_t\tag{51}$$

在不考虑速率，只考虑方向的情况下，可以认为$\vec{v}=\nabla(\ln\rho_t)$，代入连续性方程（42），可得

$$0=\frac{\partial\rho_t}{\partial t}+\nabla\cdot\left(-\vec{v}\rho_t\right)=\frac{\partial\rho_t}{\partial t}+\nabla\cdot\left(-\frac{\nabla\rho_t}{\rho_t}\rho_t\right)=\frac{\partial\rho_t}{\partial t}-\Delta\rho_t \tag{52}$$

其中最后一个等式用到梯度算符∇和拉普拉斯算符Δ之间的运算关系：

$$\nabla\cdot\nabla=\left(\frac{\partial}{\partial x},\frac{\partial}{\partial y}\right)\cdot\left(\frac{\partial}{\partial x},\frac{\partial}{\partial y}\right)=\left(\frac{\partial^2}{\partial x^2},\frac{\partial^2}{\partial y^2}\right)=\Delta \tag{53}$$

等等！我好像在哪里见过（52）式……它不就是热传导方程（19）吗？只不过是导热系数$\lambda=1$的情况。

没错！而且如果不坚持时间的绝对性，用$\frac{t}{\lambda}$替换（19）式中原来的t，即调整一下时间的流速，则（19）式便和（51）式在形式上完全一样了。同时，完全可以换一个侧面来理解$\rho_t(x,y)$，将其看成

$$\rho_t(x,y)=\rho(t,x,y)=\rho_{(x,y)}(t) \tag{54}$$

即将$\rho(t,x,y)$视为初始位于(x,y)的粒子沿着流体场运动t时间后的位置$\rho_{(x,y)}(t)$，这就构成了一条轨线，与上一次关于向量场的讨论类比，我们可以等价地将其视为向量场里的流（即给定初始值后的解曲线）。

结合（51）式和（52）式，这岂不是说明了“熵的梯度流就是热的传导流”吗？

完全正确！这正是本次对话前面所讨论的“差别越大，边际效应越明显”这一理念的终极原理。支配自然世界扩散效应的其实是热力学第二定律，也就是熵增定律——孤立热力学系统的熵不减少，总是增大或者不变。用刚才的结果来描述，在没有外部激励的情况下，热力流（或和热力流类似的扩散流体）自动沿着熵的梯度场方向演化。

原来如此！难怪爱因斯坦曾将熵增定律推崇为“科学第一定律”。

我们曾经在对话 13 中讨论过熵增原理，并将其作为数学建模中可以借鉴的十大现代科学范式之一。我们的生命从青春到衰老，一个公司从初创到倒闭，一个国家从兴盛到衰落，一个文明从璀璨到落寞，从某种程度上都符合这个原理。

向量场真是一个神奇的东西，可以帮助我们挖掘出如此深刻的规律——虽然它的计算看起来不是很友好，充满了各种高深的算符……

其实向量场并非不友好，我们可以通过与在中学所学过的复数类比来认识它。

这怎么可能？复数是一个数，但向量场是向量结构，二者如何建立起联系呢？

我们先来回顾一下复数的指数表达形式。任给一个复数 $z=a+b\mathrm{i}\in\mathbb{C}$，其中 $a\in\mathbb{R}$ 为其实部，$b\in\mathbb{R}$ 为其虚部。假设 $z\neq 0$，则有

$$a+b\mathrm{i}=\sqrt{a^2+b^2}\left(\frac{a}{\sqrt{a^2+b^2}}+\frac{b}{\sqrt{a^2+b^2}}\mathrm{i}\right) \tag{55}$$

由于 $\left(\frac{a}{\sqrt{a^2+b^2}}\right)^2+\left(\frac{b}{\sqrt{a^2+b^2}}\right)^2=1$，不妨设 $\frac{a}{\sqrt{a^2+b^2}}=\cos\theta$、$\frac{b}{\sqrt{a^2+b^2}}=\sin\theta$，其中 $\theta\in[0,2\pi)$ 为辅助角。我们注意到作为复数的模长 $|z|=\sqrt{a^2+b^2}$，于是（55）式可写为

$$a+b\mathrm{i}=|z|(\cos\theta+\sin\theta\cdot\mathrm{i}) \tag{56}$$

再根据欧拉公式（在形式上，只需要将等式左右同时展开为泰勒级数，即可证明）

$$\cos\theta+\sin\theta\cdot\mathrm{i}=\mathrm{e}^{\mathrm{i}\theta} \tag{57}$$

（56）式可进一步写为

$$z=|z|\mathrm{e}^{\mathrm{i}\theta} \tag{58}$$

这和向量场又有什么关系呢？

别急。数学上有一个非常重要的定理——霍奇－赫姆霍兹定理，它说的是任意的光滑向量场$\vec{v}$（即各分量均为无穷阶可导函数的场）一定可以唯一分解为一个零散度场$\vec{w}$和一个梯度场$\nabla\rho$的和，即

$$\vec{v}=\vec{w}+\nabla\rho \tag{59}$$

其中$\vec{w}$满足$\nabla\cdot\vec{w}=0$（即散度为零）。

为什么$\nabla\cdot\vec{w}=0$代表散度为零？“散度”又是什么？

顾名思义，散度衡量的就是向量场的发散程度，计算$\nabla\cdot\vec{w}=0$可得

$$\nabla\cdot\vec{w}=\left(\frac{\partial}{\partial x},\frac{\partial}{\partial y}\right)\cdot(w_1,w_2)=\frac{\partial}{\partial x}w_1+\frac{\partial}{\partial y}w_2 \tag{60}$$

根据类似于（39）式的推导过程可知，（60）式最右侧的两项分别代表沿着x方向和y方向在单位时间内通过单位截面净流出的物质的量，于是用$\nabla\cdot\vec{w}$就自然地表示了$\vec{w}$的“发散程度”。

那分解（59）因何而成立呢？

这需要用到泊松方程理论，不妨承认一个结论：对于任意的光滑函数f，关于u的方程

$$\Delta u=f \tag{61}$$

在给定初始状态下总存在唯一解。其中Δ代表拉普拉斯算符$\frac{\partial^2}{\partial x^2}+\frac{\partial^2}{\partial y^2}$。于是分解（59）的存在唯一性由如下泊松方程的特例保证。

$$\Delta u=\nabla\cdot\vec{v} \tag{62}$$

记

$$\vec{w}=\vec{v}-\nabla u \tag{63}$$

则有

$$\nabla \cdot \vec{w} = \nabla \cdot \vec{v} - \nabla \cdot \nabla u = \nabla \cdot \vec{v} - \Delta u = 0 \qquad (64)$$

即如此构造的向量场 $\vec{v} - \nabla u$ 散度为零。于是由（63）式就直接推出了分解（59）成立，其中 ρ 为泊松方程（62）在给定初始条件下的唯一解。

但是这又和复数的指数表达形式有什么关系呢?

对比（58）式和分解（59），为了方便起见，将它们重新抄写如下。

$$z = |z| \mathrm{e}^{\mathrm{i}\theta} \text{ VS } \vec{v} = \nabla \rho + \vec{w}$$

如果对指数表达两边同时取对数（复数的对数可以通过幂级数方式从实数范围内推广），变为

$$\ln z = \ln|z| + \theta \mathrm{i} \text{ VS } \vec{v} = \nabla \rho + \vec{w} \qquad (65)$$

你能看出什么来吗?

啊，我看出来了！对比（65）中的两个式子，第一个式子给出了复数的对数的唯一分解，第二个式子给出了光滑向量场的唯一分解，且这两个分解的第二项都代表旋转（$\vec{w}$ 为无散场，在平面内，无散场限制局部上只能是旋转，$\theta\mathrm{i}$ 本身就代表旋转的角），第一项都代表发散（梯度场是密度分布函数变化最快的方向，模长 $|z|$ 改变的效果是沿着复平面原点到复数 z 的方向伸缩，也是发散的最快方向）。所以霍奇－赫姆霍兹定理中的分解其实可以被视为对复数的指数表达的场化推广。

没错！现在你还觉得向量场神秘吗?

以前，我从未将复杂而抽象的向量场与具体而简洁的复数联系在一起，更未曾想过“差别越大，边际效应越明显”原来源自熵增定律，我今天第一次看清了这一点！今天的讨论让我对向量场有了全新的认识，复杂如向量场，其实也是很直观的对发散和旋转理念的承袭。这让我想起曾经在某本书里看到过，法国数学家、哲学家笛卡儿曾于 1644 年提出“以太旋涡学说”，他认为

在连续的世界中，物体只有相互接触才能产生运动，并将“以太”作为充满整个宇宙的一种连续、具有可压缩性、物体之间的接触媒介。

确实如此。当时笛卡儿认为，宇宙星辰的不同半径和周期的圆周运动（当时还没有提出椭圆轨道理论，更没有万有引力）产生的原因是各个星体处于激烈的以太旋涡中。虽然后来人们逐渐抛弃了这种观点，但不得不说，从霍奇－赫姆霍兹定理的角度而言，宇宙中无处不在的向量场（宏观上大多是光滑的）确实有类似于旋涡的特征。

科学的探索之路真是一条奥妙无穷、曲折反复、循环上升的追寻意义之路，经过这次讨论，我好像对这条道路的审美和哲学意义又加深了一层体会。谢谢朱老师！

对话 28：

进制与分类

人物：数学老师朱老师、学生王同学

朱老师，您在对话 13 中介绍信息熵的实际意义时使用了二进制，并结合二叉树讲述了如何使用 3 个二分类器实现对 7 类物品的分类。从那时起，我就一直对进制与分类之间的关系很感兴趣。在高中学习二项分布和正态分布时，我也学习到多次独立同分布的 0-1 结果（也可以被看作二进制下比特位的取值）的试验中，成功次数的分布即为二项分布，并且当正态分布作为实验次数趋于无穷时，二项分布的极限分布展现出了和二项分布相似的性质。当时我就在想，进制、分类和分布之间是否存在某些更深层次的关联呢？

你这个想法很有意思，从某种意义上，我们可以认为

$$进制 \approx 分类 \approx 分布$$

何以见得呢？

对话 13 中利用进制的思想，实现了使用二分类器实现任意多分类的效果。反过来，任何分类都可以被放到二叉树或多叉树中，对应不同的进制表达。具体来说，对于任意大于 1 的正整数 d，我们可以构造 d 叉树，图 28-1 给出了二层三叉树的图示。

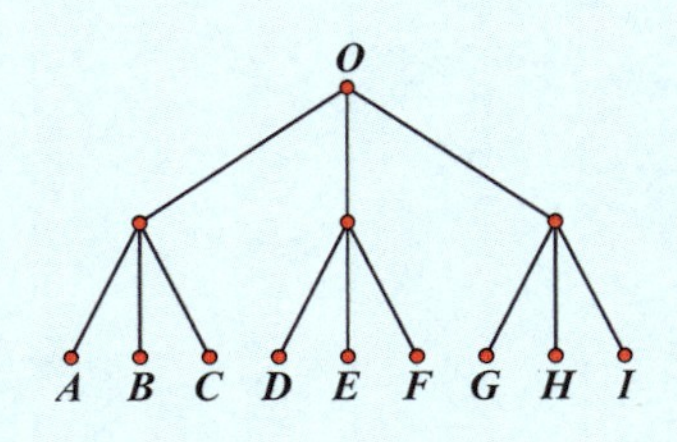

图 28-1　二层三叉树

我们以三叉树为例，将图 28-1 中标记字母 A~I 的结点称作“末梢结点”，将标记字母 O 的结点称为树的“根结点”。每个末梢结点从根结点的生长方式其实就对应着这个结点的三进制表达——每一次分叉行为有三个选择：向左、居中和向右，我们赋予这三种行为以不同的权重：将向左标记为 0，将居中标记为 1，将向右标记为 2。让我们从根结点 O 出发，找到生长到某个末梢结点的唯一路径，依次将所经历路径的权重记录下来，最后再加 1，便能得到相应字母的三进制表达。

我试试。比如，A 是从左到右第 1 个末梢结点，其三进制表达为 $(01)_3$；从 O 到 A 的生长路径经历了两次向左分叉，权重均为 0，对应的三进制表达为 $(00)_3$，再加 1，就得到了 $(01)_3$。再比如，G 是从左到右第 7 个末梢结点，其三进制表达为 $(21)_3$；从 O 到 G 的生长路径先经历了一次向右分叉，又经历了一次向左分叉，权重依次为 2 和 0，对应的三进制表达为 $(20)_3$，再加 1，即为 $(21)_3$。再比如，F 是从左到右第 6 个末梢结点，其三进制表达为 $(20)_3$；从 O 到 F 的生长路径先经历了一次居中分叉，又经历了一次向右分叉，权重依次为 1 和 2，对应的三进制表达为 $(12)_3$，再加 1，考虑到在三进制下 1+2 需进位，则得到 $(20)_3$。看起来确实如您所说。

把这个规律放到一般的 d 进制和 d 叉树上也对，其中 d 为大于 1 的正整数。

这时候就要对分叉的权重做出相应改变，从刚才 3 分叉时的权重 0, 1, 2，变为 d 分叉时的权重 $0, 1, 2, \cdots, d-1$！

没错。我们依然从左到右对这些权重赋予不同的分叉行为，对沿最左侧道路分叉赋予权重 0，对沿从左数第 2 条道路分叉赋予权重 1，对沿从左数第 3 条道路分叉赋予权重 2，以此类推。现在假设从根结点生长到某个末梢结点，方便起见，不妨记此生长路径上第 k 次分叉的权重为 a_k。

这样就得到了一个权重序列，a_1，a_2，a_3，$\cdots$，a_n，其中 n 是分叉序列的总长度。将其写成 d 进制数字，再加 1，即为

$$(a_1a_2a_3\cdots a_n)_d+1 \tag{1}$$

按照刚才所说的规律，（1）式的结果就应该是相应末梢结点序号 b（即该结点是从左到右第几个末梢结点）的 d 进制表达。

上述规律用代数式表达为

$$b=\sum_{i=1}^{n}a_id^{i-1}+1 \tag{2}$$

我明白了！根据这个规律的意义，进制≈分类——d 叉树中蕴含了 d 进制的所有信息，反过来，只要确定了末梢结点的 d 进制表达，就可以构造出唯一的 d 叉树！

说得好。不仅如此，d 叉树还能以任意精度逼近任意可能的离散有限随机变量分布列的信息。换句话说，我们可以构造 d 叉树来实现任意给定的离散有限随机变量及其分布列。这里的“有限”指的是该离散随机变量的可能取值只有有限多个。

这怎么可能？！

假设有如下的离散有限随机变量的分布列（表 28-1），其中 $\sum_{i=1}^{n}p_i=1$，且 $p_i\in(0,1)$，$i=1,2,\cdots,n$。

表 28-1　一个离散有限随机变量的分布列

X	x_1	x_2	x_3	$\cdots$	x_n
P	p_1	p_2	p_3	$\cdots$	p_n

我们分两步将其呈现在 d 叉树中——先“栽种树干”，再“生长枝叶”。

听起来好有趣！怎么“栽种树干”呢？

“栽种树干”是一个比喻，对应的数学行为就是构造一棵最小的能够包含 n 个末梢结点的 d 叉树，其中 n 为表 28-1 中离散有限随机变量 X 可能取值的个

数。你可以计算一下，这时候的d叉树需要几层？（注：从根结点到末梢结点的路径上，每经历一次分叉算经过一层。）

设层数为l。l层d叉树要容纳n个末梢结点，需要满足不等式$d^l \geqslant n$；同时还希望层数l尽可能小，于是需要满足

$$d^l \geqslant n > d^{l-1} \tag{3}$$

对两边取以d为底的对数，可得

$$l \geqslant \log_d n > l-1 \tag{4}$$

于是只需要

$$l = \lceil \log_d n \rceil \tag{5}$$

其中$\lceil x \rceil$表示对实数x向上取整，即不小于x的最小正整数。

说得没错。然后我们就可以将表 28-1 中随机变量X的n个可能取值x_1，x_2，x_3，…，x_n对应到这棵$l=\lceil \log_d n \rceil$层d叉树的n个末梢结点上。至于对应的顺序并不重要，中间空位也不重要，只要将全部的n个可能取值都对应到末梢结点上就好。我们称这棵$\lceil \log_d n \rceil$层d叉树为随机变量X的“树干”，记为Γ_0。注意，Γ_0的末梢结点中，可能有一些并不对应任何x_i，我们将这样的末梢结点称为“闲置末梢结点”。

那么“枝叶”又是什么呢？它们该如何生长，以呈现随机变量X的分布呢？

由于d叉树是一个离散结构，无法直接承载连续变化的实数，因此我们需要基于所需精度进行离散化。假设所需精度为ε_0，可以把它想象为一个很小的正数，例如$\varepsilon_0 = 0.0001$。记

$$\varepsilon = \varepsilon_0 \cdot \left(n \cdot \operatorname*{Max}_i \{p_i\} + 1\right)^{-1} \tag{6}$$

其中$\operatorname*{Max}_i \{p_i\}$表示表 28-1 中$p_i$（$i=1,2,\cdots,n$）的最大值。再取

$$N = \left\lceil \frac{1}{\varepsilon} \right\rceil, \quad N_i = \lceil N \cdot p_i \rceil, \quad i=1,2,\cdots,n \tag{7}$$

则自然有

$$\sum_{i=1}^{n} N_i \geq \sum_{i=1}^{n}(N \cdot p_i) = N \geq \frac{1}{\varepsilon} \tag{8}$$

当且仅当 $\frac{1}{\varepsilon}$ 和 $\frac{p_i}{\varepsilon}$ 均为正整数，$i=1,2,\cdots,n$ 时，等号成立。接下来，像刚才构造树干一样，对每个 i 分别构造能够容纳 N_i 个末梢结点的 $l_i = \lceil \log_d N_i \rceil$ 层 d 叉树，记为 Γ_i。根据不等式（3），Γ_i 的末梢结点数量不小于 N_i，一定能够将 1, 2, 3, …, N_i 对应到 Γ_i 的 d^{l_i} 个末梢结点中的某 N_i 个上，这里对应的顺序和闲置结点的位置不要紧。

接下来再依据序号的对应关系，将树 Γ_i 的根结点放置在刚才构造的树干 Γ_0 的末梢结点中代表 x_i 的结点上，也就是从代表 x_i 的结点上生长出一棵 $\lceil \log_d N_i \rceil$ 层 d 叉树 Γ_i；Γ_i 的根结点即为树干 Γ_0 中代表 x_i 的末梢结点。我们将 Γ_i（$i=1,2,\cdots,n$）称为 $X = x_i$ 对应的“分支”——它就是我们想要令其生长的枝叶。注意，Γ_i 的末梢结点中也可能存在“闲置末梢结点”，即不对应 1, 2, 3, …, N_i 中任何一个数的末梢结点。

现在有了一棵大树，它的树干是一棵 $\lceil \log_d n \rceil$ 层 d 叉树 Γ_0，它的分支是 $\lceil \log_d N_i \rceil$ 层 d 叉树 Γ_i，$i=1,2,\cdots,n$。可这棵大树如何以精度 ε 逼近随机变量 X 的分布列呢？

假设这棵大树具有神奇的材质，它的树干及所有分支的每个分叉路径都是超导体，可以没有损耗地传输电流。现在让我们在所有分支 Γ_i 的非闲置结点接入大小为 $I = \left(\sum_{i=1}^{n} N_i\right)^{-1}$ 的恒定电流。那么现在树干 Γ_0 中代表 $X = x_i$ 的那个末梢结点上所汇总的电流是多少呢？

根据中学物理的电学知识，并联电路的电流应当是各支路的电流之和。于是通过树干 Γ_0 中代表 $X = x_i$ 的末梢结点的电流应为

$$I_i = N_i I = N_i \Big/ \sum_{i=1}^{n} N_i \tag{9}$$

没错。现在让我们列出一张树干 Γ_0 非闲置末梢结点的电流值分布表，如表 28-2 所示。

表 28-2　树干Γ_0的非闲置末梢结点的电流值分布表

非闲置结点	x_1	x_2	x_3	…	x_n
电流值	$I_1=\frac{N_1}{\sum_{i=1}^{n}N_i}$	$I_2=\frac{N_2}{\sum_{i=1}^{n}N_i}$	$I_3=\frac{N_3}{\sum_{i=1}^{n}N_i}$	…	$I_n=\frac{N_n}{\sum_{i=1}^{n}N_i}$

这个电流值分布表和表 28-1 中的随机变量X的分布列好像啊，只不过是将概率值p_i换成了电流值I_i。让我计算一下它们的差别，有

$$\left|I_i-p_i\right|=\left|N_i\Big/\sum_{i=1}^{n}N_i-p_i\right|=\left|N_i-p_i\sum_{i=1}^{n}N_i\right|\Big/\left|\sum_{i=1}^{n}N_i\right|\leqslant\left|N_i-p_i\sum_{i=1}^{n}N_i\right|\cdot\varepsilon \quad (10)$$

最后的不等式用到了（8）式。再将（7）式代入，注意到$\lceil N\cdot p_i\rceil<N\cdot p_i+1$且$|a\pm1|\leqslant|a|+1$，可得

$$\begin{aligned}\left|I_i-p_i\right|&\leqslant\left|N_i-p_i\sum_{i=1}^{n}N_i\right|\cdot\varepsilon=\left|\lceil Np_i\rceil-p_i\sum_{i=1}^{n}\lceil N\cdot p_i\rceil\right|\cdot\varepsilon\leqslant\left(\left|Np_i-p_i\sum_{i=1}^{n}\lceil N\cdot p_i\rceil\right|+1\right)\cdot\varepsilon\\&=\left(\left(\sum_{i=1}^{n}\lceil N\cdot p_i\rceil-N\right)\cdot p_i+1\right)\cdot\varepsilon<\left(\left(\sum_{i=1}^{n}(N\cdot p_i+1)-N\right)\cdot p_i+1\right)\cdot\varepsilon\end{aligned} \quad (11)$$

再注意到$\sum_{i=1}^{n}p_i=1$，得到

$$\left|I_i-p_i\right|<\left(\left(\sum_{i=1}^{n}(N\cdot p_i+1)-N\right)\cdot p_i+1\right)\cdot\varepsilon=(n\cdot p_i+1)\cdot\varepsilon\leqslant\varepsilon_0 \quad (12)$$

其中最后一个不等式用到了（6）式。啊！我明白了，如此构造而成的电流值分布和原随机变量分布列的差别就在允许精度ε_0之内了。

完全正确！所以从上述逼近的角度而言，分类≈分布——二者可以互相容纳和逼近。

现在我大约明白了您说的“进制≈分类≈分布”。我还有两个疑问：为什么我们现在普遍使用二进制？二进制具有哪些优越性？我感觉三进制比二进制更好，至少它表达一个整数所用的数位要更少。

其实早在 20 世纪 60 年代，莫斯科国立大学的苏联学者们就想到过这一点，他们当时甚至还成功研发了一批三进制计算机，后来出于经济原因停产。1973 年，美国也开发过在二进制计算机上模拟三进制计算的软件模拟器。实际上，三进制计算机相比二进制计算机确实有许多优势：首先由于三进制的占位优势，其逻辑电路比二进制速度更快、可靠性更高、耗能也更低；其次由于可用 –1 、0、1 代表三进制占位符，因此三进制代码具有二进制所不具备的对称性，这使得即使将程序中所有数位变为其相反数，程序也一样可以良好运行。这也直接给程序带来了良好阅读性和运行的高效性。

那为什么三进制计算机后来消失了呢?

从市场上看，这是基础设施和程序的配套性不足导致的。出于某些时代原因，三进制计算机并没有及时扩大生产，同时二进制计算机经历了迅猛发展和推广，导致基础设施的建设和软件生态的搭建开始向二进制计算机绝对倾斜。类似于“物竞天择”的进化论，缺少软、硬件生态支撑的三进制计算机目前注定还只能存在于个别高校实验室的研发课题中。

人们对二进制的选择只是出于市场和软硬件生态的原因吗？有没有纯粹数学上的原因？二进制在数学上就没有什么独特的优势吗?

当然有，利用我们刚才构造的 d 叉树的结构，就能指出二进制的一个优势。

您能具体展开说说吗?

症结就隐藏在“闲置末梢结点”的个数中。回顾刚才的构造，树干 Γ_0 中的闲置末梢结点的个数为 $d^{\lceil \log_d n \rceil} - n$，我们构造函数

$$F(d) = \inf_{m \to +\infty} \frac{1}{m} \cdot \sum_{k=1}^{m} \frac{d^{\lceil \log_d k \rceil} - k}{k} \tag{13}$$

其中 $\inf\limits_{m \to +\infty}$ 被称为“极限下确界”，用来衡量数列 $\{a_m\}$ 在 m 很大时的下确界变

化趋势，定义如下。

定义 1：（极限下确界）设 $\{a_m\}$ 为一个无穷数列，若存在 a，使得 $\forall\varepsilon>0$，$\exists N>0$，使得当 $m>N$ 时，均有 $a_m>a-\varepsilon$，且存在子数列 $\{a_{m_k}\}\subset\{a_m\}$ 使得 $\lim\limits_{k\to+\infty}a_{m_k}=a$，则称 a 为数列 $\{a_m\}$ 的极限下确界，记为 $\inf\limits_{m\to+\infty}a_m=a$。

除此之外，（13）式中求和项中的分子 $d^{\lceil\log_d k\rceil}-k$ 表示正整数 k 对应的 d 叉树的闲置末梢结点个数，其除以 k 的商代表“相对闲置率”，求和再除以 m 代表 k 从 1 到 m 所累积的总相对闲置率的平均值。由于构造时可能用到所有正整数，因此我们对此平均值取 $m\to+\infty$ 的极限，代表所有正整数所对应的 d 叉树的平均相对闲置率。可惜，当 $m\to+\infty$ 时，极限并不存在，于是我们退而求其次，观察当 $m\to+\infty$ 时平均相对闲置率的极限下确界 $F(d)$。我们可以证明

$$F(d+1)>F(d) \tag{14}$$

这个结果将有力地说明二进制的优越性——其平均相对闲置率的极限下确界最低。

这个结果好漂亮啊，但是我估计它的证明会很复杂。

虽然这个证明过程显得有点儿冗长，却是个训练的典范。

为方便起见，设 $a_m=\dfrac{1}{m}\cdot\sum\limits_{k=1}^{m}\dfrac{d^{\lceil\log_d k\rceil}-k}{k}$，则有

$$a_m=\frac{1}{m}\left(\Delta_0+\Delta_1+\cdots+\Delta_{\lceil\log_d m\rceil-1}+\sum_{k=d^{\lfloor\log_d m\rfloor}+1}^{m}\frac{d^{\lceil\log_d k\rceil}-k}{k}\right) \tag{15}$$

其中

$$\Delta_t=\sum_{k=d^t+1}^{d^{t+1}}\frac{d^{\lceil\log_d k\rceil}-k}{k}=d^{t+1}\sum_{k=d^t+1}^{d^{t+1}}\frac{1}{k}-\left(d^{t+1}-d^t\right) \tag{16}$$

为部分和。由于函数 $y=\dfrac{1}{x}$ 在 $x\in(0,+\infty)$ 上单调递减，于是有

$$\int_{d^t+1}^{d^{t+1}+1}\frac{1}{x}\mathrm{d}x<\sum_{k=d^t+1}^{d^{t+1}}\frac{1}{k}<\int_{d^t}^{d^{t+1}}\frac{1}{x}\mathrm{d}x \tag{17}$$

计算可得

$$\ln\frac{d^{t+1}+1}{d^t+1}<\sum_{k=d^t+1}^{d^{t+1}}\frac{1}{k}<\ln\frac{d^{t+1}}{d^t} \tag{18}$$

代入（16）式可得

$$d^{t+1}\ln\frac{d^{t+1}+1}{d^t+1}-\left(d^{t+1}-d^t\right)<\Delta_t<d^{t+1}\ln d-\left(d^{t+1}-d^t\right) \tag{19}$$

为了稍后推导方便，记 $\overline{\Delta_t}=\dfrac{\Delta_t}{d^{t+1}-d^t}$ 为部分和 $\Delta_t=\sum\limits_{k=d^t+1}^{d^{t+1}}\dfrac{d^{\lceil \log_d k\rceil}-k}{k}$ 的算数平均数，则有

$$\frac{d}{d-1}\ln\frac{d^{t+1}+1}{d^t+1}-1<\overline{\Delta_t}<\frac{d}{d-1}\ln d-1 \tag{20}$$

设 B_t、A_t 分别为（20）式的右侧值和左侧值，显然有

$$\lim_{t\to+\infty}B_t=\lim_{t\to+\infty}\left(\frac{d}{d-1}\ln d-1\right)=\frac{d\ln d}{d-1}-1 \tag{21}$$

$$\lim_{t\to+\infty}A_t=\lim_{t\to+\infty}\left(\frac{d}{d-1}\ln\frac{d+d^{-t}}{1+d^{-t}}-1\right)=\frac{d\ln d}{d-1}-1 \tag{22}$$

于是根据极限的夹逼原理可得

$$\lim_{t\to+\infty}\overline{\Delta_t}=\frac{d\ln d}{d-1}-1 \tag{23}$$

之后我们再回到对数列 $\{a_m\}$ 的观察

$$\begin{aligned}
a_m&=\frac{1}{m}\cdot\sum_{k=1}^{m}\frac{d^{\lceil \log_d k\rceil}-k}{k}\\
&=\frac{1}{m}\left(\Delta_0+\Delta_1+\cdots+\Delta_{[\log_d m]-1}+\sum_{k=d^{[\log_d m]}+1}^{m}\frac{d^{\lceil \log_d k\rceil}-k}{k}\right)\\
&=\frac{\left(d^1-d^0\right)\overline{\Delta_0}+\left(d^2-d^1\right)\overline{\Delta_1}+\cdots+\left(d^{[\log_d m]}-d^{[\log_d m]-1}\right)\overline{\Delta_{[\log_d m]-1}}}{m}+\frac{1}{m}\cdot\sum_{k=d^{[\log_d m]}+1}^{m}\frac{d^{[\log_d m]+1}-k}{k}\\
&=\frac{\left(d^1-d^0\right)\overline{\Delta_0}+\cdots+\left(d^{[\log_d m]}-d^{[\log_d m]-1}\right)\overline{\Delta_{[\log_d m]-1}}}{d^{[\log_d m]}-1}\cdot\frac{d^{[\log_d m]}-1}{m}+\frac{1}{m}\cdot\sum_{k=d^{[\log_d m]}+1}^{m}\frac{d^{[\log_d m]+1}-k}{k}\\
&=\gamma_m\cdot\frac{d^{[\log_d m]}-1}{m}+\gamma_m\cdot\frac{m-d^{[\log_d m]}}{m}+\frac{1}{m}\cdot\sum_{k=d^{[\log_d m]}+1}^{m}\left(\frac{d^{[\log_d m]+1}-k}{k}-\gamma_m\right)\\
&=\gamma_m\cdot\frac{m-1}{m}+\frac{1}{m}\cdot\sum_{k=d^{[\log_d m]}+1}^{m}\left(\frac{d^{[\log_d m]+1}-k}{k}-\gamma_m\right)
\end{aligned} \tag{24}$$

其中

$$\gamma_m = \frac{\left(d^1 - d^0\right)\overline{\Delta_0} + \cdots + \left(d^{[\log_d m]} - d^{[\log_d m]-1}\right)\overline{\Delta_{[\log_d m]-1}}}{d^{[\log_d m]} - 1} \tag{25}$$

（24）式第一项收敛到$\left(\frac{d\ln d}{d-1} - 1\right)$，这是根据如下引理（其证明从略）。

引理 1： 若无穷数列$\{b_k\}$满足$\lim\limits_{k\to+\infty} b_k = \beta$，则

$$\lim_{m\to+\infty} \frac{b_1 + b_2 + b_3 + \cdots + b_m}{m} = \beta \tag{26}$$

为了方便继续分析，设（24）式的残差项为

$$\delta_d(m) = \frac{1}{m} \cdot \sum_{k=d^{[\log_d m]}+1}^{m} \left(\frac{d^{[\log_d m]+1} - k}{k} - \gamma_m\right) \tag{27}$$

下面我们估计它的趋势。由于$[\log_d m]+1 > \log_d m$，因此

$$\delta_d(m) = \frac{1}{m} \cdot \sum_{k=d^{[\log_d m]}+1}^{m} \left(\frac{d^{[\log_d m]+1} - k}{k} - \gamma_m\right) > \frac{1}{m} \cdot \sum_{k=d^{[\log_d m]}+1}^{m} \left(\frac{m}{k} - 1 - \gamma_m\right) \tag{28}$$

注意到$\lim\limits_{m\to+\infty} \gamma_m = \frac{d\ln d}{d-1} - 1$，将上式拆项，并记

$$\sigma_d(m) = \frac{1}{m} \cdot \sum_{k=d^{[\log_d m]}+1}^{m} \left(\left(\frac{d\ln d}{d-1} - 1\right) - \gamma_m\right)$$

可得

$$\begin{aligned} \delta_d(m) &> \frac{1}{m} \cdot \sum_{k=d^{[\log_d m]}+1}^{m} \left(\frac{m}{k} - 1 - \left(\frac{d\ln d}{d-1} - 1\right)\right) + \sigma_d(m) \\ &= \frac{1}{m} \cdot \sum_{k=d^{[\log_d m]}+1}^{m} \left(\frac{m}{k} - \frac{d\ln d}{d-1}\right) + \sigma_d(m) \\ &\geqslant \left(\sum_{k=d^{[\log_d m]}+1}^{m} \frac{1}{k}\right) - \frac{d\ln d}{d-1} + \sigma_d(m) \end{aligned} \tag{29}$$

由于

$$\sum_{k=d^{[\log_d m]}+1}^{m} \frac{1}{k} > \int_{d^{[\log_d m]}+1}^{m+1} \frac{1}{x}\mathrm{d}x \tag{30}$$

代入（29）式可得

$$\delta_d(m)-\sigma_d(m)>\left(\int_{d^{[\log_d m]}+1}^{m+1}\frac{1}{x}\mathrm{d}x\right)-\frac{d\ln d}{d-1}=\ln\frac{m+1}{d^{[\log_d m]}+1}-\ln d^{\frac{d}{d-1}} \tag{31}$$

运用对数运算法则合并上式最右端两项，可得

$$\begin{aligned}\delta_d(m)-\sigma_d(m)&>\ln\frac{m+1}{\left(d^{[\log_d m]}+1\right)d^{\frac{d}{d-1}}}\geqslant\ln\frac{m+1}{\left(d^{[\log_d m]}+1\right)d^2}\\&=\ln\left(\frac{m+1}{d^{[\log_d m]}d^2}\cdot\frac{d^{[\log_d m]}}{d^{[\log_d m]}+1}\right)\end{aligned} \tag{32}$$

由于$[\log_d m]\leqslant\log_d m$，因此

$$\delta_d(m)-\sigma_d(m)>\ln\left(\frac{m+1}{m+2}\cdot\frac{d^{[\log_d m]}}{d^{[\log_d m]}+1}\right)=\ln\frac{m+1}{m+2}+\ln\frac{d^{[\log_d m]}}{d^{[\log_d m]}+1} \tag{33}$$

注意到当$m\to+\infty$时，$d^{[\log_d m]}\to+\infty$，于是

$$\lim_{m\to+\infty}\ln\frac{d^{[\log_d m]}}{d^{[\log_d m]}+1}=\ln 1=0 \tag{34}$$

同时

$$\lim_{m\to+\infty}\ln\frac{m+1}{m+2}=\ln 1=0 \tag{35}$$

再由$\lim\limits_{m\to+\infty}\gamma_m=\dfrac{d\ln d}{d-1}-1$，可得

$$\begin{aligned}\lim_{m\to+\infty}|\sigma_d(m)|&=\lim_{m\to+\infty}\frac{1}{m}\cdot\left|\sum_{k=d^{[\log_d m]}+1}^{m}\left(\left(\frac{d\ln d}{d-1}-1\right)-\gamma_m\right)\right|\\&\leqslant\lim_{m\to+\infty}\frac{1}{m}\cdot\sum_{k=d^{[\log_d m]}+1}^{m}\left|\left(\frac{d\ln d}{d-1}-1\right)-\gamma_m\right|\\&\leqslant\lim_{m\to+\infty}\frac{m-d^{[\log_d m]}}{m}\cdot\max_{d^{[\log_d m]}+1\leqslant k\leqslant m}\left|\left(\frac{d\ln d}{d-1}-1\right)-\gamma_k\right|\\&\leqslant\lim_{m\to+\infty}\max_{d^{[\log_d m]}+1\leqslant k\leqslant m}\left|\left(\frac{d\ln d}{d-1}-1\right)-\gamma_k\right|\\&=\lim_{k\to+\infty}\left|\left(\frac{d\ln d}{d-1}-1\right)-\gamma_k\right|=0\end{aligned} \tag{36}$$

于是可得

$$\lim_{m\to+\infty}\sigma_d(m)=0 \tag{37}$$

综合（24）（34）（35）（37）四式，可得：$\forall\varepsilon>0$，$\exists N>0$，使得$m>N$时，$a_m>\dfrac{d\ln d}{d-1}-1-\varepsilon$。

另外，当$m=d^t$时，残差项（27）式不存在，根据（24）式及引理 1，可得

$$\lim_{t\to+\infty}a_{d^t}=\frac{d\ln d}{d-1}-1 \tag{38}$$

于是根据定义 1，数列$\{a_m\}$的极限下确界为

$$F(d)=\frac{d\ln d}{d-1}-1 \tag{39}$$

接下来我就会算了！设定义在$[2,+\infty)$上的函数

$$f(x)=\frac{x\ln x}{x-1}-1 \tag{40}$$

求导可得

$$f'(x)=\frac{(x-1)-\ln x}{(x-1)^2} \tag{41}$$

再设分母为新函数$g(x)=(x-1)-\ln x$（$x\geqslant2$），求导可得

$$g'(x)=1-\frac{1}{x}>0 \tag{42}$$

于是$g(x)$在$[2,+\infty)$上单调递增，于是

$$g(x)\geqslant g(2)=1-\ln2>0 \tag{43}$$

代入（41）式可得，在$[2,+\infty)$上

$$f'(x)=\frac{g(x)}{(x-1)^2}>0 \tag{44}$$

即$f(x)$在$[2,+\infty)$上也单调递增，于是当正整数$d\geqslant2$时，有

$$F(d)=f(d)<f(d+1)=F(d+1) \tag{45}$$

这样就完成了对（14）式的证明。

非常好！图 28-2 给出了若干具体数值下 $F(d)$ 和 $\{a_m\}$ 的形态。

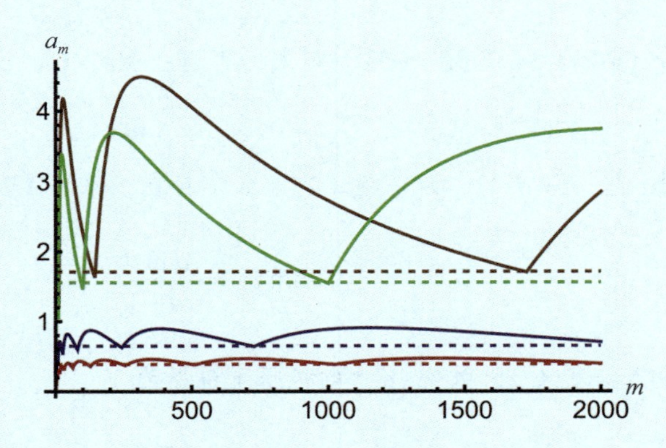

棕色实线：$d=12$时数列$\{a_m\}$前 2000 项散点图；棕色虚线：$F(12)$

绿色实线：$d=10$时数列$\{a_m\}$前 2000 项散点图；绿色虚线：$F(10)$

蓝色实线：$d=3$时数列$\{a_m\}$前 2000 项散点图；蓝色虚线：$F(3)$

红色实线：$d=2$时数列$\{a_m\}$前 2000 项散点图；红色虚线：$F(2)$

图 28-2 若干具体数值下$F(d)$和$\{a_m\}$的形态

通过刚才的讨论，我们清楚二进制有它独特的好处，说不定还有其他更深刻的优点有待挖掘——虽然人们并不一定是基于这些考虑才选择了二进制，但它的流行多少得益于这些优越性。而且我一直有一个观点：一切看似偶然的技术选择，都是相应模型在不同方面（制度、文化、经济、理论等方面）的优越性的合力造成的。无论是在日常的思考娱乐时，还是在博物志传统下进行规律观察时，我们都应不断思考和挖掘看似显然的现象或结论在不同侧面的解释，这既能加深我们对于已知材料的了解，又能帮助我们推广范围——这正是陈省身先生所言的历史上数学的进展的两大途径。

我明白了，谢谢老师！

对话 29：

模型检验

人物： 数学老师朱老师  、学生王同学 

朱老师好，在前面的多次对话中，您都反复提到“模型检验”。我自己在建立数学模型、解决问题的过程中也尝试进行模型检验，但基本上都是跟着感觉走，不知道该检验什么、不必检验什么、用哪种方式检验更科学。您能帮助我解决这个困惑吗？

要对模型检验有系统性认识，首先要从其必要性谈起。模型检验的必要性来自现代科学的实验传统。在对话 20 中，我和孙老师曾讨论到这一点，总结了 6 条模型检验的必要性，简化重述如下。

(1) 对先验判断的后验分析。在建模过程中势必要引入一些基本假设作为模型建立的公理，但这些假设是否真的合理，基于其建立的模型的结果是否真的可以解决问题，需要小心验证。

(2) 参数拟合时可能带来的误差放大。参数拟合的时候往往都是使用最小二乘法或其他方法得到参数的近似值，这种近似在迭代和后续计算的过程中有可能被系统放大，所以需要进行关键参数的灵敏性分析。

(3) 可能存在的连续与离散的近似。在数学建模及求解过程中，因为数学自身发展的局限性，往往需要用连续去模拟离散或者用离散去逼近连续，例如用欧拉近似法将微分方程组转化为差分方程组（数列递推）或反之。这可以被视为来自数学传统和实验传统双方的需要，因为实验中的采样和记录都是离散的形态，而许多实验过程本身则是连续的过程。

(4) 复杂系统可能存在的混沌行为。在许多模型中，我们不希望输入的微小变化会引发结果的巨大变化。但是因为复杂系统内部太过庞杂，很难进行演绎分析，这时一个讨巧的办法便是通过数值模拟来检验其性态。

(5) 对模型泛性大小的检查。有些模型具有一定的泛性，甚至在某些基本假设稍有偏差的情况下，依然能够维持大致的性态。泛性大小需要结合模型结果和现实数据进行检验。

(6) 对平衡解的类型的审查。这常见于许多具有博弈色彩或能转化为博弈情景的问题。通过变动关键参数的值或初始值，甚至在系统运行过程中加入某些随机的干扰，系统是否依然会收敛？收敛到何处？收敛位置是否会发生分裂或合并？是否会从收敛到某一点变为收敛到某一区域，甚至变为某种周期性循环变化？

我明白，针对 (1) 和 (3)，我们可以对比模型的结果与现实数据。但是，有时候模型是预测模型，建立模型时要预测结果的事件还未发生，那么也就无从获得现实数据，此时怎么可能通过预测值和真实值之间的对比来实现模型检验呢？

预测模型并非必须以预测事件本身为检验标准。在预测模型中，我们做模型检验的目的实际上只是对模型预测性能做出评估，而这可以通过考察历史数据的预测性能得到。

如何预测历史数据呢？“预测”的含义不是面向未来吗？如果用历史数据计算出模型结果，再和历史数据比较，不就变成循环论证了吗？

还是以我们熟悉的人口模型为例。假设在 2023 年建立某人口数学模型（下称模型），利用某国家 2000 年到 2023 年的人口数据预测该国家 2024 年的人口数量，由于模型建立时还未到 2024 年[①]，无法利用 2024 年的数据进行检验。但是，我们可以用 2000 年到 2022 年的数据来拟合模型参数，并做出对 2023 年人口数量的预测。这样做的好处有两点：一方面避免了用 2000 年到 2023 年的数据预测 2023 年数据时所发生的循环论证，另一方面能够得到对模型预测性能的一种比较可靠的观察——如果模型用 2000 年到 2022 年的数据预测出的 2023 年数据，与已知的 2023 年的真实数据比较接近，我们就可以相信，模型利用 2000 年到 2023 年的数据对 2024 年数据的预测具有一定的可靠性。

① 本书撰写于 2023 年。

原来如此，难怪我看到有一些模型在求解时会故意剩下一部分数据，原来是为了留作检验！还有一个问题，就是如何衡量真实值 y 和预测值 $\hat{y}$ 之间的偏差，我看到，有的模型检验中使用绝对偏差 $y-\hat{y}$，有的使用相对偏差 $\frac{y-\hat{y}}{y}$，到底用哪个更科学呢？

这要看你的目的是什么，两种形式各有千秋。如果你的目的是评估模型的预测性能，尤其是和其他问题进行比较，那么使用相对偏差会更科学；如果你的目的是考察残差的模式，从而改进模型，那么绝对偏差就更科学。

您能举例说明吗？

我们还以人口模型为例。如果要预测某国全国人口数量，预测值为 15.1 亿人，而真实值为 15.3 亿人，那么残差即为 15.3−15.1=0.2 亿人。0.2 这个数值看起来不是很大，还可以接受。但是，如果将单位从“亿人”换成“万人”，那么残差即为 153 000−151 000=2000 万人，就得到了 2000 这个与 0.2 相比大许多的数值，似乎让我们对模型的预测性能产生了怀疑。但我们前后其实都在对同一个模型的同一个结果进行检验，不可能有性能上的差异。你觉得是什么造成了这样的矛盾呢？

是单位！单位的选取造成了对绝对偏差的不同量级的感受。

没错！如何才能消除单位的影响呢？

用相对偏差 $\frac{y-\hat{y}}{y}$，在这两种情况下，所得的相对偏差都是

$$\frac{15.3-15.1}{15.1}=\frac{153\,000-151\,000}{151\,000}\approx 1.32\% \tag{1}$$

这样一来就统一了！

做得好！除了单位的影响外，当我们比较甲、乙两个模型在两个看起来无关的领域中的性能时，也需要使用相对偏差。例如，甲模型是逻辑斯谛人口模型，乙模型是城市化进程模型〔由美国学者雷·M. 诺瑟姆（Ray M. Northam）于 1975 年提出〕，二者具有相似的模型结构和解的特点——甲模型中的人口数量函数和乙模型中的城市化率函数都是随时间变化的逻辑斯谛函数，其图像均呈现 S 形（图 29-1）。我们希望比较逻辑斯谛函数在这两个领域中的预测性能。如果使用绝对偏差，甲模型得到的偏差量纲就是人，而乙模型得到的偏差量纲是 1（即无量纲），具有不同量纲的两个量是不可比较的，于是我们需要首先去除量纲。

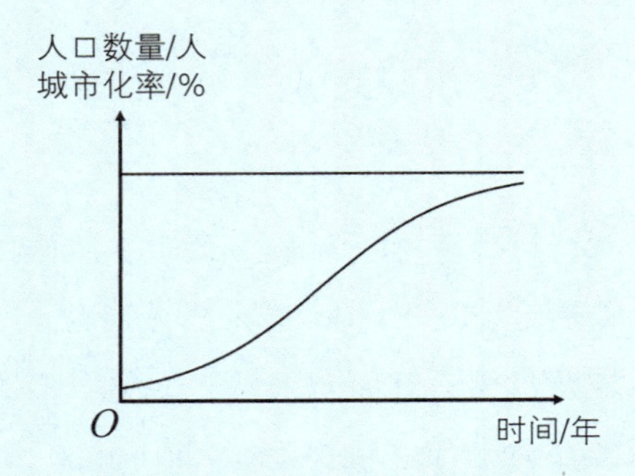

图 29-1 人口数量函数和城市化率函数均呈现 S 形

我知道了！去除量纲的方式和刚才类似，使用相对偏差即可。在表达式 $\frac{y-\hat{y}}{y}$ 中，将任意量纲的量 y 和 $\hat{y}$ 代入，计算结果均无量纲。这样一来，就可以比较同一模型在不同领域的性能了。您刚才举的两个例子中都是相对偏差占优势，绝对偏差在什么时候才会占优势呢？

如果我们的目的是通过观察残差来优化模型，那么绝对偏差就比相对偏差更好，因为此时绝对偏差带有量纲，能够帮助我们更好地判断所需追加的结构。依然以人口模型为例，图 29-2 中给出了模型对某国人口数量的预测残差值的散点图，其横坐标为年份，纵坐标为残差值（残差值 = 真实值 - 预测值，单位：万人）。很明显，残差值存在某种类周期性波动，这可能是受到该国家人口政策的影响。这就提示我们，要在原有的模型基础上新增对于这种类周期性波动的激励项，例如在原逻辑斯谛函数基础上叠加某个振幅和频率随时间变化的正弦型函数，这样就能得到更加精细的人口模型；但在原函数上添加激励项必须保证二者的量纲相同，这就使得依靠绝对偏差构建类周

期性波动的激励项更有效。

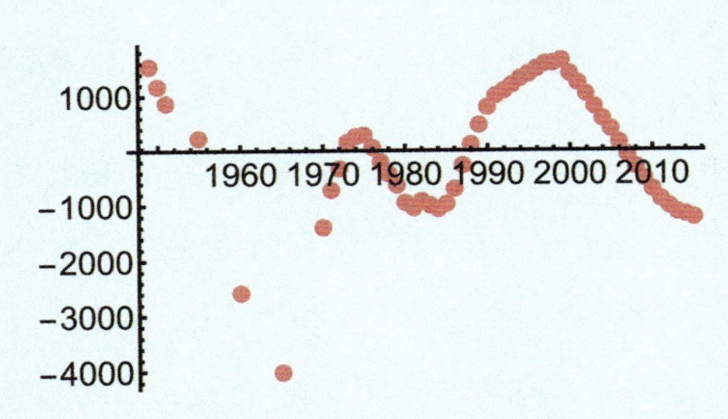

图 29-2 某国人口数量的预测残差值的散点图，横坐标为年份，纵坐标为残差值（万人）

看来绝对偏差和相对偏差的选取的确要基于考察的目的，不能盲目确定。但是我依然对一开始您列举的六条必要性中的 (2)(4)(5)(6) 比较疑惑，它们似乎都指向对某些参数的灵敏性分析，即这些参数的波动对模型结果的影响的衡量。

灵敏性分析的确是模型检验中的重要一环，你说的这四条必要性也都指向灵敏性分析。

如何进行灵敏性分析呢？有没有什么通用的办法？

对于决定论思维范式下的数学模型而言，确实有通用的灵敏性分析的方法。

什么是决定论？

决定论又称拉普拉斯信条，它认为无论在自然界中，还是在人类社会中，普遍存在客观规律和因果联系，且自然和社会的行为和现象（至少在宏观尺度上）都可以通过初始条件和曾经的历史过程预测。简而言之就是“若有其因，必有其果”。

决定论和灵敏性分析又有什么关系呢？

所有根据决定论建立出来的数学模型，都遵守如下的统一格式：

$$(y_1,y_2,\cdots,y_m)=F(x_1,x_2,\cdots,x_n;\lambda_1,\lambda_2,\cdots,\lambda_l) \quad (2)$$

其中 F 为数学模型，它是一个多维向量值映射（即将向量映射为向量）。y_i（$i=1,2,\cdots,m$）为模型的输出向量的第 i 个分量，x_i（$i=1,2,\cdots,n$）为 F 的自变量向量的第 i 个分量，λ_j（$j=1,2,\cdots,l$）为 F 的参数。这里面的指标集均可为无穷集合，也可为不可数集合，为了方便理解，将其写成有限形式。所谓的模型 F 的灵敏性，就是当模型的某个参数值发生波动时，对模型结果造成的影响。具体而言，可以细化到某个参数 λ_j 发生波动时，对模型结果 y_i 造成的影响不妨记为 $\delta_{i,j}$，称为第 j 个参数对第 i 个结果的灵敏性指标，其中 $i=1,2,\cdots,m$，$j=1,2,\cdots,l$。为了保证通用性，我们希望灵敏性指标 $\delta_{i,j}$ 无量纲，于是它一定是相对偏差形式：

$$\delta_{i,j}=\frac{\Delta y_i}{y_i}\Big/\frac{\Delta\lambda_j}{\lambda_j} \quad (3)$$

其中 $\Delta\lambda_j$ 为参数 λ_j 的波动大小，$\frac{\Delta\lambda_j}{\lambda_j}$ 为参数 λ_j 的波动与其当前取值的比例；Δy_i 为参数 λ_j 波动所引起的输出 y_i 的波动大小，$\frac{\Delta y_i}{y_i}$ 为此波动相对 y_i 当前输出值的比例。

我是否可以这样理解 $\delta_{i,j}$，即“当参数 λ_j 改变百分之一，结果 y_i 将改变百分之多少”？

没错。在模型 F 的各个组分充分光滑的情况下，当 $\Delta\lambda_j\to 0$ 时，有 $\Delta y_i\to 0$，于是可得近似

$$\delta_{i,j}=\frac{\Delta y_i}{y_i}\Big/\frac{\Delta\lambda_j}{\lambda_j}=\frac{\Delta y_i}{\Delta\lambda_j}\cdot\frac{\lambda_j}{y_i}\to\frac{\partial y_i}{\partial\lambda_j}\cdot\frac{\lambda_j}{y_i}\text{，当 }\Delta\lambda_j\to 0\text{ 时} \quad (4)$$

其中

$$\frac{\partial y_i}{\partial\lambda_j}=\lim_{\Delta\lambda_j\to 0}\frac{y_i(x_1,\cdots,x_n;\lambda_1,\cdots,\lambda_j+\Delta\lambda_j,\cdots,\lambda_l)-y_i(x_1,\cdots,x_n;\lambda_1,\cdots,\lambda_j,\cdots,\lambda_l)}{\Delta\lambda_j} \quad (5)$$

这个表达式就很方便计算了，只需要在建模之后计算每个 $\delta_{i,j}$（$i=1,2,\cdots,m$，$j=1,2,\cdots,l$）就可以啦！

这样并不好，因为许多模型不仅输出维度很大（即 m 很大，例如数十万），而且含有许多参数（即 l 很大，例如数百万），如果将所有的 $\delta_{i,j}$ 都计算一遍，就共需计算 ml 遍（例如数千亿次），这将浪费大量的算力。

那如何选择计算哪些，不计算哪些呢？

可以使用多阶段的方式。首先依据参数的现实意义或参数在模型 F 中所参与的计算结构进行分类，将 l 个参数分为 L 大类，其中 $L \ll l$，并随机地在每一类中选取一个参数，代入（4）式计算 $\delta_{i,j}$，以确定 L 类参数中的哪些会对结果产生较大影响；之后再根据精度和稳定性的需求，对这些影响较大的典型类别中的参数进行更加细致的灵敏性分析。这样就使得总计算量呈几何级数下降了。

我明白啦，这就类似于上次讨论的分类树的思想，以大化小，分而治之！但是我还有一个疑问：如果输出 y_i 占整个输出向量 $\vec{y}=(y_1,y_2,\cdots,y_n)$ 大小的比重很小，即 $y_i/\|\vec{y}\|$ 很小，此时如果再如（4）式这样计算灵敏性指标，就相当于拉高了 y_i 的变化对整个结果变化的影响。如果我要在灵敏性分析的过程中体现出 $y_i/\|\vec{y}\|$ 的大小影响，应该如何计算灵敏性指标呢？

这时候就可以根据需要改造（4）式，例如将其投影到高维单位球体上去看，即新定义

$$\tilde{\delta}_{i,j}=\frac{\Delta y_i}{\sqrt{\sum_{k=1}^{m} y_k^{\,2}}}\Bigg/\frac{\Delta\lambda_j}{\sqrt{\sum_{t=1}^{l}\lambda_t^{\,2}}}=\frac{\Delta y_i}{\Delta\lambda_j}\cdot\frac{\|\vec{\lambda}\|}{\|\vec{y}\|}\to\frac{\partial y_i}{\partial\lambda_j}\cdot\frac{\|\vec{\lambda}\|}{\|\vec{y}\|}，当 \Delta\lambda_j\to 0 时 \qquad (6)$$

其中 $\|\vec{\lambda}\|=\sqrt{\sum_{t=1}^{l}\lambda_t^{\,2}}$ 和 $\|\vec{y}\|=\sqrt{\sum_{k=1}^{m}y_k^{\,2}}$ 分别为参数向量 $\vec{\lambda}$ 和输出向量 $\vec{y}$ 的模长。

为什么说这是将（4）式投影到高维单位球体上去看呢？

因为本来的输出向量是 $\vec{y}=(y_1,y_2,\cdots,y_n)$，它并不一定是单位向量，但

$$\overrightarrow{e_y}=\|\vec{y}\|^{-1}(y_1,y_2,\cdots,y_m) \quad (7)$$

则是与 $\vec{y}$ 同向的单位向量。这就相当于将 $\vec{y}$ “投射”到了单位球面上。同理

$$\overrightarrow{e_\lambda}=\|\vec{\lambda}\|^{-1}(\lambda_1,\lambda_2,\cdots,\lambda_l) \quad (8)$$

是与 $\vec{\lambda}$ 同向的单位向量。将（7）式和（8）式的记法代入（6）式，以向量形式记，可得

$$\tilde{\delta}=\frac{\Delta\overrightarrow{e_y}}{\Delta\overrightarrow{e_\lambda}}\to\frac{\partial\overrightarrow{e_y}}{\partial\overrightarrow{e_\lambda}} \quad (9)$$

其中 $\frac{\partial\overrightarrow{e_y}}{\partial\overrightarrow{e_\lambda}}$ 表示向量场 $\overrightarrow{e_y}$ 在 $\overrightarrow{e_\lambda}$ 方向上的方向导数。

（4）式和（6）式所定义的灵敏性是否等价呢？也就是说，用（4）式计算出的 $\delta_{i,j}$ 较大，用（6）式计算出的 $\tilde{\delta}_{i,j}$ 是否也会较大呢？从（4）式换用（6）式是否会保持灵敏性的序关系？

很容易从定义式看出，当输出向量和参数向量的维数均为 1 时，（4）式和（6）式变成一样，此时自然保持序关系。但一般情况下则不一定。为了说明这一点，我们考虑如下模型：

$$(y_1,y_2)=F(x,\lambda_1)=(\tan\lambda_1\cdot x, x) \quad (10)$$

其中 $x>0$ 为输入，$\vec{y}=(y_1,y_2)$ 为输出，$\lambda_1\in\left(0,\frac{\pi}{2}\right)$ 为唯一参数。将其代入（4）式，计算可得

$$\delta_{1,1}=\frac{\partial y_1}{\partial\lambda_1}\cdot\frac{\lambda_1}{y_1}=\frac{\partial(\tan\lambda_1\cdot x)}{\partial\lambda_1}\cdot\frac{\lambda_1}{\tan\lambda_1\cdot x}=\frac{x}{\cos^2\lambda_1}\cdot\frac{\lambda_1}{\tan\lambda_1\cdot x}=\frac{2\lambda_1}{\sin 2\lambda_1} \quad (11)$$

如果将其代入（6）式，注意到

$$\|\vec{y}\|=\sqrt{(\tan\lambda_1\cdot x)^2+x^2}=\frac{1}{\cos\lambda_1}\cdot|x| \quad (12)$$

计算可得

$$\tilde{\delta}_{1,1}=\frac{\partial y_1}{\partial \lambda_1}\cdot\frac{\lambda_1}{\left\|\vec{y}\right\|}=\frac{x}{\cos^2\lambda_1}\cdot\frac{\lambda_1}{\frac{1}{\cos\lambda_1}\cdot x}=\frac{\lambda_1}{\cos\lambda_1} \tag{13}$$

为了观察 $\tilde{\delta}_{1,1}$ 和 $\delta_{1,1}$ 的相对变化率，将二者相除可得

$$\frac{\tilde{\delta}_{1,1}}{\delta_{1,1}}=\frac{\lambda_1}{\cos\lambda_1}\bigg/\frac{2\lambda_1}{\sin 2\lambda_1}=\frac{\sin 2\lambda_1}{2\cos\lambda_1}=\sin\lambda_1>0 \tag{14}$$

此时 $\delta_{1,1}$ 越大，$\tilde{\delta}_{1,1}$ 就越大。但如果将参数范围从 $\lambda_1\in\left(0,\frac{\pi}{2}\right)$ 变为 $\lambda_1\in(0,\pi)$，重新计算可得

$$\delta_{1,1}=\frac{2\lambda_1}{\sin 2\lambda_1} \tag{15}$$

$$\tilde{\delta}_{1,1}=\frac{\lambda_1}{\left|\cos\lambda_1\right|} \tag{16}$$

二者相除得到

$$\frac{\tilde{\delta}_{1,1}}{\delta_{1,1}}=\frac{\lambda_1}{\left|\cos\lambda_1\right|}\bigg/\frac{2\lambda_1}{\sin 2\lambda_1}=\frac{\sin 2\lambda_1}{2\left|\cos\lambda_1\right|}=\operatorname{Sign}(\cos\lambda_1)\cdot\sin\lambda_1 \tag{17}$$

其中 $\operatorname{Sign}(\cos\lambda_1)$ 表示 $\cos\lambda_1$ 的符号。这意味着当 $\lambda_1\in\left(0,\frac{\pi}{2}\right)$ 时，$\frac{\tilde{\delta}_{1,1}}{\delta_{1,1}}>0$，此时 $\delta_{1,1}$ 越大，$\tilde{\delta}_{1,1}$ 就越大；当 $\lambda_1\in\left(\frac{\pi}{2},\pi\right)$ 时，$\frac{\tilde{\delta}_{1,1}}{\delta_{1,1}}<0$，此时 $\delta_{1,1}$ 越大，$\tilde{\delta}_{1,1}$ 就越小。

看来一般情况下（4）式和（6）式所定义的灵敏性是不等价的，这也说明了如果考虑输出的整体效果，即使是相同参数在相同模型中的灵敏性，也会有所不同。对灵敏性指标的选择不能是盲目的，而是得根据需求而定。

说得对。

有没有一种情况——通过现有数据无法完成模型检验，甚至用现有数据进行模型检验所得的结果恰好相反？

实际上，对话 17 中的水温下降模型就是这样的例子。当时我们得到了两个强有力的模型，一个是指数型模型，一个是反比例型模型。为了方便讨论，我们抄录其函数形式如下：

$$y = a\mathrm{e}^{-kx} + c，\ a>0，\ k>0 \tag{18}$$

$$y = \frac{a}{x+b} + c，\ a>0 \tag{19}$$

这两个模型对已有实验数据的拟合效果及残差图如图 29-3 所示（同图 17-2，重放此处方便查看）。

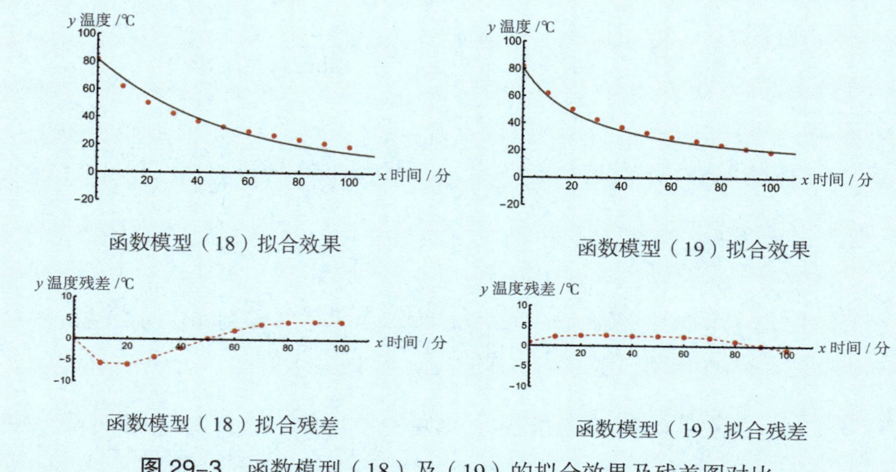

图 29-3　函数模型（18）及（19）的拟合效果及残差图对比

当时，我们指出函数模型（18）符合半衰期原理，但函数模型（19）不符合半衰期原理（见对话 17）。此时，如果我们不知道水温下降作为热扩散过程符合半衰期原理，就很容易仅从拟合残差出发，选择函数模型（19）。但如果我们追加一个实验，在满足基本假设的实验室环境中观察水温下降是否真的符合半衰期原理，就能从更加科学的角度排除函数模型（19），而选择函数模型（18）——如果追加实验表明水温下降符合半衰期原理，那么我们就选择函数模型（18），反之就选择函数模型（19）。仅由拟合残差来确定一个函数型是否合适，容易犯过拟合的武断错误。

看起来，模型检验并不是数学建模的终点。在模型检验过程中，我们很有可能发现模型可改进的地方以及产生对进一步实验检验的需求。所以，我们不能将模型检验看作数学建模的终点，而须看作审视模型和对模型迭代升级的重要依据。我又有了新的认识，谢谢老师！

对话 30：

感性驱动理性

人物： 数学老师朱老师  、数学老师孙老师 

朱老师，我在指导学生做数学建模课题的时候总觉得力不从心。我自己在这方面还缺乏课题研究经验和方法的积累，此外，最大的困难就是不知如何启发学生找到切入点，从而展开理性分析。许多学生在面对数学建模课题时总是胡乱猜想，我感觉，他们是在进行感性评价，而非理性分析。我该怎么驱动学生进行理性分析？你有什么好方法吗？

孙老师，你说的这个现象是一个值得讨论的重要问题。我先问你一个问题：你是否觉得，学过的数学模型越多、掌握的数学越高等，学生就能建立越好的数学模型？

我觉得是啊。这就像做家具，见过的家具样式足够多，手里的工具足够先进，总可以做出更好的家具吧？

假设有甲、乙两个人，甲学习过 90 个数学模型，乙学习过 100 个数学模型，并且他们都是数学专业的本科毕业生，那你认为，两个人的数学建模水平谁高、谁低呢？

这个不好说……因为他们都接触过不少数学模型了，虽然乙学过的数学模型比甲多，但他不一定学得比甲深刻，所以，乙的水平不见得比甲更高。

根据同样的道理，学习过 90 个数学模型与学习过 80 个数学模型的人相比，我们也不能说前者的数学建模水平就一定更好。以此类推，判断的界限就有了模糊性。同样的推理也可以放到学历和数学水平之间的关系上：本科毕业

生不见得比研究生第一年的学生数学水平差，大二的学生也不见得比大四的学生差。因为人有差异，如果我们拿学过的数学建模数量和所掌握的数学工具高等程度去衡量一个人的数学建模水平，那就成了刻舟求剑。

但我觉得，学过更高等的数学的人，肯定会有更好的建模表现吧？

什么样的数学算是“高等”的数学呢？微积分算吗？交换代数算吗？几何分析算吗？对于各自领域的人来说，这些内容也不过是基础知识而已。知识学习的顺序让数学出现了“高等”和“初等”之分，但所有的高等数学均具有初等源头，例如矩阵是对实数的推广，微分方程是对数列递推的推广，场是对向量的推广，数理统计是对取平均数的推广，交换代数是对映射复合的推广，微分几何是对平面几何的推广，代数几何是对圆锥曲线的推广……如果我们是一无所知的婴孩，当面对勾股定理和阿提亚－辛格指标定理时，我们就没有任何理由觉得前者“初等”而后者“高等”。在求学时，从初等数学角度去理解某些所谓的高等数学概念，反而会更加清楚和直观，也更容易形成直觉。

那学习岂不是失去它的价值和意义了？

恰恰相反，正因为学到这些所谓的知识并不一定能锻炼解决问题的能力，所以学习的目标才应该面向更本质的方面——提升人的心智。有些人已经成年，但其心智或许远不如一个高中生。环顾四周，有多少成年人能做到每天坚持阅读？有多少成年人能坚持思考？但是，在我们的高中生中，却有人每天都紧跟时代，积极地阅读和思考。怎么能说，他们有一天不会青出于蓝？

在《传习录》中，王阳明给出过一个很巧妙的类比：“盖所以为精金者，在足色，而不在分两；所以为圣者，在纯乎天理，而不在才力也。”这就是在强调，人之求道（学），如锤炼精金，关键在于成色，而非分两。人有天赋的差别，一生能达到的成就（分两）由天赋和机缘决定，不能强求，但成色可以由自身的态度和努力所决定。如果功夫下在增加分两，却忽视成色，心中夹杂着过多的私欲，那么炼金人难免会在功利之心的驱使之下，掺入许多铅、铁、锡、铜作为矿料，这样一来，杂质的分两很容易上去，得到的精金分两却低于预期——花了半天工夫，做了很多没有意义的无用功。数学建模也是如此，如果在学习的过程中没有关注自己心智的提升，而只关注“量”的积累，那么即使学习了许多模型和方法，知道了许多高等的数学知识，也只能建立成色很差的模型。所谓“碌碌无为”，不是在一番努力之后所得的精金分两不多，而是其成色太差。

确实如此，是心智决定了一个人的品位和能力，而非简单的年龄和所谓的阅历。

而且，数学建模并不是套用模型，学习模型的意义不在于收集经验和工具，这些都只是表面的收获，经过一段时间就会被忘记，但经过学习和研究数学模型所建立的基于现代科学思想方法的世界观和现代数学范式，则会以心智的形态长久地决定一个人的内在。有的人看似学习了许多数学模型和数学工具，但没有形成基于科学思想方法的世界观和现代数学范式，那么，他所建立的模型恐怕不会好到哪里去。

这个我赞同，有的高三毕业生解决起问题来，还不如高一的师弟、师妹好。一开始，我觉得这是智商使然，后来我发现，学生看待问题的视角截然不同。我有一个学生整天抢着擦黑板，我问他为什么，他说，他把擦黑板看成一个有待解决的问题，他在思考如何调整“擦黑板”的各种参数，例如力度、角度、湿度、轨迹等，以达到更好的效果和更高的效率。他之所以抢着擦黑板，就是想以此作为实验，检验自己之前的思考成果。

这个学生太有意思了。他把“解决问题”的探索深入到生活中，而非仅限于试卷和课本上，因此，他自然能理解自然规律本身并无高等和初等之分。从科学史的角度上看，越是影响深远的模型，越是简洁、对称；而一个模型描述的语言越高等，其影响范围（从社会传播角度而言）就越狭窄——虽然它可能指向了更深刻的关系，但它的使用和理解门槛也更高，这直接限制了它进入整个人类文明和某个民族历史的范围和程度。

现在，我赞同你的观点了。确实啊，不是学过的数学模型越多、掌握的数学工具越高等，就能建立出更好的数学模型。但这和我最初的问题“怎么驱动学生进行理性分析”有什么关系呢？

既然数学模型的学习数量和数学工具的高等程度并不是建立一个好模型的充分条件，那么，想驱动学生理性分析，就不能仅从调用现有模型、从已有的数学工具中铺陈排查去想办法。我积累了 2000 课时以上的数学建模教学经验，我切实地体会到：驱动学生进行理性分析，要从激发其感性认识出发。

感性认识？这岂不是和科学研究的“唯理性”背道而驰？

并不是这样。我们常说“文以载道”，放到数学建模中就是“模以载道”。模型所承载之道有理性的一面，也应有感性的一面，否则就是偏废之道，那就道不成道——没有感性，何谈理性一说？

话虽如此，但感性怎么能承载真理呢？

感性和理性都能承载真理，因为“真理是对命运的领会”①，而非对逻辑的领会。我们不妨做一个思想实验：生命中一定有一个时刻，我们的抉择并非那么理性，而是充满感性；即便时间可以回溯，让我们回到那个时间节点重新抉择，我们依然可以确定自己一定会做出同样的抉择，哪怕明知这个抉择会带来痛苦或坎坷。这种抉择的唯一性体现了我们作为个体的人的原初本心，这种原初本心一定来自感性。

我想，任何一个成年人都有许多这种时刻。

是啊，感性来自人对此在的命运的感受，理性源自对潜在的命运的追问。命运由历史的存在和传统的继承决定，通过感性认知以确证命运存在，随后才通过理性铺陈其意义到此在的生命中，从而激发出未来潜在的可能——这是真理贯穿历史、形成传统、确证此在、蕴含潜在的确切模式。

根据我对自己的心智的展开和发展的切身体会，我很难不赞同你的观点。但数学建模的过程难道不是体现了我们的心智活动的理性方面吗？从基本假设的建立到模型的建立、求解和检验，无一不体现着理性之光。

① 王德峰，《寻觅意义》，山东文艺出版社，2022 年。

理性之光要通过感性引燃。在模型建立的过程中，我们试图挖掘和呈现的是真理，而非事实、形式或逻辑。既然命运不能将感性排除在外，真理又是对命运的领会，那么真理也就不能将感性排除在外，所以感性也就不能被排除在模型的建立过程之外。感性是“出谜者”，理性是“解谜者”；感性是“引路者”，理性是“开拓者”；感性是“动力源”，理性是“离合器”。

我们该如何理解“感性是‘出谜者’，理性是‘解谜者’”？

托马斯·库恩在《科学革命的结构》一书中提出了科学范式的概念，我根据自己的理解将其解构为三个要素：对感兴趣的问题的取向、研究高等问题的方法论及工具集、一个问题如何才算是被很好解决的评判标准。一切的源头就是对感兴趣的问题的取向，使一切能被继承下来的保障就是人们对范式之中的审美的坚持。古代人有古代人感兴趣的问题，而现代人未必对之感兴趣。但我们不能断定二者谁更有理性，只是随着人类的心智发展，对于“哪些问题更能解答我们内心对世界的疑问”的审美取向发生了变化。

面对闯进家中的罗马士兵，阿基米德并没有“理性地”把注意力从研究的问题上移走，他没有转去思考如何才能从暴力的刺刀下逃生，而是说出了那句震颤西方文明两千多年的名言：“不要弄坏我的圆！”

炼金术师的解谜活动也充满了亚里士多德式的理性思考。牛顿的《自然哲学的数学原理》达到了人类文明前所未有的理论高度，然而，起初是因为埃德蒙·哈雷（那位预言了哈雷彗星回归运动的天文学家）厌恶胡克的好大喜功（胡克声称平方反比定律是他先发现的），从而对牛顿进行了一番要著书立说的劝诫，牛顿才在 1684 年至 1686 年暂时放下他钟爱的炼金术，完成了这本旷世奇著——牛顿从青少年开始，一生中只有那三年暂时离开了炼金术。

很多时候，我们在遇到困难的情况下依然能坚持做某件事，并不是因为预见这件事能带给自己多少好处，而是因为它是我们的人生谜题。这道谜题中蕴含了我们面对生命的感性能量，它像磁铁一样吸引着我们不愿离开。每个人都有自己的人生谜题，理性只能帮助我们解谜，却无法规定我们的谜题是什么。

我们又该如何理解“感性是‘引路者’，理性是‘开拓者’”？

感性是“出谜者”，所以它也就成了引路者。但只有感性是不够的，感性蕴含着横冲直撞的力量，它有时纯真而美好，有时野蛮而荒诞。感性的我们可能会拿着铅笔和妖魔对抗，但理性教会我们如何正确而高效地见山开路、遇水搭桥。没有理性的开拓，感性会让人处处碰壁，最后迷失在理想和现实对冲的旋涡中。

“感性是‘动力源’，理性是‘离合器’”，又怎么解释？

离合器是一种汽车零件，位于发动机和变速箱之间，控制发动机与变速箱之间的分离和接合，以切断或传递发动机产生的动力。感性激励着我们一路高歌猛进，就像隆隆作响的发动机，但理性则时刻提醒我们小心翼翼——理性需要感性驱动，但感性也离不开理性的审慎。该慢时要慢下来，将感性暂时“悬置”起来，以防冲向万丈深渊。

这个比喻很形象，也说明了理性和感性之间互相依存的关系。

借用德国哲学家海德格尔的一句名言——“艺术是真理的原始发生”，我觉得“感性是理性的原始发生”。甚至在数学建模中，感性也是审美的原始发生，厘定了数学建模的审美来源。

数学建模过程中的审美来源是什么？是数学作为形式化学科的对称性和简洁性？是对解决问题的实用性需求？还是问题答案的唯一性？

这三种观点都有合理之处，但也都有无法解释之处。

英国形式主义美学家克莱夫·贝尔的观点是：“美是一种有意味的形式。”这似乎与你刚才提出的第一种观点暗合，数学建模过程中的审美源自数学作为形式化学科的对称性和简洁性。但是，我们有时无法区分优雅的数学模型和胡乱拼凑的数学模型——它们可能具有相同的形式，甚至用到完全相同的数学结构，但二者有美丑之分。有些数学模型从数学形式上看很简洁、对称且完备，却从根本上扭曲了问题的模式，变成了人为杜撰的牵强附会之物，丧失了数学和自然双方面潜在的美。

如果将数学模型之美等同于对解决问题的实用性需求，那从哲学上就说不通了，因为一旦问题解决完了，这种需求就消失了，难道模型的美也就此消失了？这是自己对自己的否定，产生了矛盾。

如果将数学模型之美等同于问题答案的唯一性，那就无法解释具有不同基本假设、不同结论的模型之间的审美张力。

除了你刚才问的这三点外，还有人将数学建模视为一种高级的智力消遣，比如我自己有时候就以此为乐；也有人把它当作释放创造力和好奇心的出口，许多第一次接触数学建模课题的学生就因此异常兴奋。

但这些方面都未能成功解释，为何好的数学模型对于文明本身具有推动作用？这种推动作用并不是反映在财富积累方面，而是在提升人类心智方面。

那你觉得数学模型中的美来自哪里？

目前而言，我比较赞同数学家庞加莱的说法，数学和数学模型中的美来自“面向心智的雅致统一的追求”——这种说法统一了目的和手段，达到了知行合一。

我还比较好奇，你自己在进行数学建模与解决新问题的过程中，都经历了什么？

这个问题真好，但我似乎从未有意梳理过……我想想，我应该经历了如下阶段吧。

阶段 1：基于个人的心智审美，受感性驱动，对某些现象产生了强烈的好奇。

阶段 2：通过对问题的感性认识，产生了解决问题的期待和信念。

阶段 3：尝试调用已有模式来描述和解释该现象。当发现以这种方式无法完美解决问题时，问题的主要矛盾，或者说本质难点，随即暴露出来。

阶段 4：感性认识再次发挥作用，利用驱动性知识和哲学性知识（见对话 22）产生对创新方向的先验判断。

阶段 5：尝试构建新的模式来描述和解释现象，这个过程的难点在于格式塔转换（见对话 25），不同概念互相联系和转换，形成新范畴的雏形。

阶段 6：经过多次试错和检验，反复调整，达成新范畴的完善和确证，并尝试借助其暴露和承载在现象中的深层模式，进入更抽象的视界。

阶段7：重复阶段1到阶段6，直到实现心智的雅致统一的满足。

我想，在这个过程中，无论是学习者还是建模者，都在经历犹如艺术欣赏和创作过程中一般的感性收获，这个过程带来的震颤、神驰、愉悦和慰藉，是理性难以望其项背的，这构成了创新的审美驱动。爱是对美的见证。真正的数学建模过程无疑是爱在现实中的展开过程。即使最终失败，我们也能在试错的过程中撕开过去狭隘的经验和虚假的掩饰，曝晒自己肤浅的认识，凝聚更高的真实，以达成对自我心智的进一步解放和提升。

说得好！“震颤”“神驰”“愉悦”和“慰藉”，我在想，工作这么多年，我到底多久没有过这些少年时的美好感受了！我甚至不敢去问我的学生，在我的数学课上，他们能否经历这些美好的体验。

夜深人静的时候，我也会想，面对讲台下那些青少年求知若渴的眼神，我何德何能获得他们的期待和信任？又应该以什么样的学识去回馈他们的期待和信任？

我想，这也许是时代留给每一位教师的谜题吧。至少，你找到了这个谜题的感性驱动啊。德国存在主义哲学大师卡尔·雅斯贝斯在《什么是教育》一书中指出，将历史中凝聚的心智传统传达为此在的意识，就是人们所说的“陶冶”。我理解的“陶冶”有三个方面：洞见、知识和语言。在陶冶的过程中，知识是手段，语言是工具，洞见是自由，而三者之间的相互作用以实践为途径。德国哲学家康德认为，无论在任何时候、面对任何情况、指向什么目的，将人作为工具都是罪恶的。我认为，教育的一切目的是让人成为真实、自由的自己，让人摆脱被各种消费和劳动指标异化为工具的命运。

正如我在数学建模实验室的海报上所写的：“来数学建模实验室，学习自由之艺和科学精神，将自己从沦为工具的潜在危险中解放出来！”

让我们一起找回那些原本应该出现在数学学习中的美好，释放属于自己的星火之力吧！